Spring Boot
微服务实战
（第2版）

[美] 莫伊塞斯·马塞罗·加西亚(Moisés Macero García)　著

甘明　王超　　庄晓敏　石瑶　　　　　　　　　译

清华大学出版社

北 京

北京市版权局著作权合同登记号　图字：01-2022-6067

Learn Microservices with Spring Boot: A Practical Approach to RESTful Services Using an Event-Driven Architecture, Cloud-Native Patterns, and Containerization, Second Edition

by Moisés Macero García

Copyright © 2020 by Moisés Macero García

This edition has been translated and published under licence from Apress Media, LLC, part of Springer Nature.

图书在版编目(CIP)数据

Spring Boot微服务实战：第2版 / (美) 莫伊塞斯·马塞罗·加西亚著；甘明等译. —北京：清华大学出版社，2023.1

书名原文：Learn Microservices with Spring Boot: A Practical Approach to RESTful Services Using an Event-Driven Architecture, Cloud-Native Patterns, and Containerization, Second Edition

ISBN 978-7-302-62474-5

Ⅰ. ①S… Ⅱ. ①莫… ②甘… Ⅲ. ①JAVA 语言—程序设计 Ⅳ. ①TP312.8

中国国家版本馆 CIP 数据核字(2023)第 015412 号

责任编辑：王　军
装帧设计：孔祥峰
责任校对：成凤进
责任印制：朱雨萌

出版发行：清华大学出版社
　　　　　网　　　址：http://www.tup.com.cn, http://www.wqbook.com
　　　　　地　　　址：北京清华大学学研大厦 A 座　　邮　　编：100084
　　　　　社 总 机：010-83470000　　　　　　　　邮　　购：010-62786544
　　　　　投稿与读者服务：010-62776969, c-service@tup.tsinghua.edu.cn
　　　　　质 量 反 馈：010-62772015, zhiliang@tup.tsinghua.edu.cn
印 装 者：三河市人民印务有限公司
经　　　销：全国新华书店
开　　　本：170mm×240mm　　　印　　张：19.75　　　字　　数：409 千字
版　　　次：2023 年 3 月第 1 版　　　印　　次：2023 年 3 月第 1 次印刷
定　　　价：128.00 元

产品编号：091907-01

译　者　序

早在 2009 年，Netflix 便开始尝试对微服务进行初步探索。在互联网智能化不断发展、各种新技术层出不穷以及传统架构无法满足软件开发新需求等背景下，微服务应运而生。Martin Fowler 于 2014 年 3 月发表的 "Microservices" 一文中第一次明确提出 "微服务"概念。从早期的单体架构，到之后的分布式架构和 SOA(Service-Oriented Architecture)架构，服务被不断拆分，粒度越来越小。微服务架构秉持分而治之、高内聚、低耦合的开发理念，将单一应用程序拆分为多个相互独立的小应用，真正实现了去中心化；小应用之间通过服务完成交互和集成，真正实现了业务系统的组件化和服务化。因此，微服务架构成为构建现代软件系统最流行的方法之一。

Spring Boot 是 Pivotal 团队设计的一种微服务框架，基于 Spring 开发，用于简化新 Spring 应用的初始搭建及开发过程，提升 Spring 开发者的体验。它秉持"约定大于配置"的思想，集成了大量开箱即用的第三方库，支持绝大多数开源软件，使开发者更专注于业务逻辑，便捷地构建微服务。Spring Boot 的出现为 Java 领域内实施微服务架构提供了技术支撑，是 Java 领域最出色的微服务架构实施技术。

本书首先解释为什么要从一个小的单体应用开始学习，然后从一个空项目入手，开始分层创建微服务；在此过程中构建 Web 应用程序，展示 Spring Boot 在处理应用程序时的强大功能，最后深入探讨微服务的一些核心概念。本书围绕服务发现、负载均衡、路由、集中式日志、按环境配置和容器化等内容，采用增量方法介绍微服务架构、测试驱动开发和分布式系统中的常见模式。

在本书翻译过程中，得到了清华大学出版社编辑的帮助和支持，他们指出了译文中的一些不当之处，使我们能及时修改，更好地表达出原作者的意图，带给读者更流畅的阅读体验，在此表示衷心的感谢！还要感谢家人，他们在工作和生活上给予了我们极大支持，使我们能专注于本书的翻译工作，最终顺利及时完稿。在翻译过程中还参考了一些专业论坛资料，在此对资料的作者一并表示感谢。尽管我们对译稿进行了多次校对和修改，但难免存在疏漏之处，敬请读者批评指正。

致敬我的家人，尤其是我的妈妈和妻子。他们教会我许多东西，让我学会关心，拥有爱心，保持好奇心，这些是生活中最重要的学问。

　　谨以本书纪念我的父亲，他其实是一位工程师，他的发明激发了我的好奇心。他鼓励我继续学习，并教会我务实地解决手头的问题。本书凝聚了所有人的心血。

作 者 简 介

Moisés Macero García 从小就对软件开发兴趣浓厚，当时他在自己的 ZX Spectrum 上玩 Basic。在他的职业生涯中，Moisés 经常为小型和大型项目以及自己的初创公司进行软件开发和设计。他喜欢使软件问题变得简单，喜欢在团队中工作，这样不仅可以指导他人，而且可以向他们学习。

Moisés 是 thepracticaldeveloper.com 博客的作者，他在其中分享了有关技术挑战的解决方案、指南，以及 IT 行业工作方法的心得。他还为需要实用软件工程方法的公司组织研讨会。在业余时间，他喜欢旅行和远足。可通过 Twitter 账户@moises_macero 联系他。

技术审稿人简介

Diego Rosado Fuentes 一直很喜欢计算机、电子产品和编程。小时候，他喜欢拆卸计算机和电子玩具。完成计算机科学工程师的学业后，他开始从事软件开发工作。他的工作经历丰富，先是在创业公司，后来又在大公司工作。他一直是一名软件开发人员，但总是做一些与教学有关的工作，这也是他喜欢做的事情。

他不仅喜欢物理学、天文学、生物学，而且喜欢小说。他认为自己是一个积极主动、充满好奇心的人，总是试图学习新东西，每天都能多了解一些尚未解开的谜团。你可以在他的 Twitter 账户@rosado_diego 上找到他。

Vinay Kumtar 是一名技术传播者。他在各种咨询和系统集成公司的企业技术大型项目设计和实施方面拥有丰富的经验。他于 2008 年开始从事中间件/集成工作，并热衷于这份工作。他的执着帮助他获得了 Oracle ADF、Oracle SOA、BPM、WebCenter Portal 和 Java 的认证。丰富的经验和渊博的知识帮助他发展成为顶尖的领域专家和知名的技术博客博主。他喜欢撰写专业博客、发表白皮书，并在 YouTube 上为 ADF/Webcenter 维护专门的教育频道。Vinay 在其博客 Techartifact.com 上发布了 250 多篇涵盖了多个主题的技术文档，为社区做出了卓越贡献。他是技术引导者，目前主持着两个重要的数字化转型项目。

Manuel Jordan Elera 是一位自学成才的开发人员和研究人员，他喜欢学习新技术，这些新技术专注于寻找整合新技术的方法。

Manuel 赢得了 2010 年 Spring 冠军和 2013 年 Spring 冠军。在业余时间，他喜欢研读《圣经》，并用贝斯和吉他创作音乐。

目　　录

第 1 章

设 置 场 景

如今，微服务越来越流行，应用日益广泛。这并不奇怪，因为这种软件架构风格具有许多优势，如灵活性和易扩展性。在小规模单体应用程序中使用微服务，还可以提高开发效率。然而，如果对微服务没有全面了解，则使用过程中仍然存在风险。分布式系统会带来额外的复杂性，因此你需要了解所面临的问题，并为此做好准备。虽然可以通过网上的许多书籍和文章学到大量知识，但当你亲自编写代码进行实践后，就会发现理论与实践相差甚远。

本书将以实用的方式概括并解释微服务的一些最重要概念。首先定义一个用例：一个要构建的应用程序。然后基于一些合理的推理结果，创建一个小型的单体应用程序。创建该应用程序后，我们评估是否有必要改用微服务来实现它，如果有必要，那么应该采用什么方法。当引入第二个微服务后，继续分析微服务之间可进行通信的选项。此后，可描述和实现事件驱动架构模式，通过告知系统的其他部分发生了什么事情，而不是明确地要求它们执行什么操作，从而实现松散耦合。到了这个时候，就会注意到，设计糟糕的分布式系统存在一些缺陷，我们必须用一些流行的模式(如使用服务发现、路由、负载均衡、可跟踪性等)来弥补这些缺陷。并将它们逐一添加到代码库中，而不是一起呈现，这将有助于我们理解这些模式。我们还使用 Docker 为这些微服务准备云部署，并在不同平台运行这些应用程序以进行比较。

逐步将这些流行的模式添加到代码库中的好处在于，在需要理解应用程序的某些概念时，可以随时暂停，有助于更好地理解每个工具试图解决的问题。

这就是本书中包含大量不断演变的示例的原因。同时，由于各章都解释了源代码，因此你不必编写任何代码也可以掌握这些概念。

本书中包含的所有代码都可从 GitHub 上的项目 https://github.com/Book-Microservices-v2 中获得。读者也可扫封底二维码下载源代码。根据章节内容，该项目被分成多个源码库，这样可更轻松地了解该应用程序的演变。本书包含了每个部分所涉及的版本的注释。

1.1 读者对象

首先测试一下你对本书是否感兴趣。本书很实用，所以我们从实用的角度进行测试。如果你认同以下任何一种说法，那么本书可能就比较适合你：

- "我想学习如何使用 Spring Boot 构建微服务以及如何使用相关工具。"
- "每个人都在谈论微服务，但是我不知道什么是微服务。我只读过理论解释，或者只读过一些夸大其词的文章。即使我从事 IT 工作，也无法理解微服务的优势。"
- "我想学习如何设计和开发 Spring Boot 应用程序，但是我找到的要么是快速入门指南，其中包含简单的示例；要么是一些冗长的书籍，类似于官方文档。我想按照更实用的项目驱动方法来学习概念。"
- "我找到一份新工作，工作中我正在使用微服务架构。我主要从事大型的单体项目开发，所以想获得一些知识和指导，以了解其中的全部工作原理以及微服务架构的优缺点。"
- "每次去自助餐厅，开发人员都在谈论微服务、网关、服务发现、容器、弹性模式等。如果我听不懂他们在说什么，我将无法与他们进行社交。"

要阅读本书，你应该熟悉以下主题：

- Java(本书使用 Java 14)。
- Spring(不需要丰富的经验，但是至少应该了解依赖注入的工作原理)。
- Maven(如果你知道 Gradle，也可以)。

1.2 本书与其他书籍和指南的区别

软件开发人员和架构师阅读许多技术书籍和指南，要么是因为对学习新技术感兴趣，要么是因为工作需要。

无论如何，作为软件开发人员或架构师，我们都需要这样做，因为这是一个不断变化的世界。我们可以阅读各种技术书籍和指南，但最合适的方法通常是阅读那些能够让你快速入门的书籍，它们不仅教你如何完成任务，而且教你为什么应该那样做。仅仅因为出现新技术而使用新技术是错误的做法，你需要了解其背后的原理，以便以最佳的方式使用它们。

本书希望通过理论和实践的结合，帮助你理解为什么某种方法是最佳选择。

1.2.1 学习：一个增量过程

如果你查看互联网上提供的指南，很快会注意到，它们并不是现实生活中的例子。

通常，当你将这些案例应用于更复杂的场景时，就会发现它们并不适用。因为指南太简单，无法帮助你构建真实的应用。

而图书在这方面则要好得多。有很多优秀的图书围绕一个案例来解释理论和概念，这是很好的。因为如果看不到代码，那么你很难将理论和概念应用于实践中。其中一些图书的问题在于它们不像指南那样实用。你需要先阅读内容以理解概念，然后编写代码或查看一个完整的示例。然而当你直接看到示例的最终版本时，很难将概念运用于实践中。本书从实用的角度出发，从贯穿各章的代码入手，帮助你逐个掌握理论和概念。因此在给出解决方案之前，我们会先提出问题并进行讨论。

采用这种增量呈现概念的方式，你可以在学习过程中编码，并反思面临的挑战。

1.2.2　本书是指南还是图书

你面前的这本书不能被称为指南，因为你无法在 15 或 30 分钟内读完。此外，本书各章都会介绍所有必需的主题，从而为添加新代码奠定基础。但是这也不是一本典型的图书，在本书中，你会看到一些孤立的概念，并附有一些零散的代码片段说明。本书从一个在现实中并非最佳的应用程序开始讲解，在你了解了可从该过程中获得的好处之后，你将学习如何逐步改进该应用程序。

在阅读过程中，编码不是必要的。但如果你能在阅读本书的同时编码，并尝试书中提供的选项和替代方案，那么最终的学习效果会更好。这是本书与指南的相似之处。

无论如何，从现在开始，我们将其定义为"图书"。

1.3　从基础到高级主题

本书首先讲述一些基本概念，以帮助你理解其余主题(第 2 章)：Spring Boot、测试、日志记录等。然后，介绍如何使用已知的分层设计来设计和实现生产环境下的 Spring Boot 应用程序，并深入讨论如何实现 REST API、业务逻辑和存储库(第 3 章和第 5 章)。在这个过程中，你将了解 Spring Boot 的工作原理；还将学习如何使用 React 构建基本的前端应用程序(第 4 章)，因为这将有助于可视化后端架构对前端的影响。之后，本书将介绍微服务，在另一个 Spring Boot 应用程序中引入第二个功能。该示例帮助你分析在决定迁移到微服务之前应检查的要素(第 6 章)。紧接着，你将了解微服务之间的同步通信和异步通信的区别，以及事件驱动架构如何帮助保持系统组件的松散耦合(第 7 章)。从这里开始，你将学习适用于分布式系统的工具和框架，以实现重要的非功能性需求：弹性、可扩展性、可跟踪性及云部署(第 8 章)。

如果你已经熟悉 Spring Boot 应用程序及其工作方式，可以快速浏览前面的几章，并集中精力阅读本书的后半部分，来学习更高级的主题，例如事件驱动的设计、服务发现、路由、分布式跟踪、使用 Cucumber 进行测试等。但要注意我们在前半部分建立的基础：测试驱动的开发、关注最小可行产品(MVP)以及整体优先。

1.3.1 以 Spring Boot 为框架是更专业的方式

首先，本书将引导你使用 Spring Boot 创建应用程序。 所有内容主要集中在后端，但是你将使用 React 创建一个简单的 Web 页面，以演示如何将公开的功能用作 REST API。

此处重点说明一下，我们并不是为了展示 Spring Boot 功能而创建 "快捷代码"：这不是本书的目标。我们使用 Spring Boot 作为工具来讲授概念，因为本书的观点是通用的，你也可以使用其他任何框架进行学习。

你将学习如何按照众所周知的三层模式来设计和实现应用程序。可通过书中的增量示例亲自实践它。在编写应用程序时，我们还会暂停几次，以深入了解 Spring Boot 如何在少量代码的支持下运行(自动配置、启动程序等)。

1.3.2 测试驱动的开发

在前几章中，我们将通过测试驱动的开发(TDD，Test-Driven Development)来了解实现各种技术功能的前提条件。本书试图以一种浅显易懂的方式展示这种技术，以解释为什么在编码之前需要考虑测试用例。使用 JUnit 5、AssertJ 和 Mockito 将有效地构建有用的测试。

接下来的计划如下：首先学习如何创建测试，然后使测试失败，最后实现使测试通过的逻辑。

1.3.3 微服务

准备好第一个应用程序后，我们将引入第二个应用程序，与现有功能进行交互。从那一刻起，你将接触到微服务架构。在只有一个微服务的情况下，尝试理解其优势是没有任何意义的。在现实生活中，你遇到的通常是功能被分割成不同服务模块的分布式系统。为保持实用性，我们将分析研究案例的具体情况，以便你了解使用微服务的条件与需求。

本书不仅介绍了拆分系统的原因，还解释了该选择的缺点。一旦决定使用微服务，你应该了解使用哪些模式(如服务发现、路由、负载均衡、分布式跟踪、容器化和其他一些支持机制)为分布式系统构建良好的架构。

1.3.4　由事件驱动的系统

经常与微服务一起出现的另一个概念是事件驱动架构模式，但这两者之间并不是缺一不可的关系。本书之所以使用它，是因为它是一种非常适合微服务架构的模式，当然你也可以基于优秀的示例做出自己的选择。本书将介绍同步通信和异步通信之间的区别以及它们的主要优缺点。

异步思想引入了新的代码设计方法，其中最终一致性是需要被接纳的一个关键变化。对项目进行编码时，我们将使用 RabbitMQ 在微服务之间发送和接收消息。

1.3.5　非功能性需求

在实际构建应用程序时，你必须考虑一些与功能没有直接关系的需求，它们可以使系统变得更健壮，在出现故障时，仍能保持系统运行或保证数据完整性。

许多非功能性需求都与软件可能出现的错误有关，例如，网络故障使部分系统无法访问，大量的流量使后端容量崩溃，外部服务无响应等。

在本书中，你将学习如何实现和验证各种模式，使系统更具弹性和可扩展性。此外，书中还将讨论数据完整性的重要性以及保证数据完整性的工具。

学习如何设计和实现所有这些非功能性需求的好处是，无论使用哪种编程语言和框架，它们都适用于任何系统。

1.4　在线内容

我在本书的第 2 版中创建了一个在线空间，你可以在其中继续学习与微服务架构有关的新主题。在这个 Web 页面上，你可以找到新的指南，这些指南将实际用例扩展到分布式系统的其他重要方面。此外，使用最新依赖项的新版存储库都将在那里发布。

你在 Web 页面找到的第一个指南是关于如何使用 Cucumber 来测试分布式系统。这个框架可帮助我们构建易于阅读的测试脚本，以确保端到端地运行功能。

访问 https://tpd.io/book-extra 可获取与本书有关的内容以及更新信息。

1.5　本章小结

本章介绍了本书的主要目标：通过一个简单且不断迭代开发的示例项目来丰富你的知识，从而展示微服务架构中的重要内容。

本章还简要介绍了本书的主要内容：从单体应用程序到使用 Spring Boot 实现的微服务架构、测试驱动的开发、事件驱动的系统、通用的架构模式、非功能性需求，以及使用 Cucumber 进行端到端的测试(在线内容)。

下一章将介绍一些基本概念。

第 2 章

基 本 概 念

本书基于实用的理念，所涉及的大部分工具都是根据需要介绍的。此外，我们还将单独讨论一些核心概念，它们可能是不断演变的示例的基础，也可能在代码示例中被广泛使用，如 Spring、Spring Boot、测试库、Lombok 和日志记录(logging)。考虑在学习过程中可能存在较长时间的中断，这些概念需要单独介绍，这也是本章对它们进行概述的原因。

记住，接下来的部分并不打算完整介绍这些框架和库。本章的主要目的是帮助你回顾基础概念(如果你已经学习过)，或者掌握基本知识，从而使你在阅读其他章节时不必查阅外部资料。

2.1 Spring

Spring Framework 是简化了软件开发的全栈框架和工具集，包含依赖项注入(dependency injection)、数据访问(data access)、验证(validation)、国际化(internationalization)、面向切面的编程(aspect-oriented programming)等。Spring 是 Java 项目的热门选择，而且可与其他基于 JVM 的语言(如 Kotlin 和 Groovy)结合使用。

Spring 如此受欢迎的原因之一是，它在软件开发的许多方面都提供了内置实现以节省开发者的大量时间，例如：

- Spring Data 简化了对关系数据库和 NoSQL 数据库的数据访问。
- Spring Batch 为大量记录提供了强大的批量处理能力。
- Spring Security 是一个安全框架，将安全特性从应用程序中抽象出来。
- Spring Cloud 为开发人员提供了快速构建分布式系统中一些常见模式的工具。
- Spring Integration 是企业集成模式的实现。它有助于使用轻量级消息传递和声明式适配器与其他企业应用程序集成。

如你所见，Spring 被分为不同的模块。所有模块都建立在核心 Spring Framework 之上，该核心为软件应用程序建立了通用的编程和配置模型。这种模型有助于使用良好的编程技术，例如使用接口来替代类，通过依赖项注入来分离应用程序层，这也是选择该框架的另一个重要原因。

在 Spring 中，另一个关键主题是控制反转(IoC)容器，它由 ApplicationContext 接口提供支持。Spring 在应用程序中创建了一个"空间"，开发者和框架自身都可以在其中放置一些对象实例，例如数据库连接池、HTTP 客户端等。这些对象被称为 Bean，通常通过公共接口从特定实现中抽象出代码，然后便可在应用程序的其他部分中使用。在其他类的应用程序上下文中引用 Bean 的机制，就是我们所说的依赖项注入，在 Spring 中，这可通过 XML 配置或代码注解来实现。

2.2　Spring Boot

Spring Boot 是一个利用 Spring 快速创建基于 Java 语言的独立应用程序的框架，已成为构建微服务的热门工具。

在 Spring 和其他相关的第三方库中，有许多可与框架结合使用的模块，这为软件开发提供了强大支持。然而，尽管 Spring 的配置已简化许多，但仍然需要花费一些时间对应用程序进行配置。而且，有时可能需要进行多次相同的配置。因此启动应用程序的过程(配置 Spring 应用程序以使其启动并运行)有时很麻烦。此时，Spring Boot 的优势便得以体现，它提供了默认配置和工具，从而减少了花费在配置上的时间。其主要缺点是，如果开发人员过于依赖这些默认配置，则可能失去对应用程序的操控。我们将在书中展示一些 Spring Boot 的实现，以说明其内部工作方式，使你能随时操控它。

Spring Boot 提供了一些预定义的启动程序包，相当于 Spring 模块以及一些第三方库与工具的集合。例如，spring-boot-starter-web 有助于构建独立的 Web 应用程序。它将 Jackson(JSON 处理)、验证(validation)、日志记录(logging)、自动配置(autoconfiguraion)，甚至嵌入式 Tomcat 服务器及其他工具集成到 Spring Core Web 库。

除了启动程序外，自动配置在 Spring Boot 中也起着关键作用。它可以在应用程序中随意添加功能。遵循相同的示例，仅通过添加 Web starter，就能获得嵌入式 Tomcat 服务器。

现在不需要配置任何内容。因为 Spring Boot 的自动配置类会扫描应用程序的类路径、配置属性和组件等，并在此基础上加载一些额外的 Bean 和行为。

为管理 Spring Boot 应用程序不同的配置选项，框架还引入了配置文件(profile)。例如，在开发环境和生产环境中使用数据库时，可使用配置文件为主机设置不同的连接值。此外，还可使用不同的配置文件进行测试，在其中公开应用程序的一些额外功能或模拟部分。我们将在第 8 章中更详细地介绍配置文件。

接着，将使用 Spring Boot Web starter 与 Spring Boot Data starter 来快速构建具有持久性存储功能的 Web 应用程序。Test starter 将帮助我们编写测试，因为它包含一些非常实用的测试库，如 JUnit 和 AssertJ。然后，通过添加 AMQP starter 为应用程序添加消息传递功能，其中包含一个消息代理集成(RabbitMQ)，将用于实现事件驱动的架构。

在第 8 章中,我们将添加另一种 starter,它们组成了 Spring Cloud 全家桶。我们将利用其中一些工具来实现分布式系统的通用模式:路由(Spring Cloud Gateway)、服务发现(Consul)和负载均衡(Spring Cloud Load Balancer)等。现在不必为这些新术语发愁。当实际示例用到这些概念时,我们将对它们进行详细说明。

下一章将基于实际示例,详细介绍这些 starter 和 Spring Boot 自动配置的工作方式。

2.3 Lombok 和 Java

本书中的示例代码使用了 Project Lombok,这是一个基于注解生成 Java 代码的库。在此使用 Lombok 的主要原因与教学相关,它使示例代码简洁明了,减少了样板代码,因此读者可以更专注于核心内容。

现在以其中一个简单的类为例。在 Multiplication 应用程序中创建一个不可改变的 Challenge 类,其中有两个 factor 字段。详见代码清单 2-1。

代码清单 2-1　纯 Java 的 Challenge 类

```java
public final class Challenge {

    // Both factors
    private final int factorA;
    private final int factorB;

    public Challenge(int factorA, int factorB) {
        this.factorA = factorA;
        this.factorB = factorB;
    }

    public int getFactorA() {
        return this.factorA;
    }

    public int getFactorB() {
        return this.factorB;
    }

    public boolean equals(final Object o) {
        if (o == this) return true;
        if (!(o instanceof Challenge)) return false;
        final Challenge other = (Challenge) o;
        if (this.getFactorA() != other.getFactorA()) return false;
        if (this.getFactorB() != other.getFactorB()) return false;
        return true;
```

```
        }

        public int hashCode() {
            final int PRIME = 59;
            int result = 1;
            result = result * PRIME + this.getFactorA();
            result = result * PRIME + this.getFactorB();
            return result;
        }

        public String toString() {
            return "Challenge(factorA=" + this.getFactorA() + ", factorB=" + this.
            getFactorB() + ")";
        }
    }
```

如上所示，完整的类中具有一些经典的样板代码，例如构造函数、getter，以及 equals、hashCode 和 toString 方法。它们并不是本书要介绍的核心内容，但我们需要它们让代码正常运行。

因此可使用 Lombok 对该类进行精简。详见代码清单 2-2。

代码清单 2-2　使用 Lombok 的 Challenge 类

```
import lombok.Value;

@Value
public class Challenge {

    // Both factors
    int factorA;
    int factorB;
}
```

Lombok 提供的@Value 注解组合了这个库中的一些其他注解，也可以单独使用它们。以下每个注解均指示 Lombok 在 Java 构建阶段之前生成代码块：

- @AllArgsConstructor 创建一个包含所有现有字段的构造函数。
- @FieldDefaults 将字段设置为 private 和 final。
- @Getter 为 factorA 和 factorB 生成 getter。
- @ToString 包括一个简单的连接所有字段的实现。
- @EqualsAndHashCode 默认使用所有字段来生成基本的 equals()和 hashCode() 方法，当然，你也可以对其进行自定义。

Lombok 不仅能将代码精简，而且对修改类也有帮助。在使用 Lombok 的 Challenge 类中新增一个字段意味着添加一行(不包括类的用法)。但如果使用纯 Java，则需要对构造函数添加新参数，添加 equals 和 hashCode 方法，并为之添加新的 getter。这不仅意味着增加了额外的工作，还容易出错。例如，如果忘了 equals 方法中补充的新增字段，就会在应用程序中引入一个程序错误。

像许多工具一样，Lombok 也有反对者。反对者不喜欢 Lombok 的主要原因是，由于将代码添加到类中变得容易，最终可能会添加许多不必要的代码(例如，setter 或其他构造函数)。此外，你可能会争辩说，用一个有良好代码生成能力的 IDE 和一个重构助手或多或少能在这一层面上提供帮助。但请记住，只有 IDE 提供支持，才能正确地使用 Lombok。它可能由 IDE 原生支持，或者通常由插件支持。

例如，在 IntelliJ 中，你必须下载并安装 Lombok 插件。该项目中的所有开发人员都必须调整 IDE 以使用 Lombok，因此即使这很容易实现，你也会认为很不方便。

在接下来的章节中，将主要使用 Lombok 的以下功能：

- 用@Value 注解不可变的类。
- 对于数据实体，分别使用前面描述的一些注解。
- 为 Lombok 添加@slfj4 注解，以使用标准的 SLF4J API 创建一个日志记录器 (logger)。

查看示例代码时，我们将描述这些注解的作用，因此你不必深入研究它们的工作原理。

如果你更喜欢纯 Java 代码，则可将本书中的 Lombok 的代码注解作为参考，从而了解类中需要增加哪些额外的代码。

Java record

从 JDK 14 开始，Java record 特性已经可以在预览模式下使用。如果使用这个特性，也可以用纯 Java 简洁地编写 Challenge 类。

```
public record Challenge(int factorA, int factorB) {}
```

但在撰写本书时，该功能尚未与其他库和框架完全集成。另外，与 Java record 相比，Lombok 增加了一些额外的功能，并且可选的粒度更丰富。因此，本书中不会使用 Java record。

2.4 测试的基础知识

在本节中，我们将介绍一些重要的测试方法和库，并在下一章中付诸实践，因此最好先学习(或复习)基本概念。

2.4.1 测试驱动的开发

本书的第一个实践章节推荐使用测试驱动的开发(Test-Driven Development，TDD)。这种技术有助于你首先关注需求与期望，然后才考虑如何实现。它能驱使开发人员考虑特定场景或用例中代码应该实现的功能。此外，在现实生活中，TDD 还可帮助你明确需求，并丢弃无效需求。

考虑本书是由一个实际案例驱动的，你会发现 TDD 非常贴合这一主题。

2.4.2 行为驱动的开发

作为在逻辑实现前编写测试这一理念的补充，行为驱动的开发(Behavior-Driven Development，BDD)可以使你的测试代码具有更好的结构和可读性。

在 BDD 中，按照"给定(given)-何时(when)-然后(then)"的结构来编写测试。当用例映射到测试时，可消除开发人员与需求分析师之间的分歧。

需求分析师只需要阅读测试代码并确认正在测试的内容即可。

请记住，与 TDD 一样，BDD 本身就是一个开发过程，而不仅是编写测试的方式。其主要目的是促进对话，以使需求及其测试用例的定义更清晰、明确。在本书中，我们主要关注 BDD 的测试结构。有关这些测试的示例，详见代码清单 2-3。

代码清单 2-3 使用 given-when-then 结构的 BDD 测试用例示例

```
@Test
public void getRandomMultiplicationTest() throws Exception {
    // given
    given(challengeGeneratorService.randomChallenge())
        .willReturn(new Challenge(70, 20));

    // when
    MockHttpServletResponse response = mvc.perform(
        get("/multiplications/random")
            .accept(MediaType.APPLICATION_JSON))
        .andReturn().getResponse();

    // then
    then(response.getStatus()).isEqualTo(HttpStatus.OK.value());
    then(response.getContentAsString())
        .isEqualTo(json.write(new Challenge(70, 20)).getJson());
}
```

2.4.3 JUnit

本书中的代码将使用 JUnit 5 进行单元测试。由于 Spring Boot Test starter 包括这些库，因此不需要额外将其包含在依赖关系中。

一般来说，单元测试的思想是可以单独验证类(单元)的行为。在本书中，将为每个逻辑类编写单元测试。

在 JUnit 5 的所有功能中，将主要使用此处列出的基本特性：

- @BeforeEach 和@AfterEach 分别表示应在每次测试之前和之后执行的代码。
- @Test 表示要执行的测试的每种方法。
- @ExtendsWith 在类级别添加 JUnit 5 扩展特性。我们将使用它在测试中添加 Mockito 扩展和 Spring 扩展。

2.4.4 Mockito

Mockito 是 Java 中用于单元测试的模拟框架。模拟一个类时，需要用一些预定义的指令来覆盖该类的真实行为，以说明这些方法应该为其参数返回或执行的操作。对于编写单元测试来说，这是一项非常重要的需求，因为我们只想验证该类的行为并模拟交互。

使用 Mockito 模拟一个类的最简单方式是为类添加 JUnit 5 的扩展特性 MockitoExtension，并对需要模拟的字段使用@Mock 注解。详见代码清单 2-4。

代码清单 2-4 MockitoExtension 和 Mock 注解的用法

```
@ExtendWith(MockitoExtension.class)
public class MultiplicationServiceImplTest {

    @Mock
    private ChallengeAttemptRepository attemptRepository;

    // [...] -> tests
}
```

然后，就可以使用静态方法 Mockito.when 来自定义行为。详见代码清单 2-5。

代码清单 2-5 使用 Mockito.when 方法来自定义行为

```
import static org.mockito.Mockito.when;
// ...
when(attemptRepository.methodThatReturnsSomething())
    .thenReturn(predefinedResponse);
```

不过，将使用来自 BDDMockito 的替代方法，该方法也被包含在 Mockito 依赖项中。这提供了一种更具可读性、BDD 风格的单元测试编写方式。详见代码清单 2-6。

代码清单 2-6　使用 given 方法来自定义行为

```
import static org.mockito.BDDMockito.given;
// ...
given(attemptRepository.methodThatReturnsSomething())
    .willReturn(predefinedResponse);
```

某些情况下，还需要检查被模拟的类是否如预期被调用。我们将使用 Mockito 提供的 verify() 来完成该操作。详见代码清单 2-7。

代码清单 2-7　验证预期调用

```
import static org.mockito.Mockito.verify;
// ...
verify(attemptRepository).save(attempt);
```

作为额外的背景知识，这里还有一个 verify() 的 BDD 变体，称为 then()。不过，将 BDDMockito 与来自 AssertJ 的 BDDAssertions 结合使用时，这种替换可能造成混乱(将在下一节中介绍)。由于本书中的单元测试主要使用断言(assertion)而不是验证，因此我们将选用 verify 方法以更好地区分它们。

代码清单 2-8 展示了使用 JUnit 5 和 Mockito 进行测试的完整示例，基于将在本书后面实现的一个类。现在，你可以忽略 then 断言；我们很快会学到这部分。

代码清单 2-8　使用 JUnit 5 和 Mockito 的完整单元测试

```
package microservices.book.multiplication.challenge;

import java.util.Optional;

import org.junit.jupiter.api.BeforeEach;
import org.junit.jupiter.api.Test;
import org.junit.jupiter.api.extension.ExtendWith;
import org.mockito.Mock;
import org.mockito.junit.jupiter.MockitoExtension;

import microservices.book.multiplication.event.ChallengeSolvedEvent;
import microservices.book.multiplication.event.EventDispatcher;
import microservices.book.multiplication.user.User;
import microservices.book.multiplication.user.UserRepository;

import static org.assertj.core.api.BDDAssertions.then;
import static org.mockito.BDDMockito.*;
```

```java
@ExtendWith(MockitoExtension.class)
public class ChallengeServiceImplTest {
    private ChallengeServiceImpl challengeServiceImpl;

    @Mock
    private ChallengeAttemptRepository attemptRepository;

    @Mock
    private UserRepository userRepository;

    @Mock
    private EventDispatcher eventDispatcher;

    @BeforeEach
    public void setUp() {
        challengeServiceImpl = new ChallengeServiceImpl(attemptRepository,
            userRepository, eventDispatcher);
    }

    @Test
    public void checkCorrectAttemptTest() {
        // given
        long userId = 9L, attemptId = 1L;
        User user = new User("john_doe");
        User savedUser = new User(userId, "john_doe");
        ChallengeAttemptDTO attemptDTO =
            new ChallengeAttemptDTO(50, 60, "john_doe", 3000);
        ChallengeAttempt attempt =
            new ChallengeAttempt(null, savedUser, 50, 60, 3000, true);
        ChallengeAttempt storedAttempt =
            new ChallengeAttempt(attemptId, savedUser, 50, 60, 3000, true);
        ChallengeSolvedEvent event = new ChallengeSolvedEvent(attemptId, true,
            attempt.getFactorA(), attempt.getFactorB(), userId,
            attempt.getUser().getAlias());
        // user does not exist, should be created
        given(userRepository.findByAlias("john_doe"))
            .willReturn(Optional.empty());
        given(userRepository.save(user))
            .willReturn(savedUser);
        given(attemptRepository.save(attempt))
            .willReturn(storedAttempt);

        // when
        ChallengeAttempt resultAttempt =
            challengeServiceImpl.checkAttempt(attemptDTO);
```

```
    // then
    then(resultAttempt.isCorrect()).isTrue();
    verify(userRepository).save(user);
    verify(attemptRepository).save(attempt);
    verify(eventDispatcher).send(event);
  }
}
```

2.4.5 AssertJ

使用 JUnit 5 验证预期结果的标准方法是使用断言。

```
assertEquals("Hello, World!", actualGreeting);
```

断言不仅可以验证各种对象是否相等，还可以验证 true/false、null、是否在超时之前执行、是否抛出异常等。你可以在 Assertion Javadoc(https://tpd.io/junit-assert-docs)中找到相关内容。

虽然在大多数情况下 JUnit 断言已够用，但它们不如由 AssertJ 提供的断言那样易于使用和可读。该库实现了一种流畅的断言编写方式，并提供了额外功能，因此可编写更简洁的测试。

在前面的示例中，其标准格式如下：

```
assertThat(actualGreeting).isEqualTo("Hello, World!");
```

但是，正如上一节所述，我们希望利用 BDD 描述方式。因此，将使用 AssertJ 中包含的 BDDAssertions 类。该类包含所有 assertThat 案例用于判断是否相等的方法，并重命名为 then。

```
then(actualGreeting).isEqualTo("Hello, World!");
```

在本书中，将主要介绍 AssertJ 的一些基本断言。如果你有兴趣扩展有关 AssertJ 的知识，则可阅读官方文档(https://tpd.io/assertj)。

2.4.6 在 Spring Boot 中进行测试

由于 JUnit 5 和 AssertJ 都包含在 spring-boot-starter-test 中，因此只需要在 Spring Boot 应用程序中包含此依赖关系就可以使用它们。然后，我们可以使用不同的测试策略。

在 Spring Boot 中编写测试最流行的一种方法是使用@SpringBootTest 注解。它将启动一个 Spring 上下文，并使所有已配置的 Bean 可用于测试。如果你正在运行集成测试，并希望验证应用程序的不同部分是如何协同工作的，那么这种方法会非常方便。

在测试应用程序的特定切片或单个类时，最好使用普通的单元测试(完全不使用

Spring)或更细粒度的注解，例如主要用于控制器层测试的@WebMvcTest。这是将在书中使用的方法，稍后将对其进行更详细的说明。

现在，我们只关注本章中描述的库和框架之间的集成。

- Spring Test 库(由 Spring Boot Test starter 提供)带有 SpringExtension，因此可以通过@ExtendWith 注解将其集成到 JUnit 5 测试中。
- Spring Boot Test 包引入了@MockBean 注解，我们可以使用它在 Spring 上下文中替换或添加 Bean，相当于使用 Mockito 的@Mock 注解取代一个 given 类的行为。这有助于对应用程序层进行单独测试，因此不需要将 Spring 上下文中的所有真实类的行为放在一起。稍后在测试应用程序控制器时，你将看到一个实际示例。

2.5 日志记录

在 Java 中，只需要使用 System.out 和 System.err 输出流就可以将消息记录到控制台。

```
System.out.println("Hello, standard output stream!");
```

对 12-factor 应用而言(https://tpd.io/12-logs)，这是被广泛认同的编写云原生应用程序的一种热门的最佳实践集。原因是，最终其他工具会从系统级别的标准输出中收集它们，并将其聚合到一个外部框架。

因此将日志写入标准输出和错误输出。但这并不意味着必须坚持使用 Java 中普通的、不美观的 System.out 变体。

大多数专业的 Java 应用程序都使用诸如 LogBack 的日志工具。同时，考虑 Java 有多种日志框架，因此最好选择类似 SLF4J 的通用抽象的框架。

好消息是 Spring Boot 随附了所有这类日志框架的配置，其默认实现为 LogBack。Spring Boot 的预配置的消息格式如下：

```
2020-03-22 10:19:59.556 INFO 93532 --- [main]
o.s.b.w.embedded.tomcat.TomcatWebServer : Tomcat started on
port(s): 8080 (http) with context path ''
```

而且它支持 SLF4J 日志记录器。如要使用日志记录器，可通过 LoggerFactory 创建它。

创建日志记录器唯一需要的参数是名称。默认情况下，通常使用工厂方法来获取类本身，从中得到日志记录器的名称。详见代码清单 2-9。

代码清单 2-9　使用 SLF4J 创建和使用日志记录器

```
import org.slf4j.Logger;
import org.slf4j.LoggerFactory;

class ChallengeServiceImpl {

    private static final Logger log = LoggerFactory.getLogger(ChallengeServiceImpl.
    class);

    public void dummyMethod() {
        var name = "John";
        log.info("Hello, {}!", name);
    }
}
```

如示例所示，日志记录器通过大括号占位符(即 "{}")来支持参数替换。

鉴于本书中使用了 Lombok，可用简单的注解@Slf4j 来替换该行，用于在类中创建一个日志记录器。这有助于保持代码简洁。

默认情况下，Lombok 将创建一个名为 log 的静态变量。详见代码清单 2-10。

代码清单 2-10　将日志记录器与 Lombok 一起使用

```
import lombok.extern.slf4j.Slf4j;

@Slf4j
class ChallengeServiceImpl {

    public void dummyMethod() {
        var name = "John";
        log.info("Hello, {}!", name);
    }
}
```

2.6　本章小结

在本章中，我们概述了本书中将使用的一些基本的库和概念：Spring Boot、Lombok、使用 JUnit 和 AssertJ 进行的测试，以及日志记录。这些只是你在知识探究过程中即将学习的一小部分内容，它们被单独介绍是为了避免你在学习过程中出现长时间的中断。本书中，所有其他与不断演变的架构更相关的主题，都会得到详细解释。

如果你仍然觉得自己存在一些知识缺口，请不要担心。下一章中的实际代码示例将通过提供额外的上下文来帮助你理解这些概念。

学习成果：

- 了解 Spring 和 Spring Boot 的核心思想。
- 了解在本书中，我们如何使用 Lombok 来减少样板代码。
- 学习如何使用 Junit、Mockito 和 AssertJ 之类的工具来实现 TDD，以及如何将这些工具集成到 Spring Boot 中。
- 了解一些日志基础知识以及如何在 Lombok 中使用日志记录器。

第3章

一个基础的 Spring Boot 应用程序

现在可以直接开始编写代码了，虽说这很实用，但与真正的案例相差甚远。相反，我们将定义一个想要构建的产品，然后将其分成不同的模块。整本书都使用了这种面向需求的方法，以使其更加实用。在现实生活中，你总会遇到这些业务需求。

本章将实现一个鼓励用户每天锻炼大脑的 Web 应用程序。

首先，用户每次访问页面时，系统将为其显示一道两位数的乘法题。用户将输入别名(简称)以及对计算结果的猜测。这是基于他们只能进行心算的假设。在用户发送数据后，Web 页面将向用户显示猜测结果是否正确。

另外，我们希望能保持用户的积极性。为此，将引用一些游戏机制。对于每个正确的猜测结果，系统会给出评分，用户能在排名中看到分数，这样就可与其他人竞争。

这是将要构建的完整应用程序的主旨(即产品愿景)。

我们不会一次性构建好所有功能。本书将模拟一种灵活的工作方式，将需求分解成用户故事，每个功能模块都能提供价值。因为绝大多数 IT 公司都使用敏捷管理，因此我们将采用这种方法使本书尽可能贴近现实生活。

首先关注乘法求解逻辑，分析第一个用户故事。

用户故事 1

作为该应用程序的用户，我想通过心算来解随机的乘法题，以锻炼自己的大脑。

为使其成立，我们需要为 Web 应用程序构建一个最小框架。

因此，我们将用户故事 1 拆分为几个子任务。

(1) 使用业务逻辑创建基本服务。

(2) 创建一个基础 API 以访问该服务(REST API)。

(3) 创建一个基础的 Web 页面，要求用户解题。

在本章中，我们将专注于(1)和(2)。创建第一个 Spring Boot 应用程序的框架后，将使用测试驱动的开发(TDD)来构建该组件的主要逻辑：生成乘法计算题，并验证用户提交的结果。然后添加实现了 REST API 的控制器层。你将了解这种分层设计的优点。

学习内容包括关于 Spring Boot 中最重要的特性：自动配置。将通过实际案例进行了解，例如，如何仅通过向项目添加特定的依赖关系，使嵌入式 Web 服务器成为应用程序的一部分。

3.1　搭建开发环境

在本书中，将使用 Java 14。确保下载官方版本的 JDK(https://tpd.io/ jdk14)。然后，按照操作说明进行安装。

好的 IDE 便于开发 Java 代码。你可以使用自己的 IDE；没有的话，可下载 IntelliJ IDEA 或 Eclipse 的社区版本。

在本书中，还将使用 HTTPie 快速测试 Web 应用程序。这是一个命令行工具，可按 https://tpd.io/httpie-install 上的说明进行下载。该工具可让我们与 HTTP 服务器进行交互，可用于 Linux、macOS 或 Windows 系统。另外，如果你是 curl 用户，也可以轻松地将本书的 http 命令映射为 curl 命令。

3.2　Web 应用的框架

现在该写代码了！Spring 提供了一种构建应用程序框架的绝佳方法：Spring Initializr。

这是一个 Web 页面，允许选择需要在 Spring Boot 项目中包含的组件和库，并将其结构和依赖关系配置压缩成 zip 文件供下载。

在本书中，我们将多次使用 Initializr，因为这样少了从头开始创建项目的时间，当然如果你喜欢的话，也可以自己创建项目。

源代码

可在 GitHub 上的 chapter03 存储库中找到本章的所有源代码。详见 https://github.com/Book-Microservices-v2/chapter03。

现在访问页面 https://start.spring.io/并填写一些数据，如图 3-1 所示。

图 3-1　使用 Spring Initializr 创建 Spring Boot 项目

本书中的所有代码都将使用 Maven、Java 和版本为 2.3.3 的 Spring Boot。如果无法使用该版本的 Spring Boot，则可以选择一个较新版本。这种情况下，如果要使用与本书相同的版本，记得在生成的 pom.xml 文件中更改其版本。也可继续使用其他 Java 和 Spring Boot 版本，但本书中的某些代码示例可能不适用。

可查看在线图书资源(https://tpd.io/book-extra)，以获取有关兼容性和升级的最新内容。

对 group 和 artifact 分别设置值 microservices.book 和 multiplication。Java 的版本选择 14，请不要忘记从列表或搜索工具中添加依赖项 Spring Web、Validation 和 Lombok。你已经了解 Lombok 的用途，在本章中将看到其他两个依赖项的作用。以上就是我们现在需要的全部内容。

然后，生成项目并提取 zip(压缩文件格式)文件的内容。可以看到，multiplication 文件夹中包含运行该应用程序需要的所有内容。现在，你可选中 pom.xml 文件，使用自己喜欢的 IDE 将其打开。

以下是可以在自动生成的包中找到的主要元素：

- 一个 Maven 的 pom.xml 文件，包含应用程序元数据、配置和依赖项。这是 Maven 用于构建应用程序的主要文件。将分别检查由 Spring Boot 添加的一些依赖项。在此文件中，你还可找到使用 Spring Boot 的 Maven 插件来构建应用程序的配置，该插件还知道如何将其所有依赖项打包到独立的.jar 文件中，以及如何从命令行中运行这些应用程序。

- 一个 Maven wrapper。这是 Maven 的独立版本，因此你不必安装它也可构建应用程序。还有.mvn 文件夹以及可在 Windows 和 UNIX 系统运行的 mvnw 可执行文件。
- 一个 HELP.md 文件，包含指向 Spring Boot 文档的一些链接。
- 假设我们使用 Git 作为版本控制系统，文件夹中包含的.gitignore 具有一些预定义的排除项，因此不会将已编译的类或任何 IDE 生成的文件提交到存储库。
- src 文件夹遵循标准的 Maven 结构，该结构将代码分为 main 和 test 子文件夹。这两个文件夹可包含各自的 java 和 resources 子级。这种情况下，src 文件夹中包含 main 和 test 子文件夹，resource 文件夹中也包含 main 文件夹。
  - 默认生成的 MultiplicationApplication 类在主 src 文件夹中。它已经用 @SpringBootApplication 进行了注释，并包含启动应用程序的 main 方法。如参考文档(https://tpd.io/sb-annotation)所述，这是为 Spring Boot 应用程序定义主类的标准方式。我们稍后再学习这个类。
  - 在 resources 文件夹中，可以找到两个空子文件夹：static 和 templates。你可以放心删除它们，因为它们主要用于包含静态资源和 HTML 模板，在此不会用到它们。
  - 在 application.properties 文件中，可以配置 Spring Boot 应用程序。稍后将在此添加一些配置参数。

了解了框架的不同部分后，现在尝试将其运行起来。你可使用 IDE 界面，也可从项目的根文件夹中使用以下命令来运行该应用：

```
multiplication $ ./mvnw spring-boot:run
```

从终端运行命令

在本书中，我们使用 "$" 字符表示命令提示符。该字符之后的所有内容都是命令。需要强调一点，有时，你必须在工作区的指定文件夹中运行命令。这种情况下，你会在$字符之前找到文件夹的名称(如 multiplication $)。

当然，工作区的具体位置可能有所不同。另请注意，某些命令可能会有所不同，具体取决于你使用的是基于 UNIX 的操作系统(例如 Linux 或 macOS)还是 Windows 操作系统。本书中显示的所有命令都使用基于 UNIX 的操作系统。

当运行该命令时，使用包含在主文件夹(mvnw)中的 Maven wrapper，目标是 spring-boot:run (Maven 可执行文件旁边的内容)。这个目标由 Spring Boot 的 Maven 插件提供，该插件也包含在 Initializr Web 页面生成的 pom.xml 文件中。Spring Boot 应用程序应该能够成功启动。日志的最后一行应如下所示：

```
INFO 4139 --- [main] m.b.m.MultiplicationApplication: Started
MultiplicationApplication in 6.599 seconds (JVM running for 6.912)
```

非常好！我们有了第一个不必编写任何代码即可运行的 Spring Boot 应用程序！但是，我们对此程序无能为力。这个应用程序有什么功能？我们很快会进行解答。

3.3 Spring Boot 自动配置

在框架应用的日志中，还可找到以下日志行：

```
INFO 30593 --- [main] o.s.b.w.embedded.tomcat.TomcatWebServer: Tomcat
initialized with port(s): 8080 (http)
```

多亏了 Spring 中的自动配置设置，当添加这个 Web 依赖项后，便得到一个使用了 Tomcat 的可独立部署的 Web 应用程序。

正如上一章中介绍的那样，Spring Boot 自动设置了库和默认配置。当依赖于这些默认配置时，可以节省很多时间。

作为一种惯例，当 Web starter 被添加到项目中时，会添加一个随时可用的 Tomcat 服务器。

为了解有关 Spring Boot 自动配置的更多信息，让我们逐步介绍这个具体案例的运作方式。也可通过图 3-2 获得一些有用的可视化帮助。

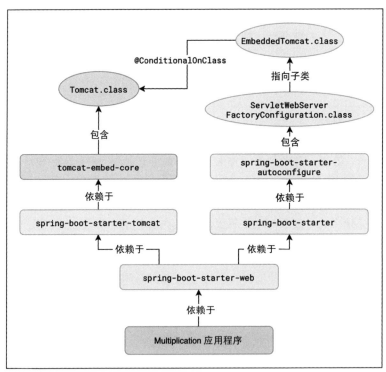

图 3-2　自动配置示例：嵌入式 Tomcat

　　自动生成的 Spring Boot 应用程序包含具有@SpringBootApplication 注解的主类。这是一个快捷注解，因为它组合了其他几个注解，其中包括@EnableAutoConfiguration。顾名思义，借助这种方式，我们启用了自动配置功能。因此，Spring 会激活这个智能机制，并从代码及依赖项中查找和处理具有@Configuration 注解的类。

　　项目包括 spring-boot-starter-web 依赖项。这是 Spring Boot 的主要组件之一，具有用于构建 Web 应用程序的工具。在该工件的依赖关系中，Spring Boot 开发人员添加了另一个 starter，即 spring-boot-starter-tomcat。详见代码清单 3-1 或在线资源(https://tpd.io/starter-web-deps)。

代码清单 3-1　Web starter 依赖关系

```
plugins {
    id "org.springframework.boot.starter"
}

description = "Starter for building web, including RESTful, applications using
Spring MVC. Uses Tomcat as the default embedded container"

dependencies {
    api(project(":spring-boot-project:spring-boot-starters:spring-boot-starter"))
    api(project(":spring-boot-project:spring-boot-starters:spring-boot-
    starter-json"))
    api(project(":spring-boot-project:spring-boot-starters:spring-boot-
    starter-tomcat"))
    api("org.springframework:spring-web")
    api("org.springframework:spring-webmvc")
}
```

　　如你所见，从版本 2.3 开始，Spring Boot 工件用了 Gradle，但是你不需要知道特定的语法就可以了解其依赖关系。现在，如果检查 spring-boot-starter-tomcat 工件的依赖关系(详见代码清单 3-2 或在线资源 https://tpd.io/tomcat-starter-deps)，将看到它包含一个不属于 Spring 系列的库，即 tomcat-embed-core。这是一个 Apache 库，我们可以使用它来启动一个嵌入式 Tomcat 服务器。它的主要逻辑包含在名为 Tomcat 的类中。

代码清单 3-2　Tomcat starter 依赖关系

```
plugins {
    id "org.springframework.boot.starter"
}

description = "Starter for using Tomcat as the embedded servlet container. Default
servlet container starter used by spring-boot-starter-web"
dependencies {
    api("jakarta.annotation:jakarta.annotation-api")
```

```
api("org.apache.tomcat.embed:tomcat-embed-core") {
    exclude group: "org.apache.tomcat", module: "tomcat-annotations-api"
}
api("org.glassfish:jakarta.el")
api("org.apache.tomcat.embed:tomcat-embed-websocket") {
    exclude group: "org.apache.tomcat", module: "tomcat-annotations-api"
}
}
```

回顾一下依赖关系的层次结构，spring-boot-starter-web 也依赖于 spring-boot-starter(有关上下文的帮助，详见代码清单 3-1 和图 3-2)。这是 Spring Boot starter 的核心，其中包括工件 spring-boot-autoconfigure(详见代码清单 3-3 或在线资源 https://tpd.io/sb-starter)。该 Spring Boot 工件包含一整套带有@Configuration 注解的类，它们是整个 Spring Boot 框架的重要组成部分。有一些用于配置 Web 服务器、消息代理、错误处理程序、数据库等的类。

可在 https://tpd.io/auto-conf-packages 上查看软件包的完整列表，以更好地了解受支持的工具。

代码清单 3-3　Spring Boot 主要的 starter

```
plugins {
    id "org.springframework.boot.starter"
}

description = "Core starter, including auto-configuration support, logging
and YAML"

dependencies {
    api(project(":spring-boot-project:spring-boot"))
    api(project(":spring-boot-project:spring-boot-autoconfigure"))
    api(project(":spring-boot-project:spring-boot-starters:spring-boot-
    starterlogging"))
    api("jakarta.annotation:jakarta.annotation-api")
    api("org.springframework:spring-core")
    api("org.yaml:snakeyaml")
}
```

在本书的示例中，负责自动配置嵌入式 Tomcat 服务器的相关类是 ServletWebServerFactoryConfiguration。详见显示了最相关代码片段的代码清单 3-4，或者在线提供的完整源代码(https://tpd.io/swsfc-source)。

代码清单 3-4　ServletWebServerFactoryConfiguration 片段

```
@Configuration(proxyBeanMethods = false)
```

```
class ServletWebServerFactoryConfiguration {

    @Configuration(proxyBeanMethods = false)
    @ConditionalOnClass({ Servlet.class, Tomcat.class, UpgradeProtocol.class })
    @ConditionalOnMissingBean(value = ServletWebServerFactory.class, search =
    SearchStrategy.CURRENT)
    static class EmbeddedTomcat {

        @Bean
        TomcatServletWebServerFactory tomcatServletWebServerFactory(
                ObjectProvider<TomcatConnectorCustomizer> connectorCustomizers,
                ObjectProvider<TomcatContextCustomizer> contextCustomizers,
                ObjectProvider<TomcatProtocolHandlerCustomizer<?>>
                protocolHandlerCustomizers) {
            TomcatServletWebServerFactory factory = new
            TomcatServletWebServerFactory();
            factory.getTomcatConnectorCustomizers()
                    .addAll(connectorCustomizers.orderedStream().
                    collect(Collectors.toList()));
            factory.getTomcatContextCustomizers()
                    .addAll(contextCustomizers.orderedStream().collect(Collectors.
                    toList()));
            factory.getTomcatProtocolHandlerCustomizers()
                    .addAll(protocolHandlerCustomizers.orderedStream().
                    collect(Collectors.toList()));
            return factory;
        }
    }
    // ...
}
```

此类定义了一些内部类，其中之一是 EmbeddedTomcat。如你所见，其中一个类带
有以下注解：

```
@ConditionalOnClass({ Servlet.class, Tomcat.class, UpgradeProtocol.class })
```

Spring 会将带有@ConditionalOnClass 注解的类在上下文中加载该类的 Bean，前提
是在类路径(classpath)中可以找到关联的类。在本例中，条件是匹配的，因为我们可以
看到 Tomcat 类通过 starter 层次结构进入类路径的过程。因此，Spring 加载的在
EmbeddedTomcat 中声明的 Bean 实际上是 TomcatServletWebServerFactory。

该工厂类被包含在 Spring Boot 的核心工件 spring-boot(spring-boot-starter 中包含的
依赖项)中。它使用一些默认配置设置了 Tomcat 嵌入式服务器。这是创建嵌入式 Web
服务器的逻辑的最终所在。

再次回顾一下，Spring 扫描了所有类，并且假设满足了 EmbeddedTomcat 中声明的条

件(Tomcat 库是被包含的依赖项)，它将在上下文中加载 TomcatServletWebServerFactory Bean。该类按照默认配置启动一个嵌入式 Tomcat 服务器，并在端口 8080 上公开一个 HTTP 接口。

可以想象，这种机制也适用于数据库、Web 服务器、消息代理、云原生模式、安全等其他许多库。在 Spring Boot 中，你可找到多个 starter，并将它们添加为依赖项。执行此操作时，自动配置机制就会发挥作用，获取开箱即可使用的其他功能。许多配置类以其他类(例如我们分析过的类)的存在为条件，但还有其他类型的条件，例如 application.properties 文件中的参数值。

自动配置是 Spring Boot 中的关键概念。一旦你理解了它，许多开发人员认为的神奇功能对你来说就不再是秘密。因为该机制非常重要，所以我们讨论了细节；你可按照自己的需求去配置它，避免得到许多你不想要或者根本不需要的行为。作为一种良好习惯，请仔细阅读所使用的 Spring Boot 模块的文档，并熟悉它们所支持的配置选项。

如果你没有完全理解这个概念，不必担心。我们会在本书中多次讨论自动配置机制。因为我们将在应用程序中添加额外功能，为此，需要在项目中添加额外的依赖关系，并分析引入的新行为。

3.4 三层架构

下一步是学习如何构建应用程序并在不同的类中对业务逻辑建模进行设计。

多层次架构使应用程序更适用于生产环境。大多数真实世界的应用程序都遵循这种架构范式。在 Web 应用程序中，三层设计是最受欢迎的一种，并且得到广泛推广。这三个层如下:

- 客户端层(Client tier): 该层负责用户界面。通常，这就是我们所说的前端。
- 应用层(Application tier): 包含所有业务逻辑和与其进行交互的接口以及用于持久性的数据接口。这映射到我们所说的后端。
- 数据存储层(Data store tier): 如数据库、文件系统，负责持久化应用程序数据。

在本书中，尽管我们也使用其他两个层，但主要关注应用层。如果现在放大来看，该应用层通常采用三层架构。

- 业务层: 包括对域和业务细节建模的类。这是应用程序的智能所在。有时，该层会被分为两部分: 域(实体)和提供业务逻辑的服务。
- 表示层: 在本例中，将由 Controller 类表示，为 Web 客户端提供功能。REST API 实现将位于此处。
- 数据层: 该层负责将实体持久存储在数据存储区中，通常是一个数据库。该层通常包括 DAO 类或存储库类，前者与直接映射到数据库某行中的对象一起使用，后者则以域为中心，因此它们可能需要将域表示转换为数据库结构。

现在，目标是将此模式应用于 Multiplication Web 应用程序，如图 3-3 所示。

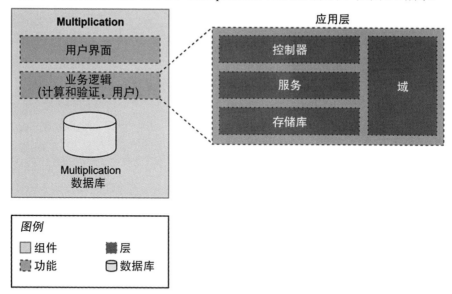

图 3-3　应用于 Spring Boot 项目的三层架构

使用此软件架构的优点都与实现松散耦合有关。

- 所有层都是可替换的(例如，更改用于提供文件存储解决方案的数据库或从一个 REST API 更改为任意其他接口)。这是一项关键特性，使开发代码库变得更容易。另外，可用测试模拟来代替完整的层，这能使测试变得简单。
- 域的部分是被隔离的，且独立于其他所有部分，没有与接口或数据库细节混合在一起。
- 职责明确分离：一个用于处理对象的数据库存储的类，一个单独实现 REST API 的类，以及另一个用于业务逻辑的类。

Spring 是构建这种类型的架构的绝佳选择，有许多开箱即用的功能，可以帮助我们轻松地创建适用于生产环境的三层应用程序。Spring 为类提供了三个原型注解，分别映射到该设计的每个层，因此可用于实现我们的架构。

- @Controller 注解用于表示层。在本案例中，将使用控制器来实现 REST 接口。
- @Service 注解用于实现业务逻辑的类。
- @Repository 注解用于数据层，即与数据库交互的类。

用这些变量注解类时，类会成为被 Spring 管理的组件。当初始化 Web 上下文时，Spring 会扫描包，找到这些类，然后将它们作为 Bean 加载到上下文中。接着，可使用依赖项注入的方式来接入(或注入)这些 Bean，例如，在表示层(controller)调用服务。我们很快就会在实践中看到这一点。

3.5 域建模

首先对业务域进行建模，因为这将有助于构建项目。

3.5.1 域定义和域驱动设计

第一个 Web 应用程序负责生成乘法题并验证用户随后的尝试。让我们定义这三个业务实体。

- Challenge：包含乘法题的两个乘法因子。
- User：识别试图解决 Challenge 的人。
- Challenge 尝试(Challenge Attempt)：表示用户为解决 Challenge 中的操作所做的尝试

可对这些域对象及其关系进行建模，如图 3-4 所示。

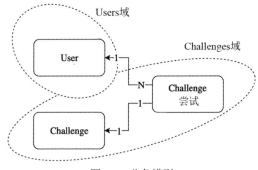

图 3-4　业务模型

这些对象之间的关系如下：

- User 和 Challenge 是独立实体，它们之间没有任何引用关系。
- Challenge 尝试则针对指定的 User 和 Challenge。从概念上讲，由于生成的 Challenge 数量有限，因此可对同一个 Challenge 进行多次尝试。同样，同一用户可能进行多次尝试，可根据自己的需求，多次使用 Web 应用程序。

在图 3-4 中，还可以看到如何将这三个对象划分成两个不同的域：Users 和 Challenges。寻找域的边界(也称为边界上下文，详见 https://tpd.io/bounded-ctx)和定义对象之间的关系是软件设计必不可少的任务。这种基于域的设计方法被称为域驱动的设计(DDD)，可帮助你构建模块化、可扩展和松散耦合的架构。在本例中，Users 和 Challenges 是完全不同的概念。Challenges 及其尝试都与 User 有本关，都有足够的相关性，以拥有属于自己的域。

为使 DDD 更清晰，可考虑这个小型系统的演变版本，引入其他与 Users 或 Challenges 相关的域。例如，可通过创建域 Friends，并对用户之间的关系与互动建模来引入社交网络功能。如果将 Users 和 Challenges 这两个域混在一起,这种演变将很难完成,因为新的域与 Challenges 无关。

如果想了解更多关于 DDD 的信息,可阅读 Eric Evans 的书籍(https://tpd.io/DDD-book)或下载免费的 InfoQ 迷你书(https://tpd.io/DDD-quickly)。

微服务和域驱动的设计

设计微服务时,一个常见的误区是认为每个域都必须立即拆分为不同的微服务。然而,这可能导致过早的优化,并且从软件项目的一开始,其复杂性就呈指数级增加。

我们将深入探讨有关微服务和整体优先方法的更多细节。

现在的要点是,对域进行建模是一项至关重要的任务,但是拆分域不需要将代码拆分为微服务。在第一个应用程序中,将两个域放在一起,但不混淆。我们将使用一种简单的拆分策略:根级包。

3.5.2　域类

是时候创建 Challenge、Challenge 尝试和 User 类了。首先,按照为 Multiplication 应用程序确定的域,将根级包(microservices.book.multiplication)分为两个部分:Users 和 Challenges。然后,我们在这两个包中创建前面提到的三个空类。参见代码清单 3-5。

代码清单 3-5　通过创建不同的根级包来拆分域

```
+- microservices.book.multiplication.user
|   \- User.java
+- microservices.book.multiplication.challenge
|   \- Challenge.java
|   \- ChallengeAttempt.java
```

由于创建应用程序的框架时,我们添加了 Lombok 依赖项,因此如上一章所述,可以使用它来保持域类非常小。

请记住,你可能需要在 IDE 中添加插件才能完整集成 Lombok;否则,你可能会从 linter 处得到错误信息。作为一个示范,在 IntelliJ 中,可通过单击"首选项(Preferences)"|"插件(Plugins)"并搜索 Lombok,以安装正式的 Lombok 插件。

Challenge 类包含两个乘数。我们为其添加 getter,一个包含所有字段的构造函数以及 toString()、equals()和 hashCode()方法。参见代码清单 3-6。

代码清单 3-6　Challenge 类

```
package microservices.book.multiplication.challenge;

import lombok.*;
```

```
/**
 * This class represents a Challenge to solve a Multiplication (a * b).
 */
@Getter
@ToString
@EqualsAndHashCode
@AllArgsConstructor
public class Challenge {
    private int factorA;
    private int factorB;
}
```

User 类拥有相同的 Lombok 注解、一个用户标识符和一个友好的别名(例如，用户的名字)。参见代码清单 3-7。

代码清单 3-7　User 类

```
package microservices.book.multiplication.user;

import lombok.*;

/**
 * Stores information to identify the user.
 */
@Getter
@ToString
@EqualsAndHashCode
@AllArgsConstructor
public class User {
    private Long id;
    private String alias;
}
```

ChallengeAttempt 也具有 id、用户输入的值(resultAttempt)以及表明是否正确的布尔值，参见代码清单 3-8。我们通过 userId 将其链接到用户。注意，这里还有两个 Challenge 的乘数。这样做是为了避免通过 challengeId 引用 Challenge，因为我们可以简单地"动态"生成新 Challenge 并将其复制到此处，以保持数据结构简单。因此，如你所见，有多种实现如图 3-4 所示的业务模型的选项。为建模其与用户的关系，我们使用了一个引用。为了模拟 Challenge，将数据嵌入 ChallengeAttempt 中。第 5 章讨论数据持久性时，将更详细地分析此决策。

代码清单 3-8　ChallengeAttempt 类

```
package microservices.book.multiplication.challenge;

import lombok.*;
```

```
import microservices.book.multiplication.user.User;
/**
 * Identifies the attempt from a {@link User} to solve a challenge.
 */
@Getter
@ToString
@EqualsAndHashCode
@AllArgsConstructor
public class ChallengeAttempt {
    private Long id;
    private Long userId;
    private int factorA;
    private int factorB;
    private int resultAttempt;
    private boolean correct;
}
```

3.6　业务逻辑

一旦定义了域模型，就应该考虑业务逻辑的另一部分：应用程序服务。

3.6.1　功能

考虑到需求，我们需要以下功能：
- 一个生成中等复杂度乘法运算的方法。所有乘数在 11 到 99 范围内。
- 一些检查用户尝试的结果是否正确的功能。

3.6.2　随机的 Challenge

让我们实践测试驱动的开发，以实现业务逻辑。首先编写一个生成随机 Challenge 的基本接口。参见代码清单 3-9。

代码清单 3-9　ChallengeGeneratorService 接口

```
package microservices.book.multiplication.challenge;

public interface ChallengeGeneratorService {

  /**
   * @return a randomly-generated challenge with factors between 11 and 99
   */
  Challenge randomChallenge();
}
```

将这个接口也放入 challenge 包中。现在，编写一个该接口的空实现类，该类包装了 Java 的 Random。参见代码清单 3-10。除了无参数的构造函数外，我们通过另一个接收 random 对象的构造函数以确保其可测试性。

代码清单 3-10　ChallengeGeneratorService 接口的空实现

```
package microservices.book.multiplication.challenge;

import org.springframework.stereotype.Service;

import java.util.Random;
@Service
public class ChallengeGeneratorServiceImpl implements ChallengeGeneratorService {

    private final Random random;

    ChallengeGeneratorServiceImpl() {
        this.random = new Random();
    }

    protected ChallengeGeneratorServiceImpl(final Random random) {
        this.random = random;
    }

    @Override
    public Challenge randomChallenge() {
        return null;
    }
}
```

为使 Spring 在上下文中加载此服务实现，用@Service 注解该类。稍后通过接口将该服务注入其他层，而不是通过实现注入服务。通过这种方式，我们保持了松散的耦合，因为不必在其他层中更改任何内容便能替换实现。稍后将实践依赖项注入。现在将重点放在 TDD 上，将 randomChallenge()实现留空。

下一步是编写测试。在同名包中创建一个类，但这次在 test 源文件夹中创建。参见代码清单 3-11。

代码清单 3-11　在真正实现之前创建单元测试

```
package microservices.book.multiplication.challenge;

import org.junit.jupiter.api.BeforeEach;
import org.junit.jupiter.api.Test;
import org.junit.jupiter.api.extension.ExtendWith;
import org.mockito.Spy;
```

```java
import org.mockito.junit.jupiter.MockitoExtension;

import java.util.Random;

import static org.assertj.core.api.BDDAssertions.then;
import static org.mockito.BDDMockito.given;
@ExtendWith(MockitoExtension.class)
public class ChallengeGeneratorServiceTest {

    private ChallengeGeneratorService challengeGeneratorService;

    @Spy
    private Random random;

    @BeforeEach
    public void setUp() {
        challengeGeneratorService = new ChallengeGeneratorServiceImpl(random);
    }

    @Test
    public void generateRandomFactorIsBetweenExpectedLimits() {
        // 89 is max - min range
        given(random.nextInt(89)).willReturn(20, 30);

        // when we generate a challenge
        Challenge challenge = challengeGeneratorService.randomChallenge();

        // then the challenge contains factors as expected
        then(challenge).isEqualTo(new Challenge(31, 41));
    }
}
```

在上一章中，我们回顾了如何使用 Mockito 的@Mock 注解和 JUnit 5 的 MockitoExtension 类来替换给定类的行为。在这个测试中，需要替换对象而不是类的行为。使用@Spy 对一个对象打桩。Mockito 扩展将有助于使用空构造函数创建一个 Random 实例，并对其打桩以便覆盖其行为。这是使测试有效的最简单方法，因为实现了随机数生成器的基本 Java 类不适用于接口(我们可以简单地用 Mock 代替 Spy)。

通常使用@BeforeEach 注解的方法来初始化测试需要的全部内容，因此在每次测试开始之前都会这样做。这里通过这个桩对象构造了服务实现。

唯一的测试方法遵循 BDD 风格，使用 given()来设置前提条件。为生成 11 和 99 之间的随机数，可获得 0 和 89 之间的随机数并将其加上 11。因此应该使用 89 来调用 random，以生成一个 11 和 100 之间的随机数；我们覆盖该调用，在第一次调用时返回 20，第二次调用时返回 30。然后，当调用 randomChallenge()时，我们期望 random 返回 20 和 30 作为随机数(桩对象)，并因此返回用 31 和 41 构造的 Challenge 对象。

我们做了 一个显然会运行失败的测试。你可以尝试使用 IDE 或在项目根文件夹中使用 Maven 命令。

```
multiplication$ ./mvnw test
```

不出所料，测试失败了。详见代码清单 3-12 中的结果。

代码清单 3-12　首次运行测试后输出错误

```
Expecting:
  <null>
to be equal to:
  <Challenge(factorA=20, factorB=30)>
but was not.
Expected :Challenge(factorA=20, factorB=30)
Actual :null
```

现在，只需要使测试通过。在本例中，解决方案非常简单，我们需要在实现测试时弄清它。稍后，你将看到更多有价值的 TDD 案例，但这个案例已经促使你开始使用这种工作方式。可参见代码清单 3-13。

代码清单 3-13　实施有效逻辑以生成 Challenge

```
@Service
public class ChallengeGeneratorServiceImpl implements ChallengeGeneratorService {

    private final static int MINIMUM_FACTOR = 11;
    private final static int MAXIMUM_FACTOR = 100;

    // ...

    private int next() {
        return random.nextInt(MAXIMUM_FACTOR - MINIMUM_FACTOR) + MINIMUM_FACTOR;
    }
    @Override
    public Challenge randomChallenge() {
        return new Challenge(next(), next());
    }
}
```

现在，再次运行测试，这次通过了：

```
[INFO] Tests run: 1, Failures: 0, Errors: 0, Skipped: 0
```

测试驱动的开发就是这么简单。首先设计测试，这些测试刚开始时会失败。然后实现逻辑让测试通过。在现实中，当你从定义需求的人员那里获得构建测试用例的帮助时，你将获得最大的收益。你可以编写更好的测试，从而更好地实现真正想要构建的应用。

3.6.3　验证 Attempt

为满足业务需求的第二部分，我们实现一个用来验证用户的 Attempt 的接口。参见代码清单 3-14。

代码清单 3-14　ChallengeService 接口

```
package microservices.book.multiplication.challenge;

public interface ChallengeService {

    /**
     * Verifies if an attempt coming from the presentation layer is correct or not.
     *
     * @return the resulting ChallengeAttempt object
     */
    ChallengeAttempt verifyAttempt(ChallengeAttemptDTO resultAttempt);
}
```

正如你在代码中看到的，我们正在将 ChallengeAttemptDTO 对象传递给 verifyAttempt 方法。该类目前还不存在。数据传输对象(DTO)用于在系统的不同部分之间传输数据。在这个例子中，我们使用 DTO 对表示层所需的数据建模，以创建一个 Attempt。参见代码清单 3-15。用户的 Attempt 没有 correct 字段，也不需要知道用户的 ID。还可使用 DTO 来验证数据，就像在构建 controller 时所看到的那样。

代码清单 3-15　ChallengeAttemptDTO 类

```
package microservices.book.multiplication.challenge;

import lombok.Value;

/**
 * Attempt coming from the user
 */
@Value
public class ChallengeAttemptDTO {
    int factorA, factorB;
    String userAlias;
    int guess;
}
```

这次使用 Lombok 的@Value,这是一个快捷注解,用于创建一个不可变的类,其中包含 all-args 构造函数以及 toString、equals 和 hashCode 方法。还将字段设置为 private final;因此不需要在类中声明它。接着继续采用 TDD 方式,在 ChallengeServiceImpl 实现中创建一个空逻辑。参见代码清单 3-16。

代码清单 3-16 ChallengeService 的空实现

```
package microservices.book.multiplication.challenge;

import org.springframework.stereotype.Service;

@Service
public class ChallengeServiceImpl implements ChallengeService {

    @Override
    public ChallengeAttempt verifyAttempt(ChallengeAttemptDTO attemptDTO) {
        return null;
    }
}
```

现在,我们为这个类编写一个单元测试,以便验证它是否对正确和错误的 Attempt 都有效。参见代码清单 3-17。

代码清单 3-17 编写测试以验证 Challenge Attempt

```
package microservices.book.multiplication.challenge;

import org.junit.jupiter.api.BeforeEach;
import org.junit.jupiter.api.Test;

import static org.assertj.core.api.BDDAssertions.then;

public class ChallengeServiceTest {

    private ChallengeService challengeService;

    @BeforeEach
    public void setUp() {
        challengeService = new ChallengeServiceImpl();
    }

    @Test
    public void checkCorrectAttemptTest() {
        // given
        ChallengeAttemptDTO attemptDTO =
                new ChallengeAttemptDTO(50, 60, "john_doe", 3000);
```

```
        // when
        ChallengeAttempt resultAttempt =
                challengeService.verifyAttempt(attemptDTO);

        // then
        then(resultAttempt.isCorrect()).isTrue();
    }

    @Test
    public void checkWrongAttemptTest() {
        // given
        ChallengeAttemptDTO attemptDTO =
                new ChallengeAttemptDTO(50, 60, "john_doe", 5000);
        // when
        ChallengeAttempt resultAttempt =
                challengeService.verifyAttempt(attemptDTO);

        // then
        then(resultAttempt.isCorrect()).isFalse();
    }
}
```

50 和 60 相乘的结果是 3000，因此第一个测试用例的断言期望 correct 字段为 True，而第二个使用错误猜测(5000)的测试用例结果为 False。

让我们现在执行测试。可使用 IDE，也可使用 Maven 命令指定要运行的测试名称。

```
multiplication$ ./mvnw -Dtest=ChallengeServiceTest test
```

你将看到如下的输出：

```
[INFO] Results:
[INFO]
[ERROR] Errors:
[ERROR] ChallengeServiceTest.checkCorrectAttemptTest:28 NullPointer
[ERROR] ChallengeServiceTest.checkWrongAttemptTest:42 NullPointer
[INFO]
[ERROR] Tests run: 2, Failures: 0, Errors: 2, Skipped: 0
```

正如预料的那样，这两个测试都将引发空指针异常。

接下来，回到服务的实现，使其发挥作用。参见代码清单 3-18。

代码清单 3-18　实现验证 Attempt 的逻辑

```
@Override
public ChallengeAttempt verifyAttempt(ChallengeAttemptDTO attemptDTO) {
    // Check if the attempt is correct
```

```
boolean isCorrect = attemptDTO.getGuess() ==
        attemptDTO.getFactorA() * attemptDTO.getFactorB();

// We don't use identifiers for now
User user = new User(null, attemptDTO.getUserAlias());

// Builds the domain object. Null id for now.
ChallengeAttempt checkedAttempt = new ChallengeAttempt(null,
        user,
        attemptDTO.getFactorA(),
        attemptDTO.getFactorB(),
        attemptDTO.getGuess(),
        isCorrect
);

    return checkedAttempt;
}
```

现在暂时保持其简单性。稍后,这个实现将处理更多任务。我们需要创建一个用户或查找一个现有用户,将该用户与新的 Attempt 关联,并将其存储在数据库中。

现在,再次运行测试,以验证它已通过:

```
[INFO] Tests run: 2, Failures: 0, Errors: 0, Skipped: 0, Time elapsed: 0.083 s -
in microservices.book.multiplication.challenge.ChallengeServiceTest
```

再一次,我们成功地使用 TDD 构建逻辑来验证 ChallengeAttempt。

由于在第一个用户故事中,User 域不需要任何业务逻辑,所以接下来让我们学习下一层。

3.7 表示层

本节将介绍表示层。

3.7.1 REST

我们没有从服务器端构建 HTML,而是决定采用实际软件项目中通常的做法,使用表示层:中间有一个 API 层。这样,不仅可将功能公开给其他后端服务,而且可使后端和前端完全隔离。通过这种方式,可从一个简单的 HTML 页面和 JavaScript 开始,然后在不更改后端代码的情况下过渡到完整的前端框架。

在所有可能的 API 替代方案中,现在最受欢迎的是 REpresentational State Transfer(即 REST)。它通常构建在 HTTP 之上,因此它使用 HTTP 动词来执行 API 操作，如 GET、POST、PUT、DELETE 等。我们将在本书中构建符合 REST 架构风格的简单 RESTful Web 服务，因此将遵循一些已经成为行业标准的 URL 和 HTTP 动词约定。详见表 3-1。

表 3-1　REST API 约定

HTTP 动词	Collection 集合的基本操作	Item 类的操作
GET	获取数据项的完整列表	获取数据项
POST	创建新的数据项	不适用
PUT	不适用	更新数据项
DELETE	删除整个集合	删除数据项

编写 REST API 有几种不同的风格。表 3-1 显示了本书中最基本的操作和一些约定选择。通过 API 传输的内容还包含多个方面：分页、空值处理、格式(如 JSON)、安全性、版本控制等。如果你对这些约定在实际组织中的详细程度感兴趣，可以阅读 Zalando 的 API 指南(https://tpd.io/api-zalando)。

3.7.2　Spring Boot 和 REST API

使用 Spring 构建 REST API 是一项简单的任务。不出意料的是，有一种专门用于构建 REST 控制器的@Controller 模板，名为@RestController。

我们使用@RequestMapping 注解对不同 HTTP 动词的资源和映射进行建模。该注解适用于类与方法，因此可用简单的方式构建 API 上下文。为使其更加简单，Spring 提供了@ PostMapping、@ GetMapping 等变体，因此我们甚至不需要指定 HTTP 动词。

每当我们想将请求体传给方法时，都会使用@RequestBody 注解。如果使用自定义类，Spring Boot 将尝试使用传递给该方法的类型对其进行反序列化。默认情况下，Spring Boot 使用 JSON 序列化格式,尽管它还支持使用 Accept HTTP 头指定其他格式。在我们的 Web 应用程序中，将使用所有 Spring Boot 的默认配置。

还可使用请求参数来自定义 API，并读取请求路径中的值。以这个请求为例：

```
GET http://ourhost.com/challenges/5?factorA=40
```

以下是其不同的部分：
- GET 是 HTTP 动词。
- http://ourhost.com/是运行 Web 服务器的主机地址。在本例中，该应用程序从根上下文"/"提供服务。
- /challenges/是应用程序创建的 API 上下文，以提供有关该域的功能。
- /5 被称为路径变量。在本例中，它表示标识符为 5 的 Challenge 对象。
- factorA = 40 是请求参数及相应的值。

可创建一个控制器来处理这个请求，得到 5 作为路径变量 challengeId 的值，并获得 40 作为请求参数 factorA 的值。参见代码清单 3-19。

代码清单 3-19 使用注解来映射 REST API URL 的示例

```
@RestController
@RequestMapping("/challenges")
class ChallengeAttemptController {

    @GetMapping("/{challengeId}")
    public Challenge getChallengeWithParam(@PathVariable("challengeId") Long
    challengeId,
                                    @RequestParam("factorA") int factorA)
    {...}
}
```

Spring 所提供的功能远不止于此。由于 REST 控制器与 javax.validation API 集成在一起，我们还可以验证请求。这意味着可在反序列化过程中注解使用的类以避免空值，或当从客户端收到请求时将数字限制在给定范围内，如本例所示。

下面将通过实际示例介绍新概念。

3.7.3 设计 API

可以根据需求来设计需要在 REST API 中公开的功能。
- 一个用于获取随机、中等复杂度乘法运算的接口。
- 一个端点，用于发送特定用户别名对给定乘法运算的猜测。

一个是用于 Challenge 的读操作，一个是用于创建 Attempt 的操作。请记住，乘法 Challenge 和 Attempt 是不同的资源，将 API 拆分成两部分，并为这些操作分配了相应的动词：
- GET/Challenges/Random 将返回随机生成的 Challenge。
- POST /Attempts/ 将是发送 Attempt 以解决 Challenge 的端点。

这两种资源都属于 Challenges 域。最后，还需要一个/Users 映射来执行与用户相关的操作；后面将介绍它，因为现在不需要它来完成第一个需求(用户故事)。

API First 方法

通常在实施之前，最好在组织中定义和讨论 API 约定。应囊括端点、HTTP 动词、允许的参数，以及请求体和响应体示例。这样，其他开发人员和客户可以验证公开的功能是否为他们所需，并及时反馈，以免因实施了错误的解决方案而浪费时间。这种策略被称为 API First，并有一些编写 API 规范的行业标准，如 OpenAPI。

如果你想了解有关 API First 和 OpenAPI 的更多信息，详见规范的原始创建者 Swagger 的 https://tpd.io/apifirst。

3.7.4　第一个控制器

让我们创建一个生成随机 Challenge 的控制器。在服务层中已经实现了这个操作，所以只需要从控制器调用这个方法。应该在表示层做的是将其与任何业务逻辑隔离。我们仅将其用于对 API 建模并验证传递的数据。参见代码清单 3-20。

代码清单 3-20　ChallengeController 类

```
package microservices.book.multiplication.challenge;

import lombok.RequiredArgsConstructor;
import lombok.extern.slf4j.Slf4j;
import org.springframework.web.bind.annotation.*;

/**
 * This class implements a REST API to get random challenges
 */
@Slf4j
@RequiredArgsConstructor
@RestController
@RequestMapping("/challenges")
class ChallengeController {

    private final ChallengeGeneratorService challengeGeneratorService;

    @GetMapping("/random")
    Challenge getRandomChallenge() {
        Challenge challenge = challengeGeneratorService.randomChallenge();
        log.info("Generating a random challenge: {}", challenge);
        return challenge;
    }
}
```

@RestController 注解告诉 Spring，这是专用于对 REST 控制器建模的组件。它由 @Controller 和@ResponseBody 组合而成，指导 Spring 将方法的结果作为 HTTP 的响应体。作为 Spring Boot 中的默认设置，如无特别说明，响应将被序列化为 JSON 并包含在响应体中。

还在类级别添加@RequestMapping("/challenges")，因此所有映射方法都将添加这个前缀。

控制器中还有两个 Lombok 注解。

- @RequiredArgsConstructor 创建一个以 ChallengeGeneratorService 作为形参的构造函数，因为按照 Lombok 的规则，该字段的访问权限为私有且不可改变。由于 Spring 使用依赖项注入，因此将尝试找到实现此接口的 Bean，并将其连接到控制器。这种情况下，将采用唯一候选的服务实现，即 ChallengeGeneratorServiceImpl。

- Slf4j 创建一个名为 log 的日志记录器。我们会使用它将一条生成的 Challenge 消息输出到控制台。

getRandomChallenge()方法上有@GetMapping("/ random")注解。这意味着该方法将处理/Challenges/Random 上下文的 GET 请求，其第一部分来自类级别的注解。该方法只是返回一个 Challenge 对象。

现在再次运行 Web 应用程序，并进行快速的 API 测试。可在 IDE 中运行 MultiplicationApplication 类，或在控制台中使用命令 mvnw spring-boot:run。

使用 HTTPie(详见第 2 章)，通过对本地主机的端口 8080(Spring Boot 的默认值)执行简单的 GET 请求来测试新增的端点。参见代码清单 3-21。

代码清单 3-21　向新创建的 API 发出请求

```
$ http localhost:8080/challenges/random
HTTP/1.1 200
Connection: keep-alive
Content-Type: application/json
Date: Sun, 29 Mar 2020 07:59:00 GMT
Keep-Alive: timeout=60
Transfer-Encoding: chunked
{
    "factorA": 39,
    "factorB": 36
}
```

我们得到一个带有响应头和响应体的 HTTP 响应，这是一个被完美序列化成 JSON 形式的 Challenge 对象。我们做到了! 应用程序终于运行起来了。

3.7.5　自动序列化的工作方式

在介绍自动配置如何在 Spring Boot 中运行的时候，我们了解了嵌入式 Tomcat 服务器的示例，并且提到有更多 autoconfigure 类被包含在 spring-boot-autoconfigure 依赖项中。因此，另一个将 Challenge 序列化为正确 JSON HTTP 响应的魔法，对你来说将不再是一个谜。不管怎样，让我们了解一下它是如何工作的，因为它是 Spring Boot 中 Web 模块的核心概念。此外，在真实生产环境中自定义该配置也很常见。

Spring Boot Web 模块的许多重要逻辑和默认值都在 WebMvcAutoConfiguration 类中(详见 https://tpd.io/mvcauto-source)。这个类会收集上下文中所有可用的 HTTP 消息转换器，以备后续使用。详见代码清单 3-22 中该类的一个片段。

代码清单 3-22　Spring Web 提供的 WebMvcAutoConfiguration 类的片段

```
@Override
public void configureMessageConverters(List<HttpMessageConverter<?>> converters) {
    this.messageConvertersProvider
            .ifAvailable((customConverters) -> converters.addAll(customConverters.
            getConverters()));
}
```

核心 spring-web 工件中包含 HttpMessageConverter 接口(https://tpd.io/hmc-source)，该接口定义了转换器所支持的媒体类型、可执行转换的类以及可执行转换的读写方法。这些转换器从哪里来？答案是来自许多许多的自动配置类。Spring Boot 包含一个 JacksonHttpMessageConvertersConfiguration 类(https://tpd.io/jhmcc-source)，该类有一些用于加载 MappingJackson2HttpMessageConverter 类型的 Bean 的逻辑。该逻辑是否执行取决于类路径中是否存在 ObjectMapper 类。那是 Jackson 库的核心类，是 Java 最流行的 JSON 序列化实现。ObjectMapper 被包含在 jackson-databind 依赖项中。由于 spring-boot-starter-json 包含该工件作为依赖项，且其自身也被包含在 spring-boot-starter-web 中，因此该类位于类路径中。

图 3-5 可帮助你更好地理解以上内容。

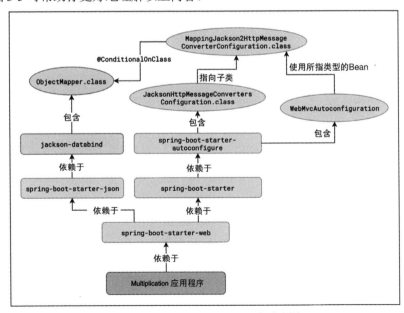

图 3-5　Spring Boot Web JSON 自动配置

默认的 ObjectMapper Bean 在 JacksonAutoConfiguration 类(https://tpd.io/jac-source)中进行配置。一切配置都以灵活的方式设置。如果想自定义特定功能，不必考虑整个层次结构。通常，只需要覆盖默认的 Bean。

例如，如果我们想将 JSON 属性命名方式从驼峰命名法(camel-case)替换为蛇形命名法(snake-case)，可在应用程序的配置中声明一个自定义的 ObjectMapper，该配置会被加载以替代默认配置。详见代码清单 3-23。

代码清单 3-23　在上下文中注入 Bean 以覆盖 Spring Boot 中的默认配置

```
@SpringBootApplication
public class MultiplicationApplication {

    public static void main(String[] args) {
        SpringApplication.run(MultiplicationApplication.class, args);
    }

    @Bean
    public ObjectMapper objectMapper() {
        var om = new ObjectMapper();
        om.setPropertyNamingStrategy(PropertyNamingStrategy.SNAKE_CASE);
        return om;
    }
}
```

通常，会将这个 Bean 声明放在一个带有@Configuration 注解的单独类中，但对于一个简单示例而言，这段代码就足够了。如果再次运行该应用程序并调用端点，你会看到使用蛇形命名法的 factor 属性。参见代码清单 3-24。

代码清单 3-24　通过新请求验证 Spring Boot 配置更改

```
$ http localhost:8080/challenges/random
HTTP/1.1 200
Connection: keep-alive
Content-Type: application/json
Date: Sun, 29 Mar 2020 10:05:00 GMT
Keep-Alive: timeout=60
Transfer-Encoding: chunked
{
    "factor_a": 39,
    "factor_b": 36
}
```

正如你所见，通过覆盖 Bean 来自定义 Spring Boot 配置非常容易。这种特定情况有效是因为默认的 ObjectMapper 带有@ConditionalOnMissingBean 注解，仅当在上下文中没有定义相同类型的其他 Bean 时，才使 Spring Boot 加载该 Bean。请记得删除该自定义 ObjectMapper，因为我们现在只需要使用 Spring Boot 的默认配置。

你可能已经忘了这些控制器使用的 TDD 方法。我们之所以先介绍一个简单的控制器实现，是因为这样你可以更轻松地掌握有关控制器如何在 Spring Boot 中工作的概念，然后深入研究测试策略。

3.7.6　使用 Spring Boot 测试控制器

第二个控制器将实现 REST API，以接收尝试，解决来自前端的挑战。为此，是时候使用测试驱动的方式了。

首先，创建一个新控制器的空 shell。详见代码清单 3-25。

代码清单 3-25　空的 ChallengeAttemptController 实现

```
package microservices.book.multiplication.challenge;

import lombok.RequiredArgsConstructor;
import lombok.extern.slf4j.Slf4j;
import org.springframework.web.bind.annotation.RequestMapping;
import org.springframework.web.bind.annotation.RestController;

/**
 * This class provides a REST API to POST the attempts from users.
 */
@Slf4j
@RequiredArgsConstructor
@RestController
@RequestMapping("/attempts")
class ChallengeAttemptController {

    private final ChallengeService challengeService;
}
```

与先前的实现类似，使用 Lombok 添加一个以服务接口为形参的构造函数。Spring 将注入相应的 Bean，即 ChallengeServiceImpl。

现在，按预期的逻辑编写一个测试。请记住，测试控制器所需的方法与之前的稍有不同，因为两者之间有一个 Web 层。

有时希望验证由我们配置但由 Spring Boot 提供的功能，例如请求映射或错误处理等。因此，我们通常希望一个单元测试不仅涵盖该类本身，而且涵盖相关的所有功能。

在 Spring Boot 中，有多种方法可以实现控制器测试：

(1) 不运行嵌入式服务器。可使用不带参数的@SpringBootTest 注解，更好的方法是用@WebMvcTest 来指示 Spring 选择性地加载所需的配置，而不是整个应用程序上下文。然后使用 Spring Test 模块 MockMvc 中包含的专用工具来模拟请求。

(2) 运行嵌入式服务器。这种情况下，我们使用@SpringBootTest 注解，将其参数 webEnvironment 设置成 RANDOM_PORT 或 DEFINED_PORT。然后，必须对服务器 进行真正的 HTTP 调用。Spring Boot 包含一个 TestRestTemplate 类，该类具备一些实用 的功能用于执行这些测试请求。当你想测试一些已经自定义的 Web 服务器配置(如自定 义的 Tomcat 配置)时，这会是一个很好的选项。

最佳选择通常是(1)，并使用@WebMvcTest 选择细粒度配置。不需要为每次测试花 费额外的时间来启动服务器，便获得了与控制器相关的所有配置。如果你想了解关于 这些不同选项的更多知识，可以查看 https://tpd.io/sb-test-guide。

可以针对一个有效请求和一个无效请求分别编写测试，如代码清单 3-26 所示。

代码清单 3-26　测试预期的 ChallengeAttemptController 逻辑

```
package microservices.book.multiplication.challenge;

import microservices.book.multiplication.user.User;
import org.junit.jupiter.api.Test;
import org.junit.jupiter.api.extension.ExtendWith;
import org.springframework.beans.factory.annotation.Autowired;
import
org.springframework.boot.test.autoconfigure.json.AutoConfigureJsonTesters;
import org.springframework.boot.test.autoconfigure.web.servlet.WebMvcTest;
import org.springframework.boot.test.json.JacksonTester;
import org.springframework.boot.test.mock.mockito.MockBean;
import org.springframework.http.HttpStatus;
import org.springframework.http.MediaType;
import org.springframework.mock.web.MockHttpServletResponse;
import org.springframework.test.context.junit.jupiter.SpringExtension;
import org.springframework.test.web.servlet.MockMvc;

import static org.assertj.core.api.BDDAssertions.then;
import static org.mockito.ArgumentMatchers.eq;
import static org.mockito.BDDMockito.given;
import static org.springframework.test.web.servlet.request.
MockMvcRequestBuilders.post;

@ExtendWith(SpringExtension.class)
@AutoConfigureJsonTesters
@WebMvcTest(ChallengeAttemptController.class)
class ChallengeAttemptControllerTest {

    @MockBean
    private ChallengeService challengeService;
```

```java
    @Autowired
    private MockMvc mvc;

    @Autowired
    private JacksonTester<ChallengeAttemptDTO> jsonRequestAttempt;
    @Autowired
    private JacksonTester<ChallengeAttempt> jsonResultAttempt;

@Test
void postValidResult() throws Exception {
    // given
    User user = new User(1L, "john");
    long attemptId = 5L;
    ChallengeAttemptDTO attemptDTO = new ChallengeAttemptDTO(50, 70, "john", 3500);
    ChallengeAttempt expectedResponse = new ChallengeAttempt(attemptId, user,
    50, 70, 3500, true);
    given(challengeService
            .verifyAttempt(eq(attemptDTO)))
            .willReturn(expectedResponse);

    // when
    MockHttpServletResponse response = mvc.perform(
            post("/attempts").contentType(MediaType.APPLICATION_JSON)
                .content(jsonRequestAttempt.write(attemptDTO).getJson()))
            .andReturn().getResponse();

    // then
    then(response.getStatus()).isEqualTo(HttpStatus.OK.value());
    then(response.getContentAsString()).isEqualTo(
            jsonResultAttempt.write(
                expectedResponse
            ).getJson());
}

@Test
void postInvalidResult() throws Exception {
    // given an attempt with invalid input data
    ChallengeAttemptDTO attemptDTO = new ChallengeAttemptDTO(2000, -70,
    "john", 1);

    // when
    MockHttpServletResponse response = mvc.perform(
            post("/attempts").contentType(MediaType.APPLICATION_JSON)
                .content(jsonRequestAttempt.write(attemptDTO).getJson()))
                .andReturn().getResponse();
        // then
        then(response.getStatus()).isEqualTo(HttpStatus.BAD_REQUEST.value());
```

```
    }
}
```

这段代码中有一些新的注解和辅助类。接下来将逐一分析。

- @ExtendWith(SpringExtension.class)确保 JUnit 5 测试加载了 Spring 的扩展功能，使得测试上下文可用。

- @AutoConfigureJsonTesters 告诉 Spring 为测试中声明的某些字段配置 JacksonTester 类型的 Bean。在本例中，使用@Autowired 注解从测试的上下文中注入两个类型为 JacksonTester 的 Bean。当 Spring Boot 得到此注解的指示时，会负责构建这些辅助工具类。JacksonTester 会使用与应用运行时相同的配置(如 ObjectMapper)来序列化和反序列化对象。

- @WebMvcTest 用控制器类作为参数，使 Spring 将其视为表示层测试。因此，它将只加载控制器相关的配置：验证器(validation)、序列化程序(serializer)、安全性(security)、错误处理程序(error handlers)等(有关包含的自动配置类的完整列表，详见 https://tpd.io/test-autoconf)。

- @MockBean 是 Spring Boot Test 模块自带的注解，允许模拟其他层和未经测试的 Bean 以帮助你开发适当的单元测试。在本例中，通过这种方式模拟上下文中的 service Bean。在测试方法体中调用 BDDMockito 的 given()，以设置预期的返回值。

- @Autowired 对你来说可能很熟悉。它是 Spring 中的基本注解，通过它可将上下文中的 Bean 注入(或连接到)字段。它在所有使用 Spring 的类中很常见，但从 4.3 版本开始，如果类中的字段都在一个构造函数中被初始化，且该类只有一个构造函数，那么该注解可以被省略。

- 如果不想加载一个服务器进行测试，可在 Spring 中用 MockMvc 类模拟对表示层的请求。该类由测试的上下文提供，因此可直接将其注入测试。

1. 有效的 Attempt 测试

现在，可专注于测试用例以及如何使它们通过了。第一个测试设置一个正确的 Attempt 的情景。创建一个带有正确结果的 DTO，将其作为从 API 客户端发送的数据。使用 BDDMockito 的 given()来指定传入的参数，当服务(被模拟的 Bean)被调用，且传入的参数等于(即 Mockito 的 eq)DTO 时，它将返回预期的 ChallengeAttempt 响应。

辅助类 MockMvcRequestBuilders 也包含用于构建 post 请求的静态方法。我们的目标是预期路径/attempts。请求的内容类型设置为 application/json，其正文是序列化成 JSON 格式的 DTO。使用接入的 JacksonTester 进行序列化。然后，mvc 通过 perform()发出请求，接着调用.andReturn()得到响应。如果也将 MockMvc 用于断言，可以调用方法 andExpect()来替代，但最好使用专用断言库(如 AssertJ)单独对其处理。

在测试的最后一部分，验证 HTTP 状态代码应为 200 OK，且结果必须为预期响应的序列化版本。为此，再次使用一个 JacksonTester 对象。

当执行该测试时，它会失败并显示 404 NOT FOUND。参见代码清单 3-27。由于该请求没有实现，因此服务器无法简单地找到用于匹配该 POST 映射的逻辑。

代码清单 3-27　ChallengeAttemptControllerTest 失败了

```
Expecting:
 <404>
to be equal to:
 <200>
but was not.
```

接下来，我们回到 ChallengeAttemptController 并实现该映射。详见代码清单 3-28。

代码清单 3-28　将实现添加到 ChallengeAttemptController

```
@Slf4j
@RequiredArgsConstructor
@RestController
@RequestMapping("/attempts")
class ChallengeAttemptController {

    private final ChallengeService challengeService;

    @PostMapping
    ResponseEntity<ChallengeAttempt> postResult(@RequestBody ChallengeAttemptDTO
    challengeAttemptDTO) {
        return ResponseEntity.ok(challengeService.verifyAttempt
        (challengeAttemptDTO));
    }
}
```

这只是一个简单逻辑，只需要调用服务层。我们采用了不带参数的@PostMapping 注解方法，因此它将处理在类级别上设置的上下文路径的 POST 请求。注意，这里使用 ResponseEntity 作为返回类型，而不是直接使用 ChallengeAttempt。另一种方式也可行。此处使用了一种新方法，即通过 ResponseEntity 静态构建器来构建不同类型的响应。

好了！第一个测试用例即将通过。

2. 验证控制器中的数据

第二个测试用例 postInvalidResult()检查应用程序是否会拒绝接收数字为负数或超出范围的 Attempt。这是一个好习惯，当错误发生在客户端时，期望逻辑返回一个 400 BAD REQUEST。参见代码清单 3-29。

代码清单 3-29　验证客户端是否得到状态代码 BAD_REQUEST

```
// then
then(response.getStatus()).isEqualTo(HttpStatus.BAD_REQUEST.valuc());
```

如果在控制器实现 POST 映射之前运行这个测试用例，它将运行失败，并显示状态代码 NOT FOUND。虽然实现了 POST 映射，它也会失败。然而，以下这种情况下，结果更糟糕。参见代码清单 3-30。

代码清单 3-30　提交一个无效请求，返回状态代码 200 OK

```
org.opentest4j.AssertionFailedError:
Expecting:
 <200>
to be equal to:
 <400>
but was not.
```

应用程序只是接收了无效的 Attempt 并返回 OK 状态。该 Attempt 不应该被传递到服务层，反而应在表示层中拒绝它。为此，将使用与 Spring 集成的 Java Bean Validation API 实现该操作(https://tpd.io/bean-validation)。

在 DTO 类中添加用于验证的一些 Java 注解以表明什么是有效输入。参见代码清单 3-31。这些注解全部在 jakarta.validation-api 库中实现，可通过 spring-boot-starter-validation 将其引入类路径中。该 starter 也被包含在 spring-boot-starter-web 中。

代码清单 3-31　向 DTO 类添加验证约束

```
package microservices.book.multiplication.challenge;

import lombok.Value;

import javax.validation.constraints.*;

/**
 * Attempt coming from the user
 */
@Value
public class ChallengeAttemptDTO {

    @Min(1) @Max(99)
    int factorA, factorB;
    @NotBlank
    String userAlias;
    @Positive
    int guess;
}
```

该程序包有许多可用的约束条件(详见 https://tpd.io/constraints-source)。使用@Min
和@Max 来定义 factorA 与 factorB 的允许值范围,使用@NotBlank 确保得到一个 alias,
因为我们只处理正数的结果,所以在 guess 字段上使用@Positive (也可以在这里使用一
个预定义的范围)。

使这些约束条件生效的重要步骤是通过控制器方法参数中的@Valid 注解将它们与
Spring 集成。参见代码清单 3-32。只有添加这个注解,Spring Boot 才会分析约束条件,
并在参数不满足条件时,抛出异常。

代码清单 3-32 使用@Valid 注解来验证请求

```
@PostMapping
ResponseEntity<ChallengeAttempt> postResult(
        @RequestBody @Valid ChallengeAttemptDTO challengeAttemptDTO) {
    return ResponseEntity.ok(challengeService.verifyAttempt(challengeAttemptDTO));
}
```

你可能已经猜到,当对象无效时,可使用自动配置来处理错误并构建预定义的响
应。默认情况下,错误处理程序使用状态码 400 BAD_REQUEST 构造响应。

从 Spring Boot 的 2.3 版本开始,默认错误响应中不再包含验证信息。这可能使调
用者感到困惑,因为调用者不知道请求到底出了什么问题。不包含验证信息的原因是
这些信息可能向恶意的 API 客户端公开。为了实现教学目标,我们需要启用验证信息,
因此将在 application.properties 文件中添加两个配置。参见代码清单 3-33。Spring Boot
官方文档(https://tpd.io/server-props)中列出了这些属性,我们很快能看到它们的用处。

代码清单 3-33 将验证日志记录的配置添加到 application.properties 文件

```
server.error.include-message=always
server.error.include-binding-errors=always
```

为验证所有验证配置,现在再次运行测试。这次它将通过,你会看到一些额外日
志,如代码清单 3-34 所示。

代码清单 3-34 针对无效请求的预期结果

```
[Field error in object 'challengeAttemptDTO' on field 'factorB': rejected value [-70];
[...]
[Field error in object 'challengeAttemptDTO' on field 'factorA': rejected value
[2000];
[...]
```

控制器中负责处理用户发送 Attempt 的 REST API 调用起作用了。

如果再次启动该应用程序,可以使用 HTTPie 命令调用这个新端点。首先像之前
那样请求一个随机的挑战,然后提交一个 Attempt。参见代码清单 3-35。

代码清单 3-35 使用 HTTPie 命令运行应用程序的标准用例

```
$ http -b :8080/challenges/random
{
    "factorA": 58,
    "factorB": 92
}
$ http POST :8080/attempts factorA=58 factorB=92 userAlias=moises guess=5400
HTTP/1.1 200
Connection: keep-alive
Content-Type: application/json
Date: Fri, 03 Apr 2020 04:49:51 GMT
Keep-Alive: timeout=60
Transfer-Encoding: chunked

{
    "correct": false,
    "factorA": 58,
    "factorB": 92,
    "id": null,
    "resultAttempt": 5400,
    "user": {
        "alias": "moises",
        "id": null
    }
}
```

第一个命令使用参数-b，表示仅输出响应的正文。如你所见，还可以省略 localhost，HTTPie 会默认使用它。

为发送 Attempt，在 URL 之前使用 POST 参数。HTTPie 中默认的内容类型是 JSON，因此可简单地按照 key=value 格式传递参数，此工具会将其转换为适当的 JSON。正如预期的那样，我们得到一个序列化的 ChallengeAttempt 对象，表明提交的 guess 不正确。

也可尝试提交一个无效的请求，以了解 Spring Boot 如何处理验证错误。参见代码清单 3-36。

代码清单 3-36 包括验证信息的错误响应

```
$ http POST :8080/attempts factorA=58 factorB=92 userAlias=moises guess=-400
HTTP/1.1 400
Connection: close
Content-Type: application/json
Date: Sun, 16 Aug 2020 07:30:10 GMT
Transfer-Encoding: chunked
{
    "error": "Bad Request",
```

```json
"errors": [
    {
        "arguments": [
            {
                "arguments": null,
                "code": "guess",
                "codes": [
                    "challengeAttemptDTO.guess",
                    "guess"
                ],
                "defaultMessage": "guess"
            }
        ],
        "bindingFailure": false,
        "code": "Positive",
        "codes": [
            "Positive.challengeAttemptDTO.guess",
            "Positive.guess",
            "Positive.int",
            "Positive"
        ],
        "defaultMessage": "must be greater than 0",
        "field": "guess",
        "objectName": "challengeAttemptDTO",
        "rejectedValue": -400
    }
],
"message": "Validation failed for object='challengeAttemptDTO'. Error count: 1",
"path": "/attempts",
"status": 400,
"timestamp": "2020-08-16T07:30:10.212+00:00"
}
```

这是一个相当冗长的响应。主要原因是所有绑定错误(由验证约束条件引起的错误)都被加进错误响应中。这是我们通过 server.error.include-binding-errors=always 启用的内容。此外，在响应正文中根元素的 message 字段还为客户端提供了出错原因的整体描述。默认情况下，该描述会被省略，但我们使用属性 server.error.include-message=always 启用了它。

如果该响应发送到用户界面，你需要在前端解析该 JSON 响应，获取无效的字段，并且可能要显示 defaultMessage 字段。

更改这个默认消息非常简单，因为你可以通过约束注解覆盖它。在 challengeAttemptDTO 中修改此注解，然后用相同的无效请求再试一次。参见代码清单 3-37。

代码清单 3-37　更改验证信息

```
@Positive(message = "How could you possibly get a negative result here? Try again.")
int guess;
```

这种情况下，Spring Boot 处理错误的方法是在上下文中不加通告地添加一个
@Controller：BasicErrorController(详见 https://tpd.io/bec-source)。

该类使用 DefaultErrorAttributes 类(https://tpd.io/dea-source)以组成错误响应。如果你
想深入了解有关如何自定义此行为的详细信息，请查看 https://tpd.io/cust-err-handling。

3.8　本章小结

本章开头讲述即将构建的应用程序的需求；然后划分了范围，选择第一项功能进
行开发：生成随机挑战，并允许用户猜测结果。

你了解了如何创建 Spring Boot 应用程序的框架，以及有关软件设计和架构的一些
最佳实践：三层架构、域驱动设计、测试/行为驱动的开发、使用 JUnit 5 的基本单元测
试和 REST API 设计。在本章中，主要关注应用层，实现了域对象、业务层和 REST API
形式的表示层。详见图 3-6。

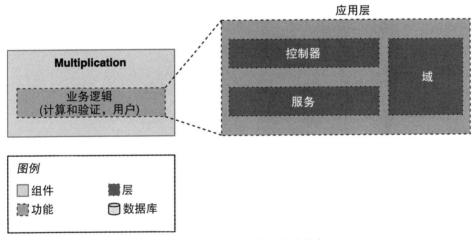

图 3-6　第 3 章之后的应用程序状态

本章还介绍了 Spring Boot 中的一个核心概念：自动配置。现在你知道 Spring Boot
的神奇之处了。将来，你应该可以自行通过参考文档找到方法，以覆盖其他任何配置
类中的默认行为。

还介绍了 Spring Boot 中的其他功能，例如实现@Service 和@Controller 的组件，
使用 MockMvc 测试控制器以及通过 Java Bean Validation API 验证传入值。

为完成第一个 Web 应用程序，我们需要构建一个用户界面。稍后，还将介绍数据

层，以确保我们可以保留 User 和 Attempt。

学习成果：

- 学习了如何按照三层设计来构建结构合理的 Spring Boot 应用程序。
- 了解了 Spring Boot 的自动配置的工作原理，基于两个带有支持图的实际示例：Tomcat 嵌入式服务器和 JSON 序列化默认值，这是揭示其神奇之处的关键。
- 通过域驱动设计技术对示例业务案例进行建模。
- 使用测试驱动的开发方式开发了第一个应用程序三个层中的两个层(服务、控制器)。
- 使用了最重要的 Spring MVC 注解在 Spring Boot 中实现 REST API。
- 了解了如何使用 MockMVC 测试 Spring 中的控制器层。
- 向 API 添加了验证约束条件，以避免无效的输入。

第4章

用 React 构建微前端

一本关于微服务实战的书也必须提供一个前端。现实生活中，用户不会通过 REST API 与应用程序交互。

由于本书关注的是现实中使用的流行技术，因此我们将在 React 中构建前端。这一 JavaScript 框架使我们能够基于可重用组件和服务轻松开发 Web 页面。根据 2020 StackOverflow 的开发者调查(https://tpd.io/js-fw-list)，与 Angular 或 Vue.js 之类的替代框架相比，React 最受欢迎。此外，React 是一个对 Java 开发者友好的框架；你可以使用 TypeScript，它作为 JavaScript 的一个扩展，在这种编程语言中引入了类型(Type)，用户使用起来更便捷。此外，React 的编程风格允许我们创建类来构建组件和服务，使得 Java 开发者更熟悉 React 这种项目结构。

我们还将使用 Node，它是 npm 自带的 JavaScript 运行时环境，而 npm 是管理 JavaScript 依赖项的工具。这样，你可获得一些 UI 技术的实践经验，成为一名全栈开发者。

本章不会深入探讨如何使用 React 构建 Web 应用的细节，而将关注如何使用 Spring Boot 构建微服务。因此，如果你没有完全掌握本章中的所有概念，尤其是如果你从未见过 JavaScript 代码或 CSS，不要感到难过。

考虑到所有源代码都可在 GitHub 存储库中找到 (https://github.com/Book-Microservices-v2/chapter04)，你可以通过多种方式来学习本章。

- 按顺序阅读。你将获得一些基础知识，并在尝试使用 React 的过程中了解一些重要概念。
- 稍加停顿，阅读官方网站上的 Main Concepts Guide(https://tpd.io/react-mc)，然后再阅读本章。这样，你将对我们将要构建的前端具有更多的背景知识。
- 如果你对前端技术完全不感兴趣，请跳过本章，直接使用存储库中的源代码。跳到下一章并继续学习创建应用程序完全没问题。

4.1 快速了解 React 和 Node

React 是一个用于构建用户界面的 JavaScript 库，由 Facebook 开发，在前端开发者中很流行。React 已在许多组织中被广泛使用。

像其他库一样，React 基于组件构建。编写一段代码便可在多处复用；这对于后端开发者来说，无疑是一个优势。

除了在独立的文件中编写 HTML 和 JavaScript 源代码，还可在 React 中使用 JSX；JSX 是 JavaScript 语法的扩展，允许我们将这些语言组合在一起。这非常有用，因为你可在单个文件中编写组件并通过功能将其隔离，从而将所有行为和渲染逻辑整合在一起。

4.2 搭建开发环境

首先，你需要使用 nodejs.org 站点上的可用安装程序包来安装 Node.js。在本书中，我们使用 Node v13.10 和 npm 6.13.7。安装完毕，请使用命令行工具进行验证，如代码清单 4-1 所示。

代码清单 4-1 获取 Node.js 和 npm 的版本

```
$ node --version
v13.10.1
$ npm --version
6.13.7
```

现在，你可使用 npx(npm 附带的工具)来创建 React 的前端项目。确保从工作区的根目录而不是从 Multiplication 服务内部运行此命令。

```
$ npx create-react-app challenges-frontend
```

源代码
你可在 GitHub 上找到本章的所有源代码，源代码位于 chapter 04 存储库中。参见 https://github.com/Book-Microservices-v2/chapter04。

下载并安装依赖项以后，你将看到如代码清单 4-2 所示的输出。

代码清单 4-2 创建 React 项目后的控制台输出

```
Success! Created challenges-frontend at /Users/moises/workspace/learn-microservices/
challenges-frontend
Inside that directory, you can run several commands:
[...]
```

```
We suggest that you begin by typing:

  cd challenges-frontend
  npm start
```

如果你采纳建议并运行 npm start，那么节点服务器将在 http://localhost:3000 处启动，甚至可以打开一个浏览器窗口，并显示刚刚生成的应用程序中所包含的预定义网页。如果不知道如何做，可以用浏览器导航到 http://localhost:3000，直接查看此页面。

4.3　React 框架

下一个任务是将 React 项目加载到工作区中。例如，在 IntelliJ 中，可使用选项 File | New | Module from existing sources 将前端文件夹作为单独的模块加载。如你所见，通过 create-react-app 工具已经创建了许多文件。请参见图 4-1。

图 4-1　React 项目框架

- package.json 和 package-lock.json 是 npm 文件，包含有关项目的基本信息，还列出了其依赖项。依赖项存储在 node_modules 文件夹中。
- 文件夹 public 用于存储所有创建后不再变动的静态文件。唯一的例外是 index.html，将对其进行处理以包含生成的 JavaScript 源代码。

- 所有 React 源文件及其相关资源都包含在 src 文件夹中。在这个框架应用程序
  中，可找到主入口点文件 index.js 和一个 React 组件 App。该示例组件附带自
  己的样式表 App.css 和一个测试文件 App.test.js。当构建 React 项目时，所有这
  些文件最终都合并为更大的文件，但是这种命名约定和结构对开发很有帮助。

这些文件在 React 中如何相互关联？我们从 index.html 开始。删除注解行后，body
标记的内容请参见代码清单 4-3。

代码清单 4-3 HTML 中的根 Div

```
<body>
    <noscript>You need to enable JavaScript to run this app.</noscript>
    <div id="root"></div>
</body>
```

代码清单 4-4 显示了 index.js 文件的部分内容。

代码清单 4-4 渲染 React 内容的入口点

```
ReactDOM.render(
  <React.StrictMode>
   <App />
  </React.StrictMode>,
  document.getElementById('root')
);
```

这段代码展示了如何将 React 元素渲染到文档对象模型(DOM)中，而 DOM 是
HTML 元素的树结构表达。这段代码将元素 React.StrictMode 及其子元素 App 组件渲
染到 HTML 中。更具体地说，它们被渲染到 ID 为 root 的元素中，即插入 index.html
中的 div 标签。由于 App 是一个组件，且可能包含其他组件，因此它最终会处理并渲
染整个 React 应用程序。

4.4 JavaScript 客户端

在创建第一个组件前，需要确保可从上一章创建的 REST API 中检索数据。为此
将使用 JavaScript 类。正如你将在本章的剩余部分中看到的，我们会通过类和类型来保
持 Java 式的编程风格，并以此来构建前端。

JavaScript 中的类与 Java 类类似。对于此处的情况，可创建一个带有两个静态方法
的工具类。参见代码清单 4-5。

代码清单 4-5 ApiClient 类

```
class ApiClient {

    static SERVER_URL = 'http://localhost:8080';
    static GET_CHALLENGE = '/challenges/random';
    static POST_RESULT = '/attempts';

    static challenge(): Promise<Response> {
        return fetch(ApiClient.SERVER_URL + ApiClient.GET_CHALLENGE);
    }
    static sendGuess(user: string,
                     a: number,
                     b: number,
                     guess: number): Promise<Response> {
    return fetch(ApiClient.SERVER_URL + ApiClient.POST_RESULT,
        {
            method: 'POST',
            headers: {
                'Content-Type': 'application/json'
            },
            body: JSON.stringify(
                {
                    userAlias: user,
                    factorA: a,
                    factorB: b,
                    guess: guess
                }
            )
        });
    }
}
export default ApiClient;
```

两个方法都返回 promise。JavaScript 中的 promise 与 Java 的 Future 类相似：表示异步操作的结果。此处的函数调用 fetch(请参阅 https://tpd.io/fetch-api)；fetch 是 JavaScript 中的一个函数，用来与 HTTP 服务器进行交互。

challenge()方法调用了 fetch 函数的基本形式，默认对传递的 URL 执行 GET 操作。此方法返回 Response 对象的 promise(https://tpd.io/js-response)。

sendGuess 方法接收我们为了构建解决这一挑战的请求所需的参数。这次，将 fetch 与第二个参数一起使用，定义了 HTTP 方法(POST)的对象、请求体的内容类型(JSON)和请求体。为构建 JSON 请求，我们使用工具方法 JSON.stringify，该方法可序列化对象。

最后，为使类可公开访问，在文件末尾添加了 export default ApiClient。这样就可将完整的类引入其他组件和类中。

4.5　Challenge 组件

我们来创建第一个 React 组件。前端开发遵循模块化原则，这意味着该组件处理 Challenges 域。包括：

- 将从后端检索到的数据渲染到 Challenge 组件
- 显示表单供用户发送猜测

有关 ChallengeComponent 类的完整源代码，请参见代码清单 4-6。在以下各节中，我们将剖析该代码，学习如何在 React 中构建组件并了解一些基本概念。

代码清单 4-6　第一个 React 组件：ChallengeComponent

```
ApiClient from "../services/ApiClient";

    class ChallengeComponent extends React.Component {
        constructor(props) {
        super(props);
            this.state = {
            a: '', b: '',
            user: '',
            message: '',
            guess: 0
        };
            this.handleSubmitResult = this.handleSubmitResult.bind(this);
            this.handleChange = this.handleChange.bind(this);
        }

    componentDidMount(): void {
        ApiClient.challenge().then(
            res => {
                if (res.ok) {
                    res.json().then(json => {
                        this.setState({
                            a: json.factorA,
                            b: json.factorB
                        });
                    });
                } else {
                    this.updateMessage("Can't reach the server");
                }
            }
        );
    }
    handleChange(event) {
        const name = event.target.name;
```

```javascript
    this.setState({
        [name]: event.target.value
    });
}

handleSubmitResult(event) {
    event.preventDefault();
    ApiClient.sendGuess(this.state.user,
        this.state.a, this.state.b,
        this.state.guess)
        .then(res => {
            if (res.ok) {
                res.json().then(json => {
                    if (json.correct) {
                        this.updateMessage("Congratulations! Your guess is
                        correct");
                    } else {
                        this.updateMessage("Oops! Your guess " + json.
                        resultAttempt +
                        " is wrong, but keep playing!");
                    }
                });
            } else {
                this.updateMessage("Error: server error or not available");
            }
        });
}

updateMessage(m: string) {
    this.setState({
        message: m
    });
}

render() {
    return (
        <div>
            <div>
                <h3>Your new challenge is</h3>
                <h1>
                    {this.state.a} x {this.state.b}
                </h1>
            </div>
            <form onSubmit={this.handleSubmitResult}>
                <label>
                    Your alias:
                    <input type="text" maxLength="12"
                        name="user"
```

```
                        value={this.state.user}
                        onChange={this.handleChange}/>
                </label>
                <br/>
                <label>
                    Your guess:
                    <input type="number" min="0"
                        name="guess"
                        value={this.state.guess}
                        onChange={this.handleChange}/>
                </label>
                <br/>
                <input type="submit" value="Submit"/>
            </form>
            <h4>{this.state.message}</h4>
        </div>
    );
    }
}

export default ChallengeComponent;
```

4.5.1　组件的主要结构

我们的类继承自 React.Component，这就是在 React 中创建组件的方式。你唯一需要实现的方法是 render()，该方法必须返回 DOM 元素才能在浏览器中显示。我们的案例使用 JSX(https://tpd.io/jsx)来构建这些元素。请参见代码清单 4-7，该代码清单显示了组件类的主要结构。

代码清单 4-7　React 中组件的主要结构

```
class ChallengeComponent extends React.Component {

    constructor(props) {
        super(props);
        this.state = {
            a: '', b: '',
            user: '',
            message: '',
            guess: 0
        };
        this.handleSubmitResult = this.handleSubmitResult.bind(this);
        this.handleChange = this.handleChange.bind(this);
    }
```

```
componentDidMount(): void {
    // ... Component initialization
}

render() {
    return (
    // ... HTML as JSX ...
    )
}
```

通常，还需要一个构造函数来初始化属性以及组件的 state(如果需要的话)。在 ChallengeComponent 中，创建一个 state 来保存检索到的挑战，以及用户为解决尝试而输入的数据。参数 prop1 是作为 HTML 属性传递给组件的输入对象。

```
<ChallengeComponent prop1="value"/>
```

我们的组件不需要使用 prop1，但需要接收它作为参数，并传递给父构造函数，就像我们使用构造函数时所期望的那样。

在构造函数内部，有两行绑定类的方法。如果想在事件处理程序中使用，这些方法是必要的；需要实现这些方法来处理用户输入的数据。如果你想了解更多信息，请参阅"事件处理"(https://tpd.io/react-events)。稍后将描述这些功能。

函数 componentDidMount 是一个生命周期方法，我们可以在 React 中实现该函数，用于首次渲染组件后立即执行逻辑。参见代码清单 4-8。

代码清单 4-8　渲染组件后运行逻辑

```
componentDidMount(): void {
    ApiClient.challenge().then(
        res => {
            if (res.ok) {
                res.json().then(json => {
                    this.setState({
                        a: json.factorA,
                        b: json.factorB
                    });
                });
            } else {
                this.updateMessage("Can't reach the server");
            }
        }
    );
}
```

我们要做的是使用之前创建的 ApiClient 实用程序类来调用服务器，从而检索挑战。考虑到函数返回一个 promise，我们使用 then() 来指定获取响应时的操作。内部逻辑也很简单：如果响应正常(即 2xx 状态代码)，则将主体解析为 json()。这也是一个异步方法，因此我们使用 then()再次解析 promise，并将 REST API 响应中预期的 factorA 和 factorB 传递给 setState()。

在 React 中，setState 函数重新加载部分 DOM。这意味着浏览器将再次渲染 HTML 被更改的部分，因此在收到服务器的响应后，我们会在页面上立即看到乘法因子。在应用程序中，这应该是几毫秒，因为我们调用了自己的本地服务器。在真实的 Web 页面中，你可设置一个 spinner，以在连接速度较慢的情况下改善用户体验。

4.5.2　渲染

JSX 允许我们混合使用 HTML 和 JavaScript。这非常强大，因为你既可以获益于 HTML 语言的简单性，也可以添加占位符和 JavaScript 逻辑。请参见代码清单 4-9 中 render()方法的完整源代码及其后续说明。

代码清单 4-9　将 render()与 JSX 结合使用以显示组件元素

```
render() {
    return (
        <div>
            <div>
                <h3>Your new challenge is</h3>
                <h1>
                    {this.state.a} x {this.state.b}
                </h1>
            </div>
            <form onSubmit={this.handleSubmitResult}>
                <label>
                    Your alias:
                    <input type="text" maxLength="12"
                            name="user"
                            value={this.state.user}
                            onChange={this.handleChange}/>
                </label>
                <br/>
                <label>
                    Your guess:
                    <input type="number" min="0"
                            name="guess"
                            value={this.state.guess}
                            onChange={this.handleChange}/>
                </label>
                <br/>
                <input type="submit" value="Submit"/>
```

```
        </form>
        <h4>{this.state.message}</h4>
      </div>
    );
  }
```

Challenge 组件有一个根 div 元素，包含三个主要代码块。第一个代码块通过展示 state 中的两个参数来显示挑战。渲染过程中，参数是未定义的，但是一旦从服务器获取响应(ComponentDidmount 中的逻辑)，它们就会立即被重新加载。最后一个是类似的代码块，展示 message 状态属性；我们在收到已发送尝试请求的响应时设置该属性。

为了让用户输入自己的猜测，我们添加了一个在提交时调用 handleSubmitResult 的表单。该表单有两个输入：一个用于用户的别名，另一个用于猜测。两者调用相同的逻辑：它们的值是 state 对象的属性，并且在每次按键时调用同一个函数 handleChange。该函数使用传入的 name 属性来查找组件状态中要更新的相应属性。请注意，event.target 指向触发事件的 HTML 元素。

代码清单 4-10 显示了相关处理程序的源代码。

代码清单 4-10　处理用户输入

```
handleChange(event) {
    const name = event.target.name;
    this.setState({
        [name]: event.target.value
    });
}

handleSubmitResult(event) {
    event.preventDefault();
    ApiClient.sendGuess(this.state.user,
        this.state.a, this.state.b,
        this.state.guess)
        .then(res => {
            if (res.ok) {
                res.json().then(json => {
                    if (json.correct) {
                        this.updateMessage("Congratulations! Your guess is correct");
                    } else {
                        this.updateMessage("Oops! Your guess " + json.
                        resultAttempt +
                        " is wrong, but keep playing!");
                    }
                });
            } else {
                this.updateMessage("Error: server error or not available");
```

```
        }
    });
}
```

表单提交时，调用服务器的 API 来发送猜测。当获得响应时，检查它是否正常，解析 JSON，然后更新状态中的 message 属性。最后，相应部分的 HTML DOM 对象会被再次渲染。

4.5.3 与应用程序集成

现在，我们已经完成了组件的代码，可以在应用程序中使用它了。为此，需要修改 App.js 文件，它是 React 代码库中的主组件(或根组件)。参见代码清单 4-11。

代码清单 4-11　将组件添加为 Root 组件 App.js 的子组件

```
import React from 'react';
import './App.css';
import ChallengeComponent from './components/ChallengeComponent';

function App() {
    return (
        <div className="App">
            <header className="App-header">
                <ChallengeComponent/>
            </header>
        </div>
    );
}

export default App;
```

如前所述，框架应用程序在 index.js 文件中使用此 App 组件。构建代码时，生成的脚本包含在 index.html 文件中。

还需要调整 App.test.js 中包含的测试代码或直接删除。我们不会深入探讨 React 测试的细节，因此你现在可以将其删除。如果你想了解有关为 React 组件编写测试的更多信息，请查看官方指南中的"测试"一章(https://tpd.io/r-testing)。

4.6　第一次运行前端

我们修改了使用 create-react-app 构建的框架应用程序，使其包含自定义的 React 组件。注意，我们没有删除其他文件，如样式表(也可以对其进行自定义)。正如你在 App.js 中的代码中所看到的，我们实际上正在重用其中一些类。

现在该验证前端和后端能否协同工作。确保首先运行了 Spring Boot 应用程序，然后在前端应用程序的根文件夹中使用 npm 命令来启动 React 前端。

```
$ npm start
```

成功编译后，该命令行工具应该会打开默认浏览器并显示位于 localhost:3000 的页面。这是开发服务器所在的位置。图 4-2 显示了当通过浏览器访问该 URL 时呈现的页面。

图 4-2　带有空白参数的应用

上面出了点问题。代码在组件渲染后会去获取参数，但这些参数现在是空白的。我们来看看如何进行调试。

4.7　调试

有时情况不如预期，应用程序根本无法正常工作。你正在浏览器上运行该应用程序，那么如何弄清发生了什么呢？好消息是，大多数流行的浏览器都为开发者提供了功能强大的工具。在 Chrome 中，可使用 Chrome DevTools(请参阅 https://tpd.io/devtools)。使用 Ctrl＋Shift＋I(Windows)键，或使用 Cmd＋Opt＋I(macOS)在浏览器中打开一个区域，其中有多个标签和选项来显示网络活动、JavaScript 控制台等。

打开开发者模式并刷新浏览器。你可以查看的功能之一是前端是否与服务器正确交互。单击"网络(Network)"选项卡，在列表中，你会看到对 http://localhost:8080/challenges/random 的 HTTP 请求失败，如图 4-3 所示。

控制台还显示一条描述性消息：

"Access to fetch at 'http://localhost:8080/challenges/random' from origin 'http://localhost:3000' has been blocked by CORS policy: No 'Access-Control-Allow-Origin' header is present on the requested resource [...]".

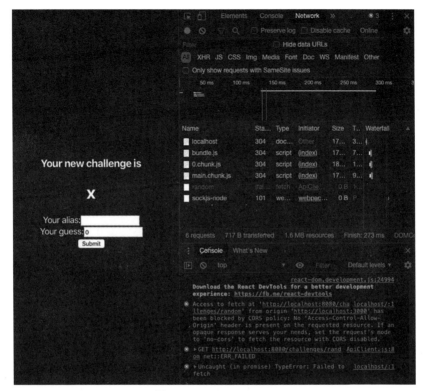

图 4-3　Chrome DevTools

默认情况下，浏览器会阻止那些尝试访问前端所在域以外的域中的资源的请求，以避免浏览器中的恶意页面访问其他页面中的数据，这称为"同源策略"。在本案例中，我们在本地主机中同时运行前端和后端，但它们在不同的端口上运行，因此被认为是不同的源。

有多种方法可解决这个问题。在本案例中，将启用跨域资源共享(CORS)，这是一种可在服务器端启用的安全策略，允许前端使用来自不同源的 REST API。

4.8　将 CORS 配置添加到 Spring Boot 应用

回到后端代码库，并添加一个 Spring Boot @Configuration 类，它将覆盖一些默认值。根据参考文档(https://tpd.io/spring-cors)，可以实现接口 WebMvcConfigurer 并重写方法 addCorsMapping 以添加通用 CORS 配置。为使类井井有条，为该类创建了一个名为 configuration 的新包。参见代码清单 4-12。

代码清单 4-12 将 CORS 配置添加到后端应用程序

```
package microservices.book.multiplication.configuration;

import org.springframework.context.annotation.Configuration;
import org.springframework.web.servlet.config.annotation.CorsRegistry;
import org.springframework.web.servlet.config.annotation.WebMvcConfigurer;

@Configuration
public class WebConfiguration implements WebMvcConfigurer {

    @Override
    public void addCorsMappings(final CorsRegistry registry) {
        registry.addMapping("/**").allowedOrigins("http://localhost:3000");
    }
}
```

这个方法通过注入一个自定义的 CorsRegistry 实例完成工作。添加一个映射，允许前端的源访问任何路径(用/** 表示)。也可在此行中省略 allowedOrigins 部分。这样，不仅是 http://localhost:3000，所有的源域都被允许访问。

Spring Boot 会扫描软件包来查找配置类。这个类只是其中之一，因此在下次启动应用程序时将自动应用此 CORS 配置。

一个关于 CORS 的重要说明是，通常你可能仅在开发应用时才需要它。如果将应用程序的前端和后端部署到同一主机，则不会遇到任何问题，并且不需要使 CORS 保持尽可能严格的安全策略。将后端和前端部署到不同主机时，你应该有选择地配置 CORS 策略，避免为所有源域添加完全访问权限。

4.9 使用应用程序

现在前端和后端应该可以协同工作了。如果尚未启动 Spring Boot 应用程序，请重新启动并刷新浏览器(图 4-4)。

图 4-4 应用程序的第一个版本

这是一个激动人心的时刻！现在，你可以输入别名并进行一些尝试。记得要遵守规则，只能心算得出结果。

4.10　部署 React 应用程序

到目前为止，前端一直使用的是开发模式。我们使用 npm start 启动了 Web 服务器。当然，这不是它在生产环境中的工作方式。

为准备部署 React 应用程序，需要首先构建它。参见代码清单 4-13。

代码清单 4-13　构建用于生产部署的 React 应用程序

```
$ npm run build

> challenges-frontend@0.1.0 build /Users/moises/dev/apress2/learn-microservices/
challenges-frontend
> react-scripts build

Creating an optimized production build...
Compiled successfully.

File sizes after gzip:

  39.92 KB (+540 B) build/static/js/2.548ff48a.chunk.js
  1.32 KB (+701 B)  build/static/js/main.3411a94e.chunk.js
  782 B             build/static/js/runtime-main.8b342bfc.js
  547 B             build/static/css/main.5f361e03.chunk.css

The project was built assuming it is hosted at /.
You can control this with the homepage field in your package.json.

The build folder is ready to be deployed.
You may serve it with a static server:

  npm install -g serve
  serve -s build

Find out more about deployment here:

  bit.ly/CRA-deploy
```

如你所见，该命令在 build 文件夹下生成了所有脚本和文件。我们还能在其中找到放在 public 文件夹中的文件的副本。这些日志还告诉我们如何使用 npm 安装静态 Web 服务器。但实际上，我们已在 Spring Boot 应用程序中嵌入 Web 服务器 Tomcat。我们不能只使用那个服务器吗？当然可以。

对于该部署示例，将采用最简单的方式，将整个应用程序(后端和前端)打包在同一个可部署单元中：Spring Boot 生成的胖 JAR 文件[1]。

我们要做的是将前端 build 文件夹中的所有文件复制到 Multiplication 代码库中 src/main/resources 目录下名为 static 的文件夹中，见图 4-5。Spring Boot 中的默认服务器配置为静态 Web 文件添加了一些预定义的位置，而类路径中的 static 文件夹就是其中之一。这些文件将被映射到应用程序的/根目录上下文中。

图 4-5　项目结构中的静态资源

可根据需要配置这些资源位置及其映射。其中一个可以微调的地方就是 WebMvcConfigurer 接口实现(与用于 CORS 注册表的配置相同)。如果你想了解有关配置 Web 服务器来服务静态页面的更多信息(https://tpd.io/mvc-static)，请查看 Spring Boot 参考文档中的"静态内容"部分。

然后重新启动 Multiplication 应用程序。需要注意，这次通过命令行(而不是通过 IDE)运行它，使用./mvnw spring-boot:run。原因是 IDE 在运行应用程序时可能以不同方式使用类路径，这种情况下可能出错(例如，找不到页面)。

如果导航到 http://localhost:8080，则 Spring Boot 应用程序中的嵌入式 Tomcat 服务器会尝试查找默认的 index.html 页面，存在该页面是因为我们从 React build 文件夹中复制而来。现在，我们已从用于后端的同一台嵌入式服务器中加载了 React 应用程序。请参见图 4-6。

你可能想知道我们在上一节中添加的 CORS 配置现在是什么情况，因为现在前端和后端共享同一个源域。

---

1 译者注：将所有的依赖打包到一个 JAR 中，实现一个 All-in-one 的 JAR 包。

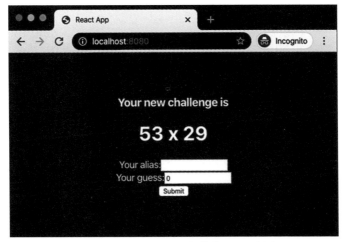

图 4-6　嵌入式 Tomcat 提供的 React 应用

在同一服务器内部署 React 应用程序时，不再需要添加 CORS 配置。你可删除它，因为静态前端文件和后端 API 都位于统一源域 http://localhost:8080。不过，还是保留该配置，因为我们在开发 React 应用程序时会用到开发服务器。

现在，你可以再次删除 Spring Boot 应用程序中 static 文件夹中的内容。

4.11　本章小结

开始时，我们有一个可通过命令行工具进行交互的 REST API。现在，我们添加了一个与后端交互的用户界面，以获取挑战和发送尝试。我们为用户提供了一个真实的 Web 应用程序。请参见图 4-7。

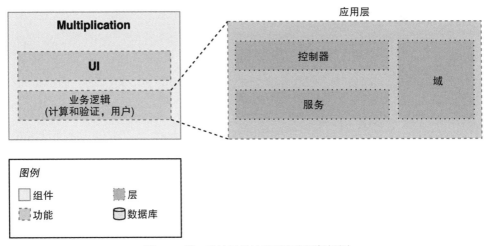

图 4-7　第 4 章结尾处的应用程序逻辑视图

我们使用 create-react-app 工具创建了 React 应用程序的基础框架，并了解了它的结构。然后开发了一个用 JavaScript 来连接 API 的服务，以及一个使用该服务并呈现简单 HTML 代码块的 React 组件。

为了能够互联不同源域的后端和前端，我们在后端增加了 CORS 配置。

最后，我们了解了如何构建用于生产环境的 React 应用程序。我们还获得了生成的静态文件，并将其移到后端项目代码库中，以说明如何使嵌入式 Tomcat 服务器提供此静态内容。

理想情况下，本章可帮助你了解前端应用程序的基础知识，并查看一个与 API 交互的实际示例。即使只是基础知识，这些知识也可能对你的职业有所帮助。

在下一章中，我们将使用此前端应用程序来说明微服务架构如何影响 REST API 客户端。

学习成果：

- 了解了 React 的基础知识，React 是市场上最流行的 JavaScript 框架之一。
- 使用 create-react-app 工具构建了 React 应用程序框架。
- 开发了带有基本用户界面的 React 组件，供用户发送尝试。
- 了解了什么是 CORS，以及如何在后端添加例外以允许这些请求。
- 快速了解了如何使用浏览器的开发工具调试前端。
- 学习了如何打包由 React 项目生成的 HTML 和 JavaScript，以及如何将它们分发到与后端应用程序相同的 JAR 文件中。
- 第一次看到了最小版本应用程序的运行，包括后端和前端。

第 5 章

数　据　层

前面用两章的篇幅完成了我们的第一个用户故事。现在，可对一个最小可行产品 (Minimum Viable Product，MVP)进行实验。在敏捷开发中，以这种方式进行需求切片非常有效。可首先从一些测试用户那里收集反馈，并决定下一个应该构建的功能。而且，如果最初的产品理念是错误的，可以及早进行调整。

学会如何垂直地划分产品需求，可以在构建软件时节省大量时间。这意味着你不必等到一个完整的层完成后再进行下一个层的开发，而是需要进行多层开发确保业务块功能可正常运行。因为你可以及时做出调整并获得反馈，所以这种开发方式也有助于你构建更好的产品或服务。如果你想进一步了解故事拆分策略，请访问 https://tpd.io/story-splitting。

假设测试用户尝试使用我们的应用程序。他们中的大多数人会来告诉我们，如果能够访问他们自己的统计数据，以了解一段时间内的表现，那应该会很棒。于是团队坐在了一起，准备开发一个新的用户故事。

用户故事 2

作为应用程序的用户，我希望能够访问我之前的尝试，以便了解我的心算能力是否随着时间的推移有所提高。

将这个故事映射为一种技术解决方案时，我们很快就注意到需要将这些尝试存储在某个地方。在本章中，将介绍应用程序的三层架构中缺失的一层：数据层。这也意味着我们将使用三层体系结构中的另一层：数据库。请参见图 5-1。

还需要将这些新需求集成到其余各层中。总结起来，可使用以下任务列表：

- 存储所有用户尝试，并有方法允许按用户进行查询。
- 公开一个新的 REST 端点，获取指定用户的最新尝试。
- 创建新服务(业务逻辑)来检索这些尝试。
- 用户发送新的尝试后，在 Web 页面上显示用户所有尝试的历史记录。

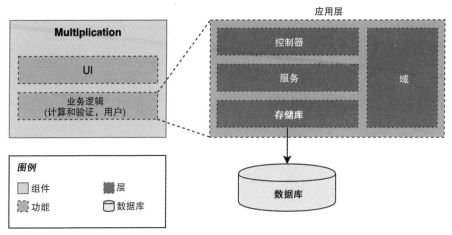

图 5-1 我们的目标应用程序设计

5.1 数据模型

第 3 章创建的概念模型中存在三个域对象：用户[1](User)、挑战(Challenge)和尝试(Attempt)。然后，我们决定打破挑战与尝试之间的联系。但为了保持域的简单性，将两个参数(factor)都复制到 Attempt 对象中。这就使对象之间只建立了一种模型关系：尝试属于特定用户。

请注意，在模型简化过程中，我们可以更进一步，Attempt 对象中也包括用户的数据(目前是别名)。那样的话，我们现在唯一需要存储的对象就是 Attempt。然后，可在同一表中使用用户别名来查询数据。但这样做是有代价的，比复制参数的代价更高：随着时间的推移 User 域会不断演化，而且会和其他域进行交互，因此我们把它视为一个不同的域。在数据层中以耦合程度这么紧密的方式混用域可不是一个好主意。

还有一种设计选择。可通过将概念域与三个单独的对象精确映射来创建域类，并在 Challenge 尝试(Challenge Attempt)和 Challenge 之间建立连接。请参见图 5-2。

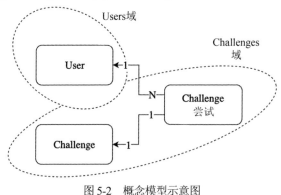

图 5-2 概念模型示意图

可以使用与 User 相同的方式完成设计。参见代码清单 5-1。

代码清单 5-1　ChallengeAttempt 的另一种实现方式

```
@Getter
@ToString
@EqualsAndHashCode
@AllArgsConstructor
public class ChallengeAttempt {
    private Long id;
    private User user;

    // We decided to include factors
// private final int factorA;
// private final int factorB;

    // This is an alternative
    private Challenge challenge;

    private int resultAttempt;
    private boolean correct;
}
```

总之，设计数据模型时，我们暂时选择简化模式。采用这种方式，我们就有了域
类ChallengeAttempt 的一个新版本(如前面的代码片段所示)。数据层中还有另外一个类；
例如，可将数据层中的这个类命名为 ChallengeAttemptDataObject。该类包含两个参数，
这样我们需要在层之间实现映射来组合和分离挑战与尝试。你可能已经发现，这种方
法类似于对 DTO 模式的处理方式。当时，我们在表示层中创建了 Attempt 对象的新版
本，并添加了一些验证注解。

与软件设计的其他许多方面一样，对于是否将 DTO、域类和数据类完全隔离，存
在多种意见。正如在模拟案例中所见，其中一个主要优势在于我们获得了更高的隔离
度。可替换数据层的实现，而不必修改服务层的代码。不过缺点是应用程序中引入了
大量重复代码，变得更复杂。

在本书中，我们遵循务实的方法，并尝试在应用正确的设计模式时尽量保持简单。
在上一章中，我们选择了一个域模型，现在可将其直接映射到数据模型。因此，可将
相同的类重用于域和数据表示形式。这是一个很好的折中解决方案，因为我们仍然保
持域隔离。请参见图 5-3，其中显示了必须保留在数据库中的对象和关系。

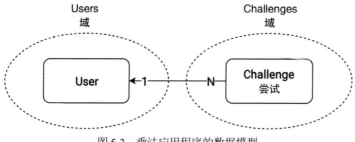

图 5-3 乘法应用程序的数据模型

5.2 选择数据库

本节将讨论如何根据项目的需求以及将使用的抽象级别为项目选择数据库。

5.2.1 SQL 与 NoSQL

市场上有很多可用的数据库引擎。它们各有自己的特殊性，但大多数情况下，一般将它们分为两类：SQL 和 NoSQL。SQL 数据库是具有固定模式的关系数据库，使我们能执行复杂的查询。NoSQL 数据库旨在处理非结构化数据，并且可以面向诸如键值对、文档、图形或基于列的数据。

简而言之，也可认为 NoSQL 数据库更适合大容量的记录，因为这些数据库是分布式的。我们可部署多个节点(或实例)，因此在写入数据、读取数据或同时执行这两种操作时都具有良好性能。代价是这些数据库遵循 CAP 定理(https://en.wikipedia.org/wiki/CAP_theorem)。以分布式方式存储数据时，必须在可用性、一致性和分区容错性中选择两种属性。我们通常会选择分区容错性，原因是网络很容易出现故障。因此，大多数情况下，我们必须在尽可能长时间地提供可用数据和数据一致性之间做出选择。

另一方面，关系数据库(SQL)遵循 ACID 特性：原子性(整个事务成功或失败)、一致性(数据始终在有效状态之间转换)、隔离性(确保并发不会引起副作用)和持久性(在事务处理后，即使系统发生故障，状态也将保持不变)。这些都是很好的特性，但为了确保这些特性，这类数据库不能很好地处理水平可伸缩性(多个分布式节点)，也就意味着不能很好地进行水平伸缩。

仔细分析数据需求非常重要。打算如何查询数据？需要高可用性吗？正在编写数百万条记录吗？需要快速读取数据吗？另外，请别忘了系统的非功能性需求。例如，在特定情况下，我们可以接受系统每年几个小时(甚至几天)不可用。但是，如果我们正在为可能面临生命危险的医疗健康行业开发 Web 应用程序，则情况将有所不同。接下来将详细分析一些非功能性需求。

我们的数据模型是关系型的。此外，不打算处理数百万个并发的读写操作。将为 Web 应用程序选择一个 SQL 数据库，以便从 ACID 特性中受益。

无论如何，使应用程序(将来的微服务)保持足够小的一个好处是，可在以后需要时更改数据库引擎，而不会对整个软件体系结构产生重大影响。

5.2.2 H2、Hibernate 和 JPA

下一步是决定从所有可选项中选择哪种关系数据库：MySQL、MariaDB、PostgreSQL、H2、Oracle SQL 等。在本书中，我们选择 H2 数据库引擎，因为它较小且易于安装，而且很容易将其嵌入应用程序中。

在关系数据库之上，我们使用对象/关系映射(ORM)框架：Hibernate ORM。与处理表格数据和普通查询不同，使用 Hibernate 将 Java 对象映射到 SQL 记录。如果想进一步了解 ORM 技术，请访问 http://tpd.io/what-is-orm。

我们不采用 Hibernate 原生 API 将对象映射到数据库记录，而是使用一种抽象：Java 持久性 API(JPA)。

以下是我们选择的技术相互关联的方式：

- 在 Java 代码中，使用 Spring Boot JPA 注解和集成，这样可使代码与 Hibernate 细节脱钩。
- 在实现方面，Hibernate 处理将对象映射到数据库实体的所有逻辑。
- Hibernate 支持不同数据库的多种 SQL 语言方言，而 H2 方言就是其中之一。
- Spring Boot 自动配置为我们设置了 H2 和 Hibernate，不过我们也可以自定义行为。

规范和实现之间的这种松散耦合提供了一个很明显的优势：可以无缝更换不同的数据库引擎，因为它已被 Hibernate 及 Spring Boot 配置抽象化。

5.3 Spring Boot Data JPA

让我们来分析一下 Spring Boot Data JPA 模块提供了什么。

5.3.1 依赖关系和自动配置

Spring Framework 有多个模块可用于处理数据库，这些模块属于 Spring Data 系列：JDBC、Cassandra、Hadoop、Elasticsearch 等。其中一个是 Spring Data JPA，它以基于 Spring 的编程风格使用 Java 持久性 API 来抽象对数据库的访问。

Spring Boot 通过专用的启动程序增加了额外的步骤，它使用自动配置和其他一些工具 (spring-boot- starter-data-jpa 模块) 来快速引导数据库访问。它还可以自动配置嵌入式数据库，例如我们为应用程序选择的 H2。

当初在创建应用程序时，我们没有添加这些依赖项。现在是时候这样做了。在 pom.xml 文件中添加 Spring Boot 启动程序和 H2 嵌入式数据库实现。参见代码清单 5-2。只需要在运行时使用 H2 构件，因为在代码中已经使用了 JPA 和 Hibernate 抽象。

代码清单 5-2   将数据层依赖项添加到应用程序

```
<dependencies>
[...]
    <dependency>
        <groupId>org.springframework.boot</groupId>
        <artifactId>spring-boot-starter-data-jpa</artifactId>
    </dependency>
    <dependency>
        <groupId>com.h2database</groupId>
        <artifactId>h2</artifactId>
        <scope>runtime</scope>
    </dependency>
[...]
</dependencies>
```

源代码

可以在 GitHub 上 chapter 05 存储库中找到本章的所有源代码。
参见 https://github.com/Book-Microservices-v2/chapter05。

Hibernate 是 Spring Boot 中 JPA 的参考实现。这意味着启动程序将 Hibernate 依赖项引入其中。它还包括核心 JPA 构件以及父模块 Spring Data JPA 的依赖项。

前面提到过 H2 可充当嵌入式数据库。因此，我们不需要自己安装、启动或关闭数据库。Spring Boot 应用程序将控制其生命周期。尽管如此，出于教学目的，依然想从外部访问数据库，因此在 application.properties 文件中添加一个属性来启用 H2 数据库控制台。

```
# Gives us access to the H2 database web console
spring.h2.console.enabled=true
```

H2 控制台是一个简单的 Web 界面，可以使用它来管理和查询数据。再次启动应用程序，验证此新配置是否有效。将看到一些新的日志行，它们来自 Spring Boot DataJPA 自动配置逻辑。参见代码清单 5-3。

代码清单 5-3   显示数据库自动配置的应用程序日志

```
INFO 33617 --- [main] o.s.web.context.ContextLoader      : Root
WebApplicationContext: initialization completed in 1139 ms
```

```
INFO 33617 --- [main] com.zaxxer.hikari.HikariDataSource     : HikariPool-1 -
Starting...
INFO 33617 --- [main] com.zaxxer.hikari.HikariDataSource     : HikariPool-1 -
Start completed.
INFO 33617 --- [main] o.s.b.a.h2.H2ConsoleAutoConfiguration  : H2 console
available at '/h2-console'. Database available at 'jdbc:h2:mem:testdb'
INFO 33617 --- [main] o.hibernate.jpa.internal.util.LogHelper : HHH000204:
Processing PersistenceUnitInfo [name: default]
INFO 33617 --- [main] org.hibernate.Version : HHH000412:
Hibernate ORM core version 5.4.12.Final
INFO 33617 --- [main] o.hibernate.annotations.common.Version : HCANN000001:
Hibernate Commons Annotations {5.1.0.Final}
INFO 33617 --- [main] org.hibernate.dialect.Dialect : HHH000400: Using
dialect: org.hibernate.dialect.H2Dialect
INFO 33617 --- [main] o.h.e.t.j.p.i.JtaPlatformInitiator     : HHH000490: Using
JtaPlatform implementation: [org.hibernate.engine.transaction.jta.platform.
internal.NoJtaPlatform]
INFO 33617 --- [main] j.LocalContainerEntityManagerFactoryBean : Initialized JPA
EntityManagerFactory for persistence unit 'default'
```

Spring Boot 检测到 Hibernate 在类路径中并配置数据源。由于 H2 也可用，因此
Hibernate 选择 H2Dialect 连接到 H2。还初始化了一个 EntityManagerFactory；我们很快
就会知道它的作用。有一个日志行显示 H2 控制台在/h2-console 上可用，且有一个可用
数据库 jdbc:H2:mem:testdb。如果未指定其他配置，Spring Boot 自动配置将创建一个名
为 testdb 的即用型内存数据库。

让我们导航到 http://localhost:8080/h2-console 来查看控制台 UI。请参见图 5-4。

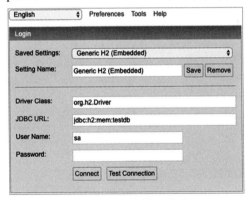

图 5-4　H2 控制台，登录

可以复制和粘贴 jdbc:h2:mem:testdb 作为 JDBC URL，并保留其他值。然后，单击
Connect，就可以访问主控制台视图。请参见图 5-5。

可以看出，确实有一个名为 testdb 的内存数据库，并能使用 H2 默认管理员权限连
接到该数据库。该数据库来自哪里？这是我们马上要分析的问题。

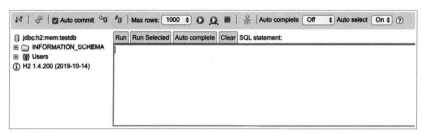

图 5-5　H2 控制台，已连接

我们将在本章后面使用 H2 控制台界面来查询数据。现在，继续深入学习，主要探究 Spring Boot 和 Data JPA 启动程序使用的技术栈。

5.3.2　Spring Boot Data JPA 技术栈

我们从最底层开始，具体参见图 5-6。软件包 java.sql 和 javax.sql 中有一些核心 Java API 用于处理 SQL 数据库。在这里，可找到接口 DataSource、Connection 以及其他一些用于池化资源的接口，例如 PooledConnection 或 ConnectionPoolDataSource。可找到不同供应商对这些 API 的多种实现。Spring Boot 带有 HikariCP(http://tpd.io/hikari)，是 DataSource 连接池最流行的一种实现，量级轻且性能良好。

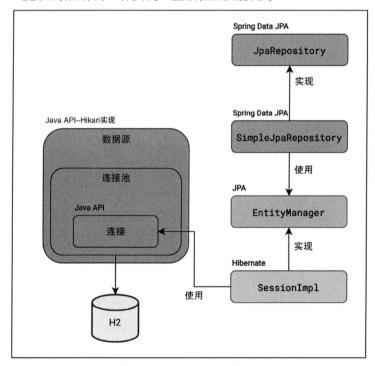

图 5-6　Spring Data JPA 技术栈

Hibernate 使用这些 API(以及应用程序中的 HikariCP 实现)来连接 H2 数据库。Hibernate 中用于管理数据库的 JPA 风格是 SessionImpl 类(http://tpd.io/h-session)，包含大量代码来执行语句、执行查询、处理会话的连接等。这个类通过它的继承树实现 JPA 接口 EntityManager(http://tpd.io/jpa-em)。该接口是 JPA 规范的一部分，在 Hibernate 中的实现是一个完整的 ORM。

JPA 的 EntityManager 上的 Spring Data JPA 定义了 JpaRepository 接口(http://tpd.io/jpa-repo)，其中包含最常用的方法：find、get、delete、update 等。SimpleJpaRepository 类(tpd.io/simple-jpa-repo)是 Spring 的默认实现，并在底层使用 EntityManager。这意味着我们不需要使用纯 JPA 标准或 Hibernate 在代码中执行数据库操作，因为我们可使用 Spring 的抽象方法。

我们将在本章后面探讨 Spring 为 JPA Repository 类提供的一些优异功能。

5.3.3 数据源(自动)配置

当再次使用新的依赖项运行应用程序时，你可能会感到惊讶。我们尚未配置数据源，为什么能成功打开与 H2 的连接？答案始终是自动配置(autoconfiguration)，但这一次它带来了一些额外的功能。

通常，我们使用 application.properties 中的一些值来配置数据源。这些属性由 Spring Boot 自动配置依赖项中的 DataSourceProperties 类(http://tpd.io/dsprops)定义，其中包含数据库的 URL、用户名和密码等。与往常一样，还有一个 DataSourceAutoConfiguration 类(http://tpd.io/ds-autoconfig)，该类使用这些属性在上下文中创建必要的 Bean。这种情况下，将创建 DataSource Bean 以连接到数据库。

用户名 sa 实际上来自 Spring 的 DataSourceProperties 类中的一段代码。参见代码清单 5-4。

代码清单 5-4 Spring Boot 的 DataSourceProperties 类的片段

```
/**
 * Determine the username to use based on this configuration and the environment.
 * @return the username to use
 * @since 1.4.0
 */
public String determineUsername() {
    if (StringUtils.hasText(this.username)) {
        return this.username;
    }
    if (EmbeddedDatabaseConnection.isEmbedded(determineDriverClassName())) {
        return "sa";
    }
    return null;
}
```

Spring Boot 开发者都知道这些惯例,对 Spring Boot 做了预设,因此数据库可以开箱即用。他们对用户名进行了硬编码,而且默认情况下密码是空字符串,所以不需要传递任何配置。还有其他约定,例如数据库名称;这也是我们获取 testdb 数据库的方式。

不使用 Spring Boot 创建的默认数据库。相反,会用应用程序的名称命名,然后更改 URL 以创建存储在文件中的数据库。如果继续使用内存中的数据库,那么当关闭应用程序时,所有测试数据都将丢失。此外,还必须按照参考文档中的说明添加参数 DB_CLOSE_ON_EXIT=false(请参阅此网址 http://tpd.io/sb- embed-db),因此我们禁用自动关闭功能,让 Spring Boot 决定何时关闭数据库。请参见代码清单 5-5,了解生成的 URL 以及包含在 application.properties 文件中的其他更改。之后还有一些额外的解释。

代码清单 5-5 具有数据库配置的新参数的 application.properties 文件

```
# Gives us access to the H2 database web console
spring.h2.console.enabled=true
# Creates the database in a file
spring.datasource.url=jdbc:h2:file:~/multiplication;DB_CLOSE_ON_EXIT=FALSE
# Creates or updates the schema if needed
spring.jpa.hibernate.ddl-auto=update
# For educational purposes we will show the SQL in console
spring.jpa.show-sql=true
```

- 如前所述,将数据源更改为放在用户主目录~中的 multiplication 文件。通过 URL 中的:file:来指定。要了解有关 H2 URL 中所有可能配置的信息,请访问 http://tpd.io/h2url。
- 为简单起见,让 Hibernate 创建数据库架构。该功能称为自动数据定义语言 (DDL)。之所以将其设置为 update,是因为我们希望在创建或修改实体期间同时创建和更新数据库表(如下一节所述)。
- 最后启用属性 spring.jpa.show-sql,以便在日志中查看数据库查询语句。这一点非常有助于学习。

5.4 实体

从数据角度看,JPA 将实体称为 Java 对象。因此,鉴于我们打算存储用户和尝试,就必须使 User 和 ChallengeAttempt 类成为实体。如前所述,其实可为数据层创建新的类并使用映射,但我们希望代码库保持简单,因此我们重用域定义。

首先为 User 类添加一些 JPA 注解。参见代码清单 5-6。

代码清单 5-6　添加 JPA 注解后的 User 类

```java
package microservices.book.multiplication.user;

import lombok.*;

import javax.persistence.*;

/**
 * Stores information to identify the user.
 */
@Entity
@Data
@AllArgsConstructor
@NoArgsConstructor
public class User {

    @Id
    @GeneratedValue
    private Long id;
    private String alias;

    public User(final String userAlias) {
        this(null, userAlias);
    }
}
```

让我们逐一分析更新后的 User 类的特征：

- 添加了@Entity 注解，将该类标记为要映射到数据库记录的对象。如果希望表的名称不同于默认值 user，可在注解中嵌入值。同样默认情况下，通过类中的 getter 公开的所有字段都将使用默认的列名在映射的表中持久化。可通过使用 JPA 的@Transient 注解标记来排除字段。

- Hibernate 用户指南(http://tpd.io/hib-pojos)指出，我们应该提供 setter 方法或使 Hibernate 可修改字段。幸运的是，Lombok 有一个快捷注解@Data，非常适合用作数据实体的类。该注解聚合了 equals 方法、hashCode 方法、toString、getter 以及 setter，并且 Hibernate 用户指南的另一部分要求我们不能使用 final 类。这将允许 Hibernate 创建运行时代理，从而提高性能。我们将在本章后面看到一个运行时代理如何工作的示例。

- JPA 和 Hibernate 还要求实体具有默认的空构造函数(请参见 http://tpd.io/ hib-constructor)。可使用 Lombok 的@NoArgsConstructor 注解快速添加它。

- id 字段使用@Id 和@GeneratedValue 进行注解，是唯一标识了每一行的列。这里使用了所生成的值，因此 Hibernate 可以帮我们从数据库中获取序列的下一个值并填充至该字段。

对于 ChallengeAttempt 类,我们使用了一些附加特性。参见代码清单 5-7。

代码清单 5-7   使用 JPA 注解的 ChallengeAttempt 类

```java
package microservices.book.multiplication.challenge;

import lombok.*;
import microservices.book.multiplication.user.User;

import javax.persistence.*;

@Entity
@Data
@AllArgsConstructor
@NoArgsConstructor
public class ChallengeAttempt {
    @Id
    @GeneratedValue
    private Long id;
    @ManyToOne(fetch = FetchType.LAZY)
    @JoinColumn(name = "USER_ID")
    private User user;
    private int factorA;
    private int factorB;
    private int resultAttempt;
    private boolean correct;
}
```

与上一个类不同,挑战尝试模型不仅有基本类型,而且包含实体类型 User。因为我们添加了 JPA 注解,所以 Hibernate 知道如何映射实体,但不知道这两个实体之间的关系。在数据库中,可将这些关系建模为一对一、一对多、多对一和多对多。

这里定义了一个多对一关系,因为我们偏向于避免将用户与尝试耦合。为在数据层中体现这些决定,还需要考虑准备如何查询数据。在我们的案例中,不需要将用户与尝试链接起来。如果你想进一步了解 Hibernate 的实体关系,请查看 "Hibernate 用户指南"中的"关联(Associations)"部分(http://tpd.io/hib-associations)。

正如你在代码中看到的,给@ManyToOne 注解传递了一个参数:fetch 类型。从数据存储中收集尝试时,必须告诉 Hibernate 何时为嵌套的用户字段收集存储在不同表中的值。如果将其设置为 EAGER,则用户数据会在收集尝试数据时一起收集。如果是 LAZY,只有当尝试访问这个字段时,才会执行检索这个字段的查询。这是因为 Hibernate 为实体类配置了代理类。请参见图 5-7。这些代理类扩展了类;这就是为什么如果想让这个机制发挥作用,就不应该将它们声明为 final。在本例中,Hibernate 将传递一个代理对象,该代理对象仅在第一次使用 user 的访问器(getter)时触发查询来获取用户。这就是"惰性"一词的由来,直到最后一刻才会这样做。

通常，我们应该更喜欢惰性关联，以避免触发对无关数据的额外查询。在本例中，当收集 Attempt 数据时，不需要用户的数据。

@JoinColumn 注解使 Hibernate 用一个列连接两个表。为保持一致，为它传递与代表用户索引的列相同的名称。这会转换成 CHALLENGE_ATTEMPT 表的新列 USER_ID，可将对相应用户 ID 记录的引用存储在 USER 表中。

这是一个带有 JPA 和 Hibernate 的具有代表性的基本 ORM 示例。如果你想扩展有关 JPA 和 Hibernate 的所有可能性的知识，则可从 User Guide(http://tpd.io/ hib-user-guide) 开始。

图 5-7　Hibernate，拦截类

将域对象重用为实体的后果

JPA 和 Hibernate 需要我们在类中添加 setter 和一个空的构造函数(Lombok 隐藏了该函数，但它仍然存在)。这样极不方便，因为它阻止我们创建遵循"不变性"等良好实践的类。可以说域类被数据需求破坏了。

当你构建小型应用程序且知道这些决定背后的原因时，这不算大问题。你只需要避免在代码中使用 setter 或空构造函数。然而，当与一个大型团队合作或参与一个中大型项目时，这就成为一个问题，因为一个新开发人员可能因为类允许这样做而试图破坏良好的实践。这种情况下，可考虑如前面提到的那样拆分域和实体类。这会带来一些代码重复，但你可更好地实施良好实践。

5.5 存储库

在描述三层体系结构时，简要解释了数据层可能包含数据访问对象(DAO)和存储库。DAO 通常是与数据库结构耦合的类，而另一方面，存储库以域为中心，因此这些类可与聚合一起使用。

考虑到我们遵循的是域驱动的设计，将使用存储库来连接数据库。更具体地说，将使用 JPA 存储库和 Spring Data JPA 中包含的功能。

前面介绍过 Spring 的 SimpleJpaRepository 类(请参见 https://tpd.io/sjparepo-doc)，它使用 JPA 的 EntityManager(参见 https://tpd.io/em-javadoc)来管理数据库对象。Spring 抽象设计增加了一些特性，如分页和排序，以及一些使其比普通JPA 接口更方便的方法(如 saveAll、existsById、count 等)。

Spring Data JPA 还具有普通 JPA 无法提供的超级功能：查询方法(请参阅 http://tpd.io/jpa-query-methods)。

我们使用代码库来演示该功能。需要查询来获取给定用户的最后尝试，并在 Web 页面上显示统计信息。此外，还需要一些基本的实体管理功能来创建、读取和删除尝试。代码清单 5-8 所示的接口提供了该功能。

代码清单 5-8 ChallengeAttemptRepository 接口

```
package microservices.book.multiplication.challenge;

import org.springframework.data.repository.CrudRepository;

import java.util.List;

public interface ChallengeAttemptRepository extends CrudRepository<ChallengeAttempt, Long> {
    /**
     * @return the last 10 attempts for a given user, identified by their alias.
     */
    List<ChallengeAttempt> findTop10ByUserAliasOrderByIdDesc(String userAlias);
}
```

我们创建了一个接口，继承 Spring Data Common 中的 CrudRepository 接口(http://tpd.io/crud-repo)。CrudRepository 定义了创建、读取、更新和删除对象的基本方法列表。Spring Data JPA 中的 SimpleJpaRepository 类也实现了此接口(http://tpd.io/simple-jpa-repo)。除了 CrudRepository，还有其他两种选择。

- 如果选择扩展普通的 Repository 接口，则没有 CRUD 功能。但是，当我们不想使用默认方法，而是想在微调 CrudRepository 中公开的方法时，该接口可用作标记。要了解有关此技术的更多信息，请参阅 http://tpd.io/repo-tuning。

- 如果还需要分页和排序，则可扩展 PagingAndSortingRepository。如果需要大集
  合能提供更好的块处理或分页查询，这会很有用。

当扩展这三个接口中的任何一个时，必须使用 Java 泛型，就像这一行：

```
... extends CrudRepository<ChallengeAttempt, Long> {
```

第一个类型指定返回实体的类，在本例中为 ChallengeAttempt。第二个类必须匹配
索引的类型，即存储库中的 Long(id 字段)。

代码中最吸引人的部分是添加到接口的方法名称。在 Spring Data 中，可通过在方
法名称中使用命名约定来创建定义查询的方法。这种情况下，我们要按用户别名来查
询尝试，按 ID 降序排列(最新的在前)，并选择列表中的前 10 条尝试。根据方法结构，
可将查询描述如下：使字段 userAlias 等于传入参数，按 ID 字段降序排列，找到前 10
条尝试(匹配 ChallengeAttempt)。

Spring Data 会处理你在接口中定义的方法，检索其中没有明确定义查询且符合命
名约定的方法来创建查询方法。然后，解析方法名称，将其分解为块，并构建一个与
该定义相对应的 JPA 查询(请继续阅读示例查询)。

可使用 JPA 查询方法定义来构建其他许多查询。有关详细信息，请参见
http://tpd.io/jpa-qm-create。

有时可能想执行一些查询方法无法实现的查询。别担心，还可定义自己的查询。
这种情况下，仍可通过使用 Java 持久性查询语言(JPQL)编写查询来保持对数据库引擎
的抽象实现；JPQL 是一种 SQL 语言，也是 JPA 标准的一部分。参见代码清单 5-9。

代码清单 5-9 定义查询作为查询方法的替代方法

```
/**
 * @return the last attempts for a given user, identified by their alias.
 */
@Query("SELECT a FROM ChallengeAttempt a WHERE a.user.alias = ?1 ORDER BY a.id DESC")
List<ChallengeAttempt> lastAttempts(String userAlias);
```

如你所见，它很像标准 SQL。区别如下：

- 没有用表名，而是使用类名(ChallengeAttempt)。
- 关联字段没有使用列，而是使用对象字段，使用点遍历对象结构(a.user.alias)。
- 可使用参数占位符，如示例中的?1 来引用第一个(也是唯一一个)传递的参数。

选择使用查询方法(QueryMethod)是因为它简短且具有描述性，但是需要为满足其
他需求尽快编写 JPQL 查询。

这就是我们在数据库中管理 Attempt 实体需要的全部内容。现在，我们缺少用于
管理 User 实体的存储库。可以直接简单地实现，如代码清单 5-10 所示。

代码清单 5-10　UserRepository 接口

```
package microservices.book.multiplication.user;

import org.springframework.data.repository.CrudRepository;

import java.util.Optional;

public interface UserRepository extends CrudRepository<User, Long> {

    Optional<User> findByAlias(final String alias);

}
```

如果存在匹配项,findByAlias 查询方法将返回一个封装在 Java Optional 中的用户;如果没有用户匹配传入的别名,则返回一个空的 Optional 对象。这是 Spring Data 的 JPA 查询方法提供的另一个特性。

这两个存储库已经包含了管理数据库实体所需的一切。我们不必实现这些接口,甚至不需要添加 Spring 的@Repository 注解。Spring 通过 Data 模块,将找到所有扩展了基本接口的接口,并注入实现其所需行为的 Bean。这还涉及处理方法名称并创建相应的 JPA 查询。

5.6　存储用户和尝试

完成数据层后,就可在服务层中使用这些存储库。

首先,用新的预期逻辑扩展测试用例:

- 无论尝试(Attempt)是否正确,都会被存储。
- 如果是给定用户的第一个尝试,有别名(Alias)标识,我们应该创建该用户。如果别名存在,则尝试应关联到该已存在的用户。

必须对 ChallengeServiceTest 类做一些更新。首先需要为两个存储库添加两个模拟。这样,可使单元测试专注于业务层,而不必包含其他层的任何真实行为。如第 2 章所述,这是 Mockito 的一个优点。

使用 Mockito 进行模拟,可使用@Mock 注释对字段进行注解,并将 MockitoExtension 添加到测试类中让它自动初始化。通过这个扩展,还能获得其他 Mockito 特性,如检测未使用的测试桩;如果在测试用例中指定了一个不使用的模拟行为,测试就会失败。参见代码清单 5-11。

代码清单 5-11　在 ChallengeServiceTest 类中使用 Mockito

```
@ExtendWith(MockitoExtension.class)
public class ChallengeServiceTest {
```

```
    private ChallengeService challengeService;

    @Mock
    private UserRepository userRepository;
    @Mock
    private ChallengeAttemptRepository attemptRepository;

    @BeforeEach
    public void setUp() {
        challengeService = new ChallengeServiceImpl(
                userRepository,
                attemptRepository
        );
        given(attemptRepository.save(any()))
                .will(returnsFirstArg());
    }
    //...
}
```

此外，可使用添加 JUnit @BeforeEach 注解的方法为测试添加一些常用特性。在本例中，使用 Service 的构造函数来包含存储库(请注意，该构造函数尚不存在)。我们还添加了这一行：

```
given(attemptRepository.save(any()))
.will(returnsFirstArg());
```

该指令使用 BDDMockito 的 given 方法来定义测试期间我们调用特定方法时模拟类的行为(模拟类应该做什么)。请记得，我们并不想使用类的真实功能，因此必须定义它，例如，在调用这个伪对象(或测试桩)上的函数时返回什么。我们想要重载的方法是通过传递参数实现的，例如传递 attermpRepository.save(any())。可匹配一个特定的参数传递给 save()，但也可使用 Mockito 的参数匹配器方法 any()为任意参数定义这个预设行为(通过 https://tpd.io/mock-am 查看匹配器完整列表)。指令第二部分使用 will()来指定当前面定义的条件匹配时，Mockito 应该做什么。returnsFirstArg()实用方法在 Mockito 的 AdditionalAnswers 类中定义，其中包括我们可以使用的一些便捷的预定义答案(参见 http://tpd.io/mockito-answers)。如果需要实现更复杂的场景，还可声明自定义函数以提供个性化答案。在本例中，我们希望 save 方法什么都不做，只返回第一个(也是唯一一个)传递的参数。这样不必调用真实存储库即可测试该层。

现在，将额外的验证添加到现有的测试用例中。请参见代码清单 5-12，其中以正确尝试的测试用例作为示例。

代码清单 5-12　在 ChallengeServiceTest 中验证存根调用

```
@Test
public void checkCorrectAttemptTest() {
```

```
// given
ChallengeAttemptDTO attemptDTO =
        new ChallengeAttemptDTO(50, 60, "john_doe", 3000);
// when
ChallengeAttempt resultAttempt =
        challengeService.verifyAttempt(attemptDTO);
// then
then(resultAttempt.isCorrect()).isTrue();
// newly added lines
verify(userRepository).save(new User("john_doe"));
verify(attemptRepository).save(resultAttempt);
}
```

我们使用 Mockito 的 verify 方法来检测是否存储了一个具有空 ID 和预期别名的新用户。ID 标识符会在数据库层设置。我们也验证了尝试(Attempt)应该被保存。验证错误尝试的测试用例也应该包含那两行新添加的代码。

为使测试更完整，添加了一个新用例，用于验证来自同一用户的更多尝试并不会创建新的用户实体，而是重用现有实体。参见代码清单 5-13。

代码清单 5-13　验证方法仅在用户第一次提交尝试时创建用户实体

```
@Test
public void checkExistingUserTest() {
    // given
    User existingUser = new User(1L, "john_doe");
    given(userRepository.findByAlias("john_doe"))
            .willReturn(Optional.of(existingUser));
    ChallengeAttemptDTO attemptDTO =
            new ChallengeAttemptDTO(50, 60, "john_doe", 5000);
    // when
    ChallengeAttempt resultAttempt =
            challengeService.verifyAttempt(attemptDTO);
    // then
    then(resultAttempt.isCorrect()).isFalse();
    then(resultAttempt.getUser()).isEqualTo(existingUser);
    verify(userRepository, never()).save(any());
    verify(attemptRepository).save(resultAttempt);
}
```

在本例中，定义了 userRepository 模拟来返回现有用户的行为。由于 Challenge DTO 包含相同的别名，因此逻辑上应该找到预定义的用户，返回的尝试必须包含该用户，并使用相同的别名和 ID。为使测试更详尽，我们要确认 userRepository 中的 save()方法没被调用。

此时，我们有一个无法编译的测试类。Service 需要为构造函数提供两个 repository

参数。当启动应用程序时，Spring 将通过构造函数依赖项注入来初始化 repository。
Spring 通过这种方式帮助我们保持各层之间的松耦合。

还需要主逻辑来存储尝试和用户(如果尚不存在)。ChallengeServiceImpl 的新实现
参见代码清单 5-14。

代码清单 5-14 使用 repository 层更新的 ChallengeServiceImpl 类

```java
package microservices.book.multiplication.challenge;

import lombok.RequiredArgsConstructor;
import lombok.extern.slf4j.Slf4j;
import microservices.book.multiplication.user.User;
import microservices.book.multiplication.user.UserRepository;
import org.springframework.stereotype.Service;

@Slf4j
@RequiredArgsConstructor
@Service
public class ChallengeServiceImpl implements ChallengeService {

    private final UserRepository userRepository;
    private final ChallengeAttemptRepository attemptRepository;

    @Override
    public ChallengeAttempt verifyAttempt(ChallengeAttemptDTO attemptDTO) {
        // Check if the user already exists for that alias, otherwise create it
        User user = userRepository.findByAlias(attemptDTO.getUserAlias())
                .orElseGet(() -> {
                    log.info("Creating new user with alias {}",
                            attemptDTO.getUserAlias());
                    return userRepository.save(
                        new User(attemptDTO.getUserAlias())
                    );
                });
        // Check if the attempt is correct
        boolean isCorrect = attemptDTO.getGuess() ==
                attemptDTO.getFactorA() * attemptDTO.getFactorB();
        // Builds the domain object. Null id since it'll be generated by the DB.
        ChallengeAttempt checkedAttempt = new ChallengeAttempt(null,
                user,
                attemptDTO.getFactorA(),
                attemptDTO.getFactorB(),
                attemptDTO.getGuess(),
                isCorrect
        );

        // Stores the attempt
```

```
        ChallengeAttempt storedAttempt = attemptRepository.save(checkedAttempt);

        return storedAttempt;
    }
}
```

verifyAttempt 的第一个代码块使用存储库返回的 Optional 来决定是否应该创建用户。Optional 中的方法 orElseGet 只在为空时才会调用传递的函数。因此，只有新用户不存在时，我们才会创建它。

构造 Attempt 时传入从存储库返回的 User 对象。当调用 save()保存 Attempt 实体时，Hibernate 会正确处理它们在数据库中的链接关系。我们返回了查询结果，因此它包含数据库中的所有 ID 标识。

现在所有的测试用例都应该能通过了。同样使用 TDD 来创建基于预期的逻辑。关于单元测试如何帮助我们在不依赖其他层的情况下验证特定层的行为，现在很清晰了。对于 service 类，我们用定义了预设值的测试桩(stub)来替换这两个存储库。

这些测试还有一种实现方式。可对 repository 类使用@SpringBootTest 风格和@MockBean。但这样不会带来任何附加值，并且需要使用 Spring 上下文，因此测试需要花费更多时间才能完成。如上一章所述，我们希望保持单元测试尽可能简单。

---

repository 测试

我们不会为应用程序的数据层创建测试。这些测试没有多大意义，因为我们没有编写任何实现。我们最终将要验证 Spring Data 实现本身。

5.7 显示最近的尝试

我们修改了现有的服务逻辑来存储用户和尝试，但是仍然缺少另一半功能：获取最近的尝试并将其显示在页面上。

服务层可以简单地使用存储库中的查询方法。在控制器层，将公开一个新的 REST 端点以通过用户别名来获取尝试列表。

练习

继续实现下一步之前，请保持遵循 TDD 完成一些任务。可在本章的代码存储库(https://github.com/Book-Microservices-v2/chapter05)中找到解决方案。

- 扩展 ChallengeServiceTest 并创建一个测试用例，用来验证我们可以获取最近的尝试。单元测试背后的逻辑是一个单行程序，但最好在服务层增长的情况下进行测试。请注意，在这个测试用例中，你可能收到来自 Mockito 的投诉，抱怨 save()方法有不必要的存根。这是 MockitoExtension 的一种功能。然后你可将这个存根移到使用它的测试用例中。

● 更新 ChallengeAttemptController 类，以包含对新端点 GET/attempts?alias = john _ doe 的测试。

5.7.1 服务层

在 ChallengeService 接口中添加一个名为 getStatsForUser 的方法。请参见代码清单 5-15。

代码清单 5-15 将 getStatsForUser 方法添加到 ChallengeService 接口

```
package microservices.book.multiplication.challenge;

import java.util.List;

public interface ChallengeService {

    /**
     * Verifies if an attempt coming from the presentation layer is correct or
       not.
     *
     * @return the resulting ChallengeAttempt object
     */
    ChallengeAttempt verifyAttempt(ChallengeAttemptDTO attemptDTO);

    /**
     * Gets the statistics for a given user.
     *
     * @param userAlias the user's alias
     * @return a list of the last 10 {@link ChallengeAttempt}
     * objects created by the user.
     */
    List<ChallengeAttempt> getStatsForUser(String userAlias);
}
```

代码清单 5-16 中的代码块是接口的实现。

代码清单 5-16 实现 getStatsForUser 方法

```
@Slf4j
@RequiredArgsConstructor
@Service
public class ChallengeServiceImpl implements ChallengeService {

    // ...
    @Override
    public List<ChallengeAttempt> getStatsForUser(final String userAlias) {
        return attemptRepository.findTop10ByUserAliasOrderByIdDesc(userAlias);
```

```
        }
    }
```

5.7.2 控制器层

我们上移一层，看看如何从控制器连接服务层。

这次，我们使用了查询参数，但这并不会给 API 定义增加太多复杂度。在第一个方法中将请求体作为参数注入；与此类似，可以使用@RequestParam 告诉 Spring 向我们传递一个 URL 参数。

查看参考文档(http://tpd.io/mvc-ann)，了解可以定义的其他方法参数(例如，会话属性或 cookie 值)。参见代码清单 5-17。

代码清单 5-17　在控制器中添加新端点以检索统计信息

```
@Slf4j
@RequiredArgsConstructor
@RestController
@RequestMapping("/attempts")
class ChallengeAttemptController {

    private final ChallengeService challengeService;

    @PostMapping
    ResponseEntity<ChallengeAttempt> postResult(
            @RequestBody @Valid ChallengeAttemptDTO challengeAttemptDTO) {
        return ResponseEntity.ok(challengeService.verifyAttempt(challenge
        AttemptDTO));
    }

    @GetMapping
    ResponseEntity<List<ChallengeAttempt>> getStatistics(@RequestParam("alias")
    String alias) {
        return ResponseEntity.ok(
                challengeService.getStatsForUser(alias)
        );
    }
}
```

如果你实现了这些测试，现在应该可以看到结果了。但是，如果我们使用 HTTPie 执行快速测试，会看到一个意想不到的结果。参见代码清单 5-18，发送一次尝试，然后试图获取列表时会返回一个错误。

代码清单 5-18　Attempt 列表序列化期间出错

```
$ http POST :8080/attempts factorA=58 factorB=92 userAlias=moises guess=5303
HTTP/1.1 200
...
$ http ":8080/attempts?alias=moises"
HTTP/1.1 500
...
{
    "error": "Internal Server Error",
    "message": "Type definition error: [simple type, class org.hibernate.
    proxy.pojo.bytebuddy.ByteBuddyInterceptor]; nested exception is com.
    fasterxml.jackson.databind.exc.InvalidDefinitionException: No serializer
    found for class org.hibernate.proxy.pojo.bytebuddy.ByteBuddyInterceptor
    and no properties discovered to create BeanSerializer (to avoid exception,
    disable SerializationFeature.FAIL_ON_EMPTY_BEANS) (through reference chain:
    java.util.ArrayList[0]->microservices.book.multiplication.challenge.
    ChallengeAttempt[\"user\"]->microservices.book.multiplication.user.User$
    HibernateProxy$mk4Fwavp[\"hibernateLazyInitializer\"])",
    "path": "/attempts",
    "status": 500,
    "timestamp": "2020-04-15T05:41:53.993+0000"
}
```

这是一个令人恐惧的服务器错误。我们在后端日志中也能找到对应的异常。什么是 ByteBuddyInterceptor？为什么 ObjectMapper 试图将其序列化？结果中应该只包含嵌套 User 实例的 ChallengeAttempt 对象吗？下面回答这些问题。

将嵌套的 User 实体配置为以 LAZY 模式获取，因此不会从数据库中查询它们。我们还说过 Hibernate 在运行时为类创建代理。这就是存在 ByteBuddyInterceptor 类背后的原因。你可以试着将获取模式切换为 EAGER，就不会再发生该错误。但这不是解决此问题的正确方案，因为那样的话，会触发许多不需要的数据查询。

让我们保持 LAZY 获取模式并据此解决该问题。第一种选择就是自定义 JSON 序列化，使它能处理 Hibernate 对象。幸运的是，Jackson 库的提供者 FasterXML 为 Hibernate 提供了一个专门的模块，可在 ObjectMapper 对象中使用：jackson-datatype-hibernate(http://tpd.io/json-hib)。由于 Spring Boot 启动程序没有包含此依赖项，因此要使用这个模块，必须将其添加到项目中。参见代码清单 5-19。

代码清单 5-19　将 Hibernate 的 Jackson 模块添加到依赖项中

```
<dependencies>
<!-- ... -->
    <dependency>
        <groupId>com.fasterxml.jackson.datatype</groupId>
```

```
    <artifactId>jackson-datatype-hibernate5</artifactId>
  </dependency>
<!-- ... -->
</dependencies>
```

然后，按照 Spring Boot 文档中的方法(请参阅 http://tpd.io/om-custom)自定义 ObjectMappers：

> "任何 com.fasterxml.jackson.databind.Module 类型的 Bean 都通过自动配置的 Jackson2ObjectMapperBuilder 自动注册，并应用于它创建的所有 ObjectMapper 实例。 这提供了一种全局机制，在向应用程序添加新功能时可以构造定制模块。"

为 Jackson 的新 Hibernate 模块创建一个 Bean。 Spring Boot 的 Jackson2ObjectMapperBuilder 将通过自动配置使用它，而且所有 ObjectMapper 实例都将使用 Spring Boot 默认值以及我们自定义的值。代码清单 5-20 显示了这个新的 JsonConfiguration 类。

代码清单 5-20　加载通过自动配置获取的 Jackson 的 Hibernate 模块

```java
package microservices.book.multiplication.configuration;

import com.fasterxml.jackson.databind.Module;
import com.fasterxml.jackson.datatype.hibernate5.Hibernate5Module;
import org.springframework.context.annotation.Bean;
import org.springframework.context.annotation.Configuration;

@Configuration
public class JsonConfiguration {

    @Bean
    public Module hibernateModule() {
        return new Hibernate5Module();
    }
}
```

现在启动应用程序，并验证可以成功检索尝试。嵌套的用户对象为 null，这很完美，因为我们不需要它返回尝试列表。参见代码清单 5-21。我们避免了额外的查询。

代码清单 5-21　添加 Hibernate 模块后尝试的正确序列化

```
$ http ":8080/attempts?alias=moises"
HTTP/1.1 200
...
[
  {
    "correct": false,
```

```
        "factorA": 58,
        "factorB": 92,
        "id": 11,
        "resultAttempt": 5303,
        "user": null
    },
...
]
```

除了添加此新依赖项和新配置，还有一种替代方法，就是遵循我们收到的异常消息中给出的建议：

```
...(to avoid exception, disable SerializationFeature.FAIL_ON_EMPTY_BEANS)[...]
```

我们来试一下。可直接在 application.properties 文件中添加 Jackson 序列化特性(参见 http://tpd.io/om-custom)。这通过一些命名约定来实现，并使用 spring.jackson.serialization 添加 Jackson 属性前缀。参见代码清单 5-22。

代码清单 5-22　增加一个属性以避免空 Bean 上的序列化错误

```
[...]
spring.jpa.show-sql=true
spring.jackson.serialization.fail_on_empty_beans=false
```

如果你这样做(删掉之前解决方案中的代码)，然后获取尝试列表，就会发现一个有趣的结果。参见代码清单 5-23。

代码清单 5-23　使用 fail_on_empty_beans = false 检索尝试

```
$ http ":8080/attempts?alias=moises"
HTTP/1.1 200
...
[
    {
        "correct": false,
        "factorA": 58,
        "factorB": 92,
        "id": 11,
        "resultAttempt": 5303,
        "user": {
            "alias": "moises",
            "hibernateLazyInitializer": {},
            "id": 1
        }
    },
...
]
```

出现两个非预期的输出。首先，代理对象的属性 hibernateLazyInitializer 被序列化为 JSON，并且为空。它是一个空的 Bean，实际上就是前面出现的错误的根源。可以通过一些 Jackson 配置忽略该字段来避免这个问题。但真正的问题是用户的数据也在其中。序列器通过遍历代理获取用户数据，并触发了 Hibernate 的额外查询来获取数据，这样惰性参数配置就失效了。在日志中也可得到验证，因为对比之前方案多了额外的查询。参见代码清单 5-24。

代码清单 5-24　使用次优配置获取尝试列表时出现的无关查询

```
Hibernate: select challengea0_.id as id1_0_, challengea0_.correct as correct2_0_,
challengea0_.factora as factora3_0_, challengea0_.factorb as factorb4_0_,
challengea0_.result_attempt as result_a5_0_, challengea0_.user_id as user_id6_0_
from challenge_attempt challengea0_ left outer join user user1_ on challengea0_.
user_id=user1_.id where user1_.alias=? order by challengea0_.id desc limit ?
Hibernate: select user0_.id as id1_1_0_, user0_.alias as alias2_1_0_ from user
user0_ where user0_.id=?
```

我们选择继续采用第一种方式，即使用 Jackson 的 Hibernate 模块，因为这是使用 JSON 序列化来处理延迟获取的正确方法。

对这两种情况进行分析得出的结论是，由于 Spring Boot 背后存在这么多隐藏行为，在没有真正理解其含义的情况下，应该避免寻求快速的解决方案。了解这些工具并阅读参考文档。

5.7.3　用户界面

这个迭代的最后一步是将新功能集成到 React 前端以显示最近的尝试。与上一章一样，如果你不想深入了解 UI 的详细信息，则可以跳过本节。

现在继续在基本的用户界面上添加一个列表，用于显示用户最近的几次尝试。由于此时已获得用户的别名，因此可在发送新尝试后发起此请求。

但在此之前，先替换预定义的 CSS 以确保所有内容都能适配页面。

首先移动 ChallengeComponent，使其不需要任何封装即可直接呈现，请参见代码清单 5-25 中生成的 App.js 文件。

代码清单 5-25　向上移动组件后的 App.js 文件

```javascript
import React from 'react';
import './App.css';
import ChallengeComponent from './components/ChallengeComponent';

function App() {
    return <ChallengeComponent/>;
}
```

```
export default App;
```

然后删除所有预定义的 CSS 使其满足我们的需求。可将这些基本样式分别添加到 index.css 和 App.css 文件中。参见代码清单 5-26 和代码清单 5-27。

代码清单 5-26 修改后的 index.css 文件

```
body {
    font-family: 'Segoe UI', Roboto, Arial, sans-serif;
}
```

代码清单 5-27 修改后的 app.css 文件

```
.display-column {
  display: flex;
  flex-direction: column;
  align-items: center;
}
.challenge {
  font-size: 4em;
}

th {
  padding-right: 0.5em;
  border-bottom: solid 1px;
}
```

我们将把 display-column 应用于主 HTML 容器，以垂直摆放组件，并使它们与中心对齐。challenge 样式用于乘法运算，我们还自定义了表头样式使其具有内边距和底部边框。

为新表腾出空间后，必须使用 JavaScript 扩展 ApiClient 来检索尝试。像以前一样，我们使用 fetch 及其默认的 GET 动词，并构建 URL 以便将用户的别名作为查询参数包含在内。参见代码清单 5-28。

代码清单 5-28 使用获取尝试的方法更新 ApiClient 类

```
class ApiClient {

    static SERVER_URL = 'http://localhost:8080';
    static GET_CHALLENGE = '/challenges/random';
    static POST_RESULT = '/attempts';
    static GET_ATTEMPTS_BY_ALIAS = '/attempts?alias=';

    static challenge(): Promise<Response> {
        return fetch(ApiClient.SERVER_URL + ApiClient.GET_CHALLENGE);
```

```
        }

    static sendGuess(user: string,
                     a: number,
                     b: number,
                     guess: number): Promise<Response> {
        // ...
    }

    static getAttempts(userAlias: string): Promise<Response> {
        return fetch(ApiClient.SERVER_URL +
            ApiClient.GET_ATTEMPTS_BY_ALIAS + userAlias);
    }
}

export default ApiClient;
```

下一个任务是为该尝试列表创建一个新的 React 组件。这样，可使前端保持模块化。这个新组件不需要有状态，因为我们将使用父组件进行最后的尝试。

我们使用一个简单的 HTML table 来呈现通过 props 传递的对象。作为 UI 层面的一个很好的补充，如果结果不正确，将显示挑战的正确结果。此外，还将有一个条件 style 属性，该属性会根据尝试是否正确使文本显示为绿色或红色。参见代码清单 5-29。

代码清单 5-29　React 中新的 LastAttemptsComponent

```
import * as React from 'react';

class LastAttemptsComponent extends React.Component {

    render() {
        return (
            <table>
                <thead>
                <tr>
                    <th>Challenge</th>
                    <th>Your guess</th>
                    <th>Correct</th>
                </tr>
                </thead>
                <tbody>
                {this.props.lastAttempts.map(a =>
                    <tr key={a.id}
                        style={{ color: a.correct ? 'green' : 'red' }}>
                        <td>{a.factorA} x {a.factorB}</td>
                        <td>{a.resultAttempt}</td>
                        <td>{a.correct ? "Correct" :
                            ("Incorrect (" + a.factorA * a.factorB + ")")}</td>
```

```
                </tr>
            )}
            </tbody>
        </table>
        );
    }
}
export default LastAttemptsComponent;
```

如代码所示，在渲染 React 组件时，我们可以使用 map 来轻松地遍历数组。数组的每个元素都应该使用一个 key 属性来帮助框架识别不断变化的元素。有关使用唯一的 key 来渲染列表的详细信息，请参阅 http://tpd.io/react-keys。

现在，我们需要将所有内容放到现有的 ChallengeComponent 类中。代码清单 5-30 显示了添加一些修改后的代码。

- 一个新函数使用 ApicClient 获取最后一次尝试，检查 HTTP 响应是否正常，并将数组存储在 state 对象中。
- 收到发送新尝试的请求的响应后，立即调用这个新函数。
- 显示父组件的 render()函数中的 HTML 标记。
- 作为一项改进，还将刷新挑战的逻辑(之前包含在 componentDidMount 中)提取到一个新函数 refreshChallenge 中。用户发送挑战尝试后，为他们创建一个新挑战。

代码清单 5-30　更新后的 ChallengeComponent 包括 LastAttemptsComponent

```
import * as React from "react";
import ApiClient from "../services/ApiClient";
import LastAttemptsComponent from './LastAttemptsComponent';

class ChallengeComponent extends React.Component {
    constructor(props) {
        super(props);
        this.state = {
            a: '', b: '',
            user: '',
            message: '',
            guess: 0,
            lastAttempts: [],
        };
        this.handleSubmitResult = this.handleSubmitResult.bind(this);
        this.handleChange = this.handleChange.bind(this);
    }

    // ...

    handleSubmitResult(event) {
        event.preventDefault();
```

```
    ApiClient.sendGuess(this.state.user,
        this.state.a, this.state.b,
        this.state.guess)
    .then(res => {
        if (res.ok) {
            res.json().then(json => {
                if (json.correct) {
                    this.updateMessage("Congratulations! Your guess is
                    correct");
                } else {
                    this.updateMessage("Oops! Your guess " + json.
                    resultAttempt +
                    " is wrong, but keep playing!");
                }
                this.updateLastAttempts(this.state.user); // NEW!
                this.refreshChallenge(); // NEW!
            });
        } else {
            this.updateMessage("Error: server error or not available");
        }
    });
}

// ...

updateLastAttempts(userAlias: string) {
    ApiClient.getAttempts(userAlias).then(res => {
        if (res.ok) {
            let attempts: Attempt[] = [];
            res.json().then(data => {
                data.forEach(item => {
                    attempts.push(item);
                });
                this.setState({
                    lastAttempts: attempts
                });
            })
        }
    })
}

render() {
    return (
        <div className="display-column">
            <div>
                <h3>Your new challenge is</h3>
                <div className="challenge">
```

```
                        {this.state.a} x {this.state.b}
                    </div>
                </div>
                <form onSubmit={this.handleSubmitResult}>
                {/* ... */}
                </form>
                <h4>{this.state.message}</h4>
                {this.state.lastAttempts.length > 0 &&
                    <LastAttemptsComponent lastAttempts={this.state.
                    lastAttempts}/>
                }
            </div>
        );
    }
}

export default ChallengeComponent;
```

在 React 中，如果只将属性传递给 setState 方法，则可更新部分状态，然后该方法会合并内容。将新属性 lastAttempts 添加到 state 中，并使用后端返回的数组内容对其进行更新。假设数组的项是 JSON 对象，就可在纯 JavaScript 中通过属性名称访问它的属性。

此代码中还使用了一些新内容：使用&&运算符进行条件渲染。仅当左侧的条件为 true 时，React 才会渲染右侧的内容。有关执行此操作的不同方法，请参见 http://tpd.io/react-inline-if。添加到 component 标签的 lastAttempts HTML 属性通过 props 对象传递给子组件。

另外使用了新样式 display-column 和 challenge。在 React 中使用 className 属性，该属性将映射到标准 HTML 类。

5.8　体验新功能

将新的数据层和所有其他层的逻辑添加到 UI 后，就可使用完整的应用程序了。无论是使用 IDE 还是使用两个不同的终端窗口，都使用代码清单 5-31 中所示的命令来运行后端和前端。

代码清单 5-31　分别启动后端和前端的命令

```
/multiplication $ mvnw spring-boot:run
...
/challenges-frontend $ npm start
...
```

然后导航到 http://localhost:3000 访问在开发模式下运行的 React 前端。由于新组件的渲染是有条件限制的，现在我们还看不到表格。让我们参与一些挑战，分析一下如何使用尝试数据填充表格。你应该看到类似于图 5-8 的内容。

图 5-8　添加 Last Attempts 功能后的应用

太好了，我们成功了！前端不是最美观的，但看到我们的新功能正常上线运行还是很棒的。Challenge 组件执行对后端的请求，并渲染子组件 Last Atterpmts 的表格。

如果你对后台数据感到好奇，也可导航到后端的 H2 控制台来访问表中的数据。请记住，控制台位于 http://localhost:8080/h2-console。你会看到存储用户和尝试的表以及表中的数据。这个基本的控制台支持查询甚至编辑数据。例如，可单击 CHALLENGE_ATTEMPT 的表名，此后右侧面板中会生成一个 SQL 查询。你可单击 Run 按钮来查询数据。请参见图 5-9。

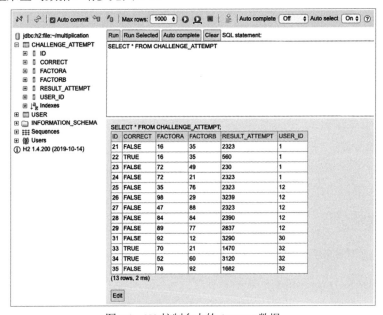

图 5-9　H2 控制台中的 Attempt 数据

5.9 本章小结

在本章中，我们学习了如何持久化建模数据，并使用对象关系映射将域对象转换为数据库记录。在整个过程中，介绍了 Hibernate 和 JPA 的一些基础知识。图 5-10 显示了应用程序的当前状态。

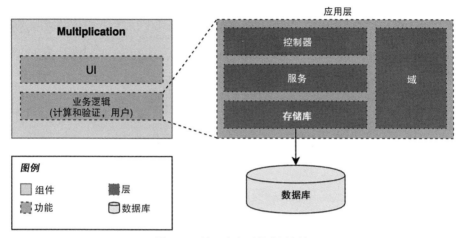

图 5-10　第 5 章之后的应用程序

基于挑战和尝试之间的多对一的使用案例，我们学习了如何使用 JPA 注解来映射 Java 类以及简单的关联。另外，我们使用 Spring Data 存储库获得了许多现成的功能。利用查询方法，可高效地使用一些方法的命名约定来编写简单查询。

第二个用户故事完成了。我们遍历了服务和控制器层，并在其中添加了新功能。我们还在用户界面中加入了一个新组件，用于可视化 Web 应用程序的最后一次尝试。

我们完成了本书的第一部分。到目前为止，已经详细了解了小型 Web 应用程序的工作方式。我们花时间了解 Spring Boot 的核心概念和不同层的一些特定模块，如 Spring Data 和 Spring Web。我们甚至构建了一个小的 React 前端。

现在是时候开始构建微服务了。

学习成果：

- 通过引入存储库类和数据库，全面了解了三层体系结构的工作原理。
- 了解了如何对数据建模，同时考虑了数据查询的需求和适当的域隔离。
- 了解了 SQL 和 NoSQL 之间的主要区别以及可用于将来决策的标准。
- 了解了 JPA 及其与 Hibernate、Spring Data 和 Spring Boot 的集成。
- 使用 JPA 注解和 Spring Data 存储库，通过查询方法和定义查询，为应用程序开发了一个真正的持久层。
- 从头至尾将新的尝试历史记录功能集成到前端，从而改进了实际案例。

第6章

从微服务开始

本章的一开始，我们会稍稍暂停实践练习。花点时间去分析到目前为止我们构建应用程序的过程，以及未来使用微服务的影响，这非常重要。

首先，会看到从一个单体应用程序开始学习的优势。

然后，将描述新的需求，其中包括对基本游戏化技术的简短总结。之后，将分析当迁移至微服务时需要考虑的因素，以及做出该决定时需要考虑的利弊。

本章的第二部分又回到实践。我们将使用前几章中学习的设计模式来构建新的微服务，并将其作为第一个微服务连接到现有的应用程序。由于使用了新的分布式系统，我们将面临一些新挑战，后续将对其进行分析。

6.1 小型单体系统

上一章以一个部署单元结束，该单元包含所有必需的功能(甚至包括前端)。尽管我们已经确定了两个域：challenges 和 users，但依旧选择了单一应用程序策略。域对象之间互相关联，但它们松散耦合。但是，我们决定从一开始就不将它们分割成多个应用程序或微服务。

可将 Multiplication 应用程序视为一个小的整体。

6.2 为什么选择小型单体系统

与微服务相比，从单一的代码源开始，简化了开发过程，因此我们减少了部署产品的首个版本所需的时间。此外，在项目生命周期的开始阶段，它使得架构和软件设计更易于改变，因为在我们的想法得到验证后，对其进行适配至关重要。

如果你尚未在使用微服务的组织中工作,可能会低估在软件项目中引入微服务的技术复杂性。理想情况下,当读完本书,你会有一个更清晰的概念。接下来的几章将重点介绍当迁移至微服务时,应该采用的不同范式与技术需求;正如你所看到的,它们并不容易实现。

6.2.1 微服务与生俱来的问题

作为一个我们遵循的方法的替代方案,我们可从一开始就选择微服务架构,将Users 和 Challenges 分成两个独立的应用程序。

直接从拆分开始的原因是,组织中可能有多个团队可以并行工作,且互不干扰。从一开始,可利用微服务映射到团队的优势。在本例中,虽然只有两个域,但仍可假设已经确定了十个不同的有界上下文。理论上,我们可以利用大型组织的力量,从而更早地完成项目。

还可以使用分割微服务的方法来完成目标架构。这个计划通常被称为反向康威。康威定律(见 https://tpd.io/conway)指出,系统设计类似于构建它的组织结构。因此,我们尝试利用这个预测,改变组织结构,使其与我们想要实现的软件架构相似,这完全说得通。我们起草了完整的软件架构,确定了域,并将它们分配到各个团队中。

能够并行工作并实现目标架构,看起来具有巨大优势。然而,过早地拆分为微服务背后有两个问题。第一个问题是,当我们以敏捷方法开发软件时,通常无法花费数周时间以提前设计完整的系统。在尝试确认松散耦合的域时,就会犯错。而且,等到我们意识到存在缺陷时,一切都为时已晚。尤其是当组织没有足够的灵活性来应对这些变化时,很难克服多个团队同时基于错误划分的域进行开发的惯性。这种情况下,反向康威和早期的切分与我们的目标背道而驰。我们将创建一个能反映初始架构但可能不再符合我们想法的软件系统。请访问以下网址 https://tpd.io/reverse-conway,我将在此给出与该主题相关的更多看法。

直接从微服务开始的第二个大问题是,它通常意味着没有将系统进行垂直分片。从上一章开始,我们描述了为什么尽快交付软件是一个好主意,以便可以获得反馈。然后解释了如何构建应用程序层的小部分以交付价值,而不是逐个设计和实现完整的层。如果从一开始就使用多个微服务,将横向扩展。微服务架构总会引入技术复杂性。它们更难设置、部署、协调和测试;会使我们花费更多时间来开发一个最小可行性产品,并可能产生技术影响。在最坏的情况下,可能根据错误的假设进行软件设计,因此在得到用户反馈后,它们将会被淘汰。

6.2.2 小型单体系统适用于小团队

如果能在一开始就让团队保持小规模,那么小型单体系统将是一个很好的计划。

我们可专注于针对域的定义与实验。当拥有了通过验证的产品创意和更清晰的软件架构后，可逐渐让更多的人加入团队，并开始考虑拆分代码库和整合新的团队。然后根据需求，可使用微服务或选择另一种方式，如模块化系统(稍后将详细介绍这两个选项)。

但是，有时我们无法避免与一个大团队一起开始一个项目。这由组织决定。我们很难让负责人相信这不是一个好主意。如果是这样，小型单体系统很快会变成大型单体系统，而且使用意大利面条式的代码库，以后可能很难将其模块化。此外，很难在一段时间内只关注一个垂直层面，因为会导致很多人无所事事。在这种组织约束下，小团队理念的小型单体系统架构无法很好地发挥作用。我们需要进行一些拆解。这种情况下，必须付出额外努力，不仅要定义有界的上下文，还要定义未来这些模块之间的通信接口。每当设计跨越多个模块或微服务的功能时，都要确保让相应的团队参与，以定义这些模块将产生和使用什么类型的输入/输出。协议定义得越清晰详细，团队就越独立。在敏捷环境中，这也意味着功能的交付时间可能比刚开始时预期的要晚，因为团队不仅需要定义这些协议，还需要定义许多通用的技术基础。

6.2.3　拥抱重构

另一种情况是，当组织不接受代码更改时，小型单体系统似乎会困难重重。如前所述，我们从一个小块开始以验证产品创意并获得反馈。然后，在某个时间点上，会看到将整体拆分为微服务的必要性。这种拆分同时具有组织和技术优势，稍后将详细介绍。在项目的开始阶段，技术人员和项目经理应根据功能与技术需求，讨论并决定进行拆分的好时机。

然而，有时我们作为开发人员认为这一时刻永远不会到来：如果从一个整体开始，我们就永远被束缚在一起。我们担心项目的路线图永远不会暂停来计划和完成微服务所需的重构。考虑到这一点，技术人员可能从一开始就尝试推动组织使用微服务。这是一个糟糕的想法，因为这会让那些认为这种技术复杂性毫无必要地拖延了项目进度的人感到沮丧。与其将推行微服务架构作为唯一的选择，不如加强与业务利益相关者和项目经理的沟通，以制定一个良好的计划。

6.3　规划未来拆分的小型单体应用程序

当你选择开发一个小型单体系统时，可以遵循一些良好的实践，以便稍后轻松地将其拆分。

- **在根包下，根据域上下文拆分代码**：这就是在应用程序中处理 challenge 和 user 根包所做的操作。然后，如果你一开始需要处理许多类，可为分层(例如 controller、repository、domain 和 service)创建子包，以确保层隔离。确保遵循类可见性的良好实践(例如接口是公共的，但实现是包私有的)。使用这种结构的主要优点是，可以防止跨域访问业务逻辑，这样如果以后需要的话，可以通过少量重构将一个完整的根包作为微服务提取出来。
- **充分利用依赖项注入**：将代码基于接口，让 Spring 完成注入工作。使用此模式进行重构要容易得多。例如，你可更改一个实现，调用其他微服务来代替本地类，并且不会影响其他逻辑。
- **一旦确定了上下文(如 challenge 和 user)，在应用程序中提供一个一致的名称**：在设计的初始阶段，为了确保每个人都能理解不同域的边界，正确的命名概念至关重要。
- **在设计阶段，直到边界清晰之前，不要害怕到处移动类(使用小型单体更容易)**：在那之后，尊重边界。永远不要因为你可以走捷径，就采取跨上下文使用业务逻辑的方法。时刻记住，小型单体应该做好进化的准备。
- **找到公共模式，并确定哪些可以在稍后提取为公共库**：例如将它们移到不同的根包。
- **使用同行评审来确保架构设计合理，并能促进知识转移**：最好作为一个小组来完成这项工作，而不是遵循自上而下的方法(即所有设计都由一个人完成)。
- **与项目经理和/或业务代表沟通清楚，以便规划后续拆分时间**：解释战略并创建文化。重构将是必要的，并且没有什么不妥。

至少在第一次发布之前，尝试保留一个小型单体系统。不必害怕，它将给你带来一些好处。

- 在早期阶段，快速地开发可以更快获得产品的反馈。
- 可轻松更改域的边界。
- 大家习惯了相同的技术准则。这有助于未来实现一致性。
- 可识别出公共的跨域功能，并将其共享为库(或准则)。
- 团队将了解整个系统的全貌。然后这些人可加入其他团队，并带去有用的知识。

6.4　新需求和游戏化

假设我们发布了应用程序并将其连接到分析引擎。由于上一个功能可以显示历史记录，因此每天都有被吸引来的新用户和回头的老用户。然而，我们从指标中看到，一周后，用户倾向于放弃用新挑战来训练大脑的常规做法。

因此，我们基于数据做出决策，尝试改善这些指标。这个简单过程被称为数据驱动的决策(DDDM)，对各种类型的项目都很重要。我们使用数据来选择下一步操作，而不是基于直觉或仅基于观察。如果你对 DDDM 感兴趣，可在互联网上找到许多文章和课程。位于 https://tpd.io/dddm 的文章会是很好的入门材料。

在本例中，我们计划将一些游戏机制引入应用程序中，以提高用户参与度。注意，为了使本书专注于技术主题，我们将把游戏化简化为积分、徽章和排行榜。如果你对这个领域感兴趣，*Reality Is Broken* 和 *For the Win* 这两本书会引领你快速入门。在介绍游戏化以及如何将其应用到应用程序之前，让我们介绍一下新的用户故事。

用户故事 3

作为用户，我希望能保持每天进行挑战的动力，这样能使我不断地锻炼自己的大脑，并随着时间的推移不断进步。

游戏化：积分、徽章和排行榜

游戏化是一个设计过程，在这个过程中，可将游戏中使用的技术应用到另一个非游戏领域。之所以这样做，是因为你希望从游戏中获得一些众所周知的好处，比如激发玩家的积极性，与进程、应用或者你正在游戏化的任何东西进行交互。

把其他东西做成游戏的一个基本思路是引入积分：每当你完成一个操作，且做得很好时，就会得到一些积分。甚至如果表现不佳，也可以得到积分，但这应该是一个公平的机制：如果做得更好，将获得更多积分。赢得积分让玩家感觉自己在进步，并得到反馈。

排行榜上的积分对于所有人都可见，因此通过激发玩家的竞争情绪来激励玩家。我们希望比高于我们排名的人得到更多分数，且排名更高。如果和朋友一起玩，这会更有趣。

最后不得不提的是获得地位的虚拟象征——徽章。我们都喜欢徽章，因为徽章不仅代表分数，还可表达不同的意义：你可以与其他玩家获得相同的积分(例如，五个正确答案)，但以不同的方式(例如，一分钟内五个！)获胜。

某些不是游戏的应用程序很好地运用了这些元素。以 StackOverflow 为例。它充满了鼓励人们积极参与的游戏元素。

我们要做的是为用户提交的每一个正确答案分配积分。为简单起见，只有在玩家发送的答案正确时，才分配积分。每次将分配 10 分。

页面上将显示一个最高积分的排行榜，因此玩家可在排行榜中找到自己，并与他人竞争。

还将创建一些基本徽章：铜牌(答对 10 次)、银牌(答对 25 次)和金牌(答对 50 次)。因为第一次答对也需要一个好的反馈信息，我们将推出一个"第一次正确！"徽章。另外，为引入惊喜元素，将推出一个玩家只有在解出以数字 42 为乘数因子的乘法运算后才能获得的徽章。

有了这些基础，相信玩家会受到激励，回到应用程序中继续玩，与其他玩家竞争。

6.5　转向微服务

在新需求中，我们可在小型单体系统中实现所有功能。实际上，如果这是一个只有一名开发人员的项目，并且其目标不是为了教学，那么最好创建一个名为 gamification 的新根包，并在同一可部署单元中开始对类进行编码。

现在将自己置于另一种场景中。想象一下，我们找到了其他可以帮助实现业务目标的新功能。其中一些改进可能是以下内容：

- 基于用户的统计数据调整挑战的复杂度。
- 增加提示。
- 支持用户登录以替代使用别名。
- 询问一些用户的个人信息，以收集更恰当的数据。

这些改进将影响现有的 Challenges 和 Users 域。此外，由于第一个版本运行得非常好，可以想象我们也获得了一些资本投资。我们的团队得以成长。应用程序的开发不再需要按顺序进行。在 Gamification 域上工作的同时，还可利用其他功能改进已有的域。

假设投资人也提出了一些条件，现在我们希望每月活跃用户增长至 100 000 个。我们需要设计架构来应对这个问题。我们很快就会意识到，计划构建的新游戏化组件并不像主要功能(解决挑战)那样重要。如果游戏化的功能在短时间内不可使用，只要用户仍然可以解决挑战，那我们就没问题。

根据我们分析，可得出以下结论：

(1) Users 和 Challenges 域在应用程序中至关重要。应该致力于保持它们的高可用性。水平可扩展性非常适用于以下场景：部署第一个应用程序的多个实例，并使用负载均衡；如果其中一个实例出现异常，则转移流量。此外，多个服务副本使我们有更多容量来支持许多并发用户。

(2) 新的 Gamification 域在可用性方面有不同的要求。我们不需要以相同的速度扩大该系统的规模。我们可以接受其执行速度比其他域慢，甚至可接受其停工一段时间。

(3) 由于团队不断壮大，我们可以从拥有独立部署的单元中受益。如果保持 Gamification 模块松散耦合并单独发布，那么我们可在有多个团队的组织中工作，且其干扰最小。

考虑到这些非功能性需求(例如可伸缩性、可用性和可扩展性),使用微服务似乎是一个好主意。让我们更详细地介绍这些优势。

6.5.1 独立的工作流程

在前面的章节中,我们已经看到如何遵循 DDD 原理来完成模块化架构。可以将最终产生的有界上下文拆分成不同的代码存储库,这样多个团队可以更独立地处理它们。

然而,如果这些模块是同一可部署单元的一部分,那么团队之间仍然存在一些依赖关系。需要将所有这些模块集成在一起,确保它们能相互配合,并将整个组件部署到生产环境中。如果还有其他基础结构元素在模块(如数据库)之间共享,那么其依赖程度会变得更大。

微服务将模块化提升到一个新水平,因为我们可以独立部署它们。各个团队不仅可以有不同的存储库,而且可以拥有不同的工作流。

在我们的系统中,可在单独的存储库中开发一些 Spring Boot 应用程序。每个应用程序都有自己的嵌入式 Web 服务器,因此可以分别部署它们。这消除了在发布一个大的单体系统时产生的所有问题:测试、打包、相互依赖的数据库更新等。

如果我们再看看维护和支持层面,微服务有助于构建 DevOps 文化,因为每个应用程序都可能拥有其相应的基础架构元素:Web 服务器、数据库、指标、日志等。当使用像 Spring Boot 这类框架时,可将该系统看作一组相互交互的小型应用程序。如果其中一个出现问题,则由负责该微服务的团队解决问题。但对于一个单体来说,这通常很难明确区分。

6.5.2 水平可伸缩性

想要扩展一个单体应用程序时,可选择垂直地使用一个更大的服务器/容器,或者水平地使用更多实例和负载均衡器。水平可伸缩性通常是首选,因为多台小型计算机比一台功能强大的大型计算机便宜。此外,可通过增加和减少实例以更好地应对不同的工作负载模式。

借助微服务,可选择更灵活的策略来实现可伸缩性。在本例中,我们认为 Multiplication 应用程序是系统的关键部分,必须处理大量的并发请求。因此,我们决定部署两个 Multiplication 微服务实例,但只部署一个尚未开发的 Gamification 微服务实例。如果将所有逻辑放在一个地方,我们需要复制 Gamification 的逻辑,即使我们可能不需要这些资源。图 6-1 给出了一个示例。

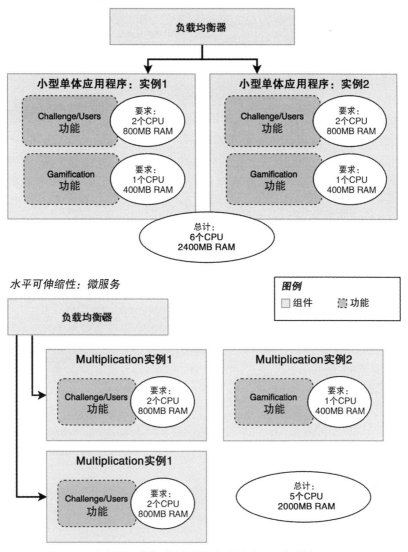

图 6-1　单体系统与微服务中的水平可伸缩性

6.5.3　细粒度的非功能需求

可将水平可伸缩性优势推断到其他非功能性需求。例如我们说过如果新的微服务 Gamification 在短时间内不可使用，情况也没那么糟糕。如果运行的是单体应用程序，整个系统可能会因为 Gamification 模块上的意外情况而崩溃。借助微服务，可选择让系统中完整的部件暂时关闭。我们将在本书后面看到如何实现弹性模式以构建一个更具容错性的后端。

例如，这同样适用于安全性。我们可能需要对管理用户个人数据的微服务进行更严格的访问，但是我们不需要在 Gamification 域中处理这种安全性开销。作为独立的应用程序，微服务带来了更大的灵活性。

6.5.4　其他优势

还有其他一些原因让我们可能想选择微服务架构。

- 多种技术：例如我们可能想分别用 Java 和 Golang 构建一些微服务。然而，这是有代价的，因为使用公共组件和框架或跨团队共享知识并不那么容易。我们可能还想使用不同的数据库引擎，但这种情况在模块化单体中也可能出现。
- 与组织结构保持一致：正如本章前面所述，你可能尝试使用康威定律，并尝试按照组织架构来设计微服务，反之亦然。我们已经讨论了这两者的利弊，但这也取决于你是在项目生命周期的早期还是后期进行直接拆分。
- 更换系统部件的能力：如果微服务给软件架构带来了更多的隔离，那么有理由认为更换它们应该更容易，且不会对其他服务造成太大影响。但在现实生活中，当一些基本准则没有被遵守时，微服务也可能变得紧密耦合。另一方面，可通过良好的模块化系统实现可替换性。因此，我也不认为这是推动变革的决定性因素。

6.5.5　劣势

正如前几节中已经介绍的，微服务架构也有许多缺点，所以它们不是解决单体架构所有可能出现的问题的灵丹妙药。在分析为什么从一个小型单体系统开始是个好主意时，我们讨论了其中的一些劣势。

- 你需要更多时间来交付第一个产品版本：由于微服务架构的复杂性，与单体服务相比，需要更多时间去正确地设置它。
- 跨域移动功能变得更困难：一旦进行了第一次拆分，与单个代码库或部署单元相比，跨微服务合并代码或移动功能需要的工时更长。
- 隐式引入了新范式：鉴于微服务架构使系统变得分散，你将面临异步处理、分布式事务和最终一致性等新挑战。我们将在本章和下一章中详细分析这些新范式。
- 需要学习新范式以使用它：当拥有一个分布式系统时，最好了解如何实现路由、服务发现、分布式跟踪和日志记录等范式。这些范式不容易实现和维护。我们将在第 8 章中介绍它们。

- 你可能需要采用新工具；Spring Cloud、Docker、Message Brokers、Kubernetes 等框架和工具可以帮助你实现微服务架构。在单体架构中你可能不需要它们，这意味着需要额外的维护、设置、潜在的成本和学习所有这些新概念的时间。同样，下一章将帮助你了解这些工具。

- 需要更多资源以运行系统：在项目的开始阶段，当系统流量还不高时，维护基于微服务的系统可能比单体系统要昂贵得多。因为多个空闲服务比单个服务效率低。此外，相关的工具和范式引入了额外开销。只有当你从可伸缩性、容错性和稍后介绍的其他特性中受益时，这些影响才开始变得积极。

- 可能偏离标准和常规做法：转向微服务的原因之一可能是团队之间能实现更大的独立性。但是，如果每个人都开始创建自己的解决方案来解决相同的问题，而不是重用公共范式，那么这也可能产生负面影响。这可能造成时间的浪费，并让人更难理解系统的其他部分。

- 架构更复杂：使用微服务架构解释系统如何工作可能会变得更困难。这意味着新的参与者需要更多时间来了解整个系统的工作方式。有人可能会说，这是不必要的，人们只要了解自己工作的领域就足够了，但最好了解所有部分如何相互作用。

- 你可能会被非必要的新技术分散注意力：一旦带着工具登上微服务的列车，一些人可能会被很酷的新产品和范式所吸引。但是，你可能不需要它们，因此它们只会分散你的注意力。虽然在任何类型的架构中都可能发生这种情况，但在使用微服务时，这种情况发生的频率更高。

你可能还不理解其中的一些观点。不必担心，在本书结束时，你将完全理解它们的含义。对于这些主题，本书采取了求真务实的方式来帮助你了解微服务架构的优势和劣势，以便你将来可做出最佳决策。

6.6　架构概述

比较了现有的备选方案并分析了微服务的优缺点后，我们决定采取行动，创建一个新的 Spring Boot 应用来满足游戏化需求。考虑到我们的假设场景，系统和组织的可伸缩性在此决策中都发挥着重要作用。

现在可将这两个应用称为 "微服务 Multiplication" 和 "微服务 Gamification"。到目前为止，将第一个应用程序称为微服务并没有任何意义，因为它尚未成为微服务架构的一部分。

图 6-2 显示了系统中的不同组件，以及在本章结束时它们将如何连接。

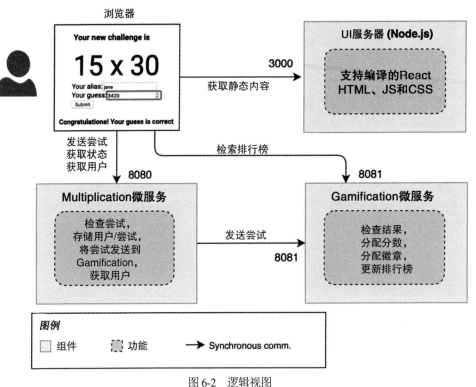

图 6-2　逻辑视图

让我们回顾一下这个设计中新增的功能。

● 将出现一个新的微服务，即 Gamification。为了防止本地端口冲突，我们将其部署在端口 8081 上。

● 微服务 Multiplication 将向微服务 Gamification 发送每一次尝试以处理新积分、徽章和更新排行榜。

● React UI 中将有一个新组件，用于呈现带有分数和徽章的排行榜。如你在图中所见，UI 将同时调用这两个微服务。

以下是有关这个设计的一些注意事项：

● 还可通过一个嵌入式 Web 服务器部署 UI，但最好将 UI 服务器视为不同的部署单元。同样的优点也适用于这里：独立的工作流程、灵活的可扩展性等。

● UI 需要调用两个服务，这可能看起来很奇怪。你可能觉得应当在另外两个服务前面放置一个反向代理进行路由，使 API 客户端感知不到后端的软件架构(详见 https://en.wikipedia.org/wiki/Reverse_proxy)。这实际上是网关模式，本书后面将详细介绍它。现在让我们保持简单。

- 如果你曾看过本书的摘要，那么从微服务 Multiplication 到微服务 Gamification 的同步调用肯定会引起你的注意。这确实不是最佳设计，但让我们保留逐渐演化方法的示例，首先了解为什么它不是最合理的想法。

6.7　设计和实现新服务

在本节中，我们将使用与第一个服务 Multiplication 类似的方式设置和实现服务 Gamification。

6.7.1　界面

通常，在使用模块化系统时，必须注意模块之间的契约。对于微服务，这一点尤为重要，因为作为一个团队，我们希望尽快阐明所有预期的依赖关系。

在本例中，微服务 Gamification 需要公开一个接口以接收新的 Attempt。该服务需要这些数据来计算用户的统计信息。目前，此接口将是 REST API。传递的 JSON 对象可以简单地包含与微服务 Multiplication 存储的 Attempt 相同的字段：Attempt 的数据和 User 的数据。在 Gamification 这一端，我们将只使用需要的数据。

另一方面，UI 需要收集排行榜的详细信息。还将在微服务 Gamification 中创建新的 REST 端点来访问这些数据。

信息

从这里开始，本节将呈现新的微服务 Gamification 的源代码。最好看一看，因为我们将在不同的层中使用一些新的简单功能。无论如何，我们已经在前面了解了主要概念，因此你可以决定走捷径。这也是可能的。如果你不想深入研究微服务 Gamification 的开发，你可以直接跳至"玩转服务"这一节，并使用本章的代码，网址为 https://github.com/book-microservices-v2/chapter06。

6.7.2　Gamification 的 Spring Boot 框架

可再次使用位于 https://start.spring.io/ 的 Spring Initializr 为新的应用程序创建基本框架。这次，已经提前知道需要一些额外的依赖项，因此可在此处直接添加它们：Lombok、Spring Web、Validation、Spring Data JPA 和 H2 数据库。如图 6-3 所示，填写详细信息。

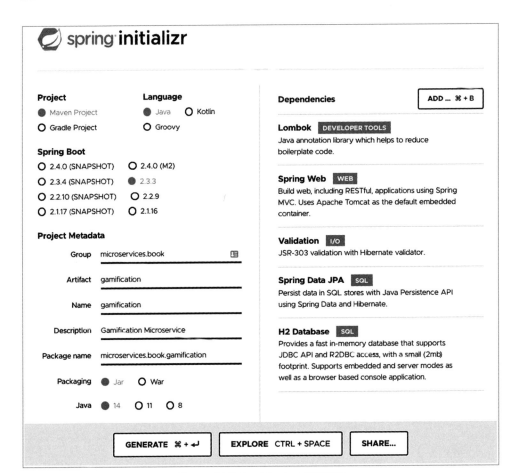

图 6-3　创建 Gamification 应用程序

　　下载压缩文件，并将其解压缩为 Gamification 文件夹，放在现有的 Multiplication 文件夹旁。你可将这个新项目作为一个单独模块添加到同一个工作区中，以便在同一个 IDE 实例中管理所有模块。

6.7.3　域

　　让我们对 Gamification 域进行建模，尽量尊重上下文边界，并与现有功能保持最小耦合。

- 创建一个得分卡(score card)对象，该对象用于保存用户在给定挑战尝试中获得的分数。
- 类似地，创建一个徽章卡(badge card)对象，代表用户在给定时间赢得的特定类型的徽章。它不需要与得分卡捆绑，因为当你超过特定的分数阈值时，就会赢得徽章。

- 为对排行榜建模，创建一个排行榜位置(leaderboard position)。我们将显示这些域对象的有序列表，以向用户展示排名。

在此模型中，现有的域对象与新的域对象之间存在某些关系，如图 6-4 所示。

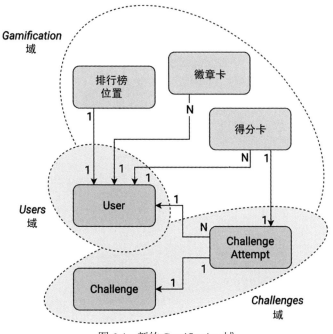

图 6-4　新的 Gamification 域

如你所见，我们仍然保持这些域松散耦合：

- Users 领域依旧保持完全隔离，不保留对任何对象的引用。
- Challenges 域只需要知道 Users。我们不需要将它们的对象链接到游戏化的概念。
- Gamification 域需要引用 Users 和 ChallengeAttempt。我们计划在发送一个 Attempt 后获取该数据，因此将在本地存储一些引用(用户的标识符和尝试)。

域对象可轻松地映射到 Java 类上。还将在该服务中使用 JPA / Hibernate，因此可添加 JPA 注解了。首先，代码清单 6-1 展示了带有一个额外构造函数的 ScoreCard 类，该构造函数将设置一些默认值。

源代码

你可在 Github 上的 chapter06 存储库中找到本章的所有源代码。

详见 https://github.com/Book-Microservices-v2/chapter06。

代码清单 6-1　ScordCard 域/数据类

```java
package microservices.book.gamification.game.domain;

import lombok.*;
import javax.persistence.*;

/**
 * This class represents the Score linked to an attempt in the game,
 * with an associated user and the timestamp in which the score
 * is registered.
 */
@Entity
@Data
@AllArgsConstructor
@NoArgsConstructor
public class ScoreCard {

    // The default score assigned to this card, if not specified.
    public static final int DEFAULT_SCORE = 10;
    @Id
    @GeneratedValue
    private Long cardId;
    private Long userId;
    private Long attemptId;
    @EqualsAndHashCode.Exclude
    private long scoreTimestamp;
    private int score;

    public ScoreCard(final Long userId, final Long attemptId) {
        this(null, userId, attemptId, System.currentTimeMillis(), DEFAULT_SCORE);
    }
}
```

　　这次使用一个新的 Lombok 注解@EqualsAndHashCode.Exclude。顾名思义，这将使 Lombok 在生成的 equals 和 hashCode 方法中剔除该字段。原因在于，比较对象时，这将使测试变得更容易，事实上，我们不需要时间戳来判断两个 ScoreCard 是否相同。

　　在枚举 BadgeType 中定义了不同类型的徽章。我们将添加一个 description 字段，为每个字段指定一个友好名称。详见代码清单 6-2。

代码清单 6-2　BadgeType 枚举类

```java
package microservices.book.gamification.game.domain;

import lombok.Getter;
import lombok.RequiredArgsConstructor;
```

```
/**
 * Enumeration with the different types of Badges that a user can win.
 */
@RequiredArgsConstructor
@Getter
public enum BadgeType {

    // Badges depending on score
    BRONZE("Bronze"),
    SILVER("Silver"),
    GOLD("Gold"),

    // Other badges won for different conditions
    FIRST_WON("First time"),
    LUCKY_NUMBER("Lucky number");

    private final String description;
}
```

如你在前面的代码中看到的，我们在枚举中也受益于 Lombok 的一些注解。在本例中，使用它们生成构造函数并为 description 字段生成 getter 方法。

在 BadgeCard 类中使用 BadgeType，同时它是一个 JPA 实体。详见代码清单 6-3。

代码清单 6-3　BadgeCard 域/数据类

```
package microservices.book.gamification.game.domain;

import lombok.*;
import javax.persistence.*;

@Entity
@Data
@AllArgsConstructor
@NoArgsConstructor
public class BadgeCard {

    @Id
    @GeneratedValue
    private Long badgeId;

    private Long userId;
    @EqualsAndHashCode.Exclude
    private long badgeTimestamp;
    private BadgeType badgeType;
    public BadgeCard(final Long userId, final BadgeType badgeType) {
        this(null, userId, System.currentTimeMillis(), badgeType);
    }
}
```

还添加了一个构造函数来设置一些默认值。请注意，我们不需要向枚举类型添加任何特定的 JPA 注解。默认情况下，Hibernate 会将值映射到枚举的序数值(整数)。如果牢记仅在枚举类的末尾附加新的枚举值，该方法将非常好用，但是我们也可以配置映射对象，以使用字符串值。

为对排行榜位置进行建模，我们创建了 LeadboardRow 类。详见代码清单 6-4。不需要将该对象持久保存在数据库中，因为我们将通过即时聚合用户的分数和徽章来动态地创建它。

代码清单 6-4　LeaderBoardRow 类

```java
package microservices.book.gamification.game.domain;

import lombok.*;
import java.util.List;

@Value
@AllArgsConstructor
public class LeaderBoardRow {

    Long userId;
    Long totalScore;
    @With
    List<String> badges;

    public LeaderBoardRow(final Long userId, final Long totalScore) {
        this.userId = userId;
        this.totalScore = totalScore;
        this.badges = List.of();
    }
}
```

添加到 badges 字段的@With 注解由 Lombok 提供，它将生成一个方法来克隆一个对象，并向副本中添加一个新的字段值(在本例中为 withBadges)。当我们使用不可变的类时，这是一个好习惯，因为它们没有 setter 方法。我们将在合并得分和排行榜中每一行徽章的业务逻辑中使用该方法。

6.7.4　服务

我们将把微服务 Gaimification 的业务逻辑分为两个部分。
- 游戏逻辑，负责处理 Attempt 并生成结果得分和徽章。
- 排行榜逻辑，汇总数据并根据得分构建排名。

游戏逻辑将被归置于 GameServiceImpl 类中，该类实现了 GameService 接口。逻辑很简单：基于一个 Attempt，将计算分数和徽章并存储它们。微服务 Multiplication 可通过一个名为 GameController 的控制器访问该业务逻辑，该控制器将公开一个 POST 端点以接收 Attempt。在持久层上，业务逻辑将要求使用 ScoreRepository 来保存 ScoreCard，并需要一个 BadgeRepository 来保存 BadgeCard。图 6-5 显示了一个 UML 图，其中包含构建游戏逻辑功能需要的所有类。

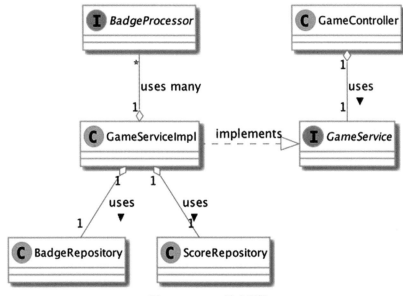

图 6-5　UML：游戏逻辑

可定义 GameService 接口，如代码清单 6-5 所示。

代码清单 6-5　GameService 接口

```java
package microservices.book.gamification.game;

import java.util.List;
import lombok.Value;
import microservices.book.gamification.challenge.ChallengeSolvedDTO;
import microservices.book.gamification.game.domain.BadgeCard;
import microservices.book.gamification.game.domain.BadgeType;
import microservices.book.gamification.game.domain.ScoreCard;

public interface GameService {

    /**
     * Process a new attempt from a given user.
     *
     * @param challenge the challenge data with user details, factors, etc.
     * @return a {@link GameResult} object containing the new score and badge
       cards obtained
     */
```

```
GameResult newAttemptForUser(ChallengeSolvedDTO challenge);

@Value
class GameResult {
    int score;
    List<BadgeType> badges;
}
}
```

处理 Attempt 后的输出是在接口中定义的 **GameResult** 对象。它将从该尝试中获得的分数与用户可能获得的任何新徽章组合在一起。因为是由排行榜逻辑显示结果，也可考虑不返回任何响应。但最好还是返回一个响应，以便我们对其进行测试。

ChallengeSolvedDTO 类定义了微服务 Multiplication 和 Gamification 之间的契约，为保持服务的独立性，我们将在两个项目中都创建它。现在，让我们关注 Gamification 的代码库。详见代码清单 6-6。

代码清单 6-6　ChallengeSolvedDTO 类

```
package microservices.book.gamification.challenge;

import lombok.Value;

@Value
public class ChallengeSolvedDTO {

    long attemptId;
    boolean correct;
    int factorA;
    int factorB;
    long userId;
    String userAlias;
}
```

现在已经定义了域类和服务层的框架，我们可使用 TDD 并使用空的接口实现和 DTO 类为业务逻辑创建一些测试用例。

练习

通过两个测试用例创建 GameServiceTest: 一个正确的尝试和一个错误的尝试。你可以在本章的源代码中找到解决方案。

现在，只关注分数的计算。后面将为徽章单独创建一个接口并测试。

代码清单 6-7 所示为 GameService 接口的有效实现。只有在挑战得到正确解决后，它才会创建一个 ScordCard 对象，并将其存储。为了具有更好的可读性，将采用单独方法来处理徽章。还需要一些存储库方法来保存分数和徽章并检索以前创建的记录。

现在，可假设这些方法都是有效的。稍后的"数据"一节将详细地解释它们。

代码清单 6-7　在 GameServiceImpl 类中实现 GameService 接口

```java
package microservices.book.gamification.game;

import java.util.*;
import java.util.stream.Collectors;
import org.springframework.stereotype.Service;
import lombok.RequiredArgsConstructor;
import lombok.extern.slf4j.Slf4j;
import microservices.book.gamification.challenge.ChallengeSolvedDTO;
import microservices.book.gamification.game.badgeprocessors.BadgeProcessor;
import microservices.book.gamification.game.domain.BadgeCard;
import microservices.book.gamification.game.domain.BadgeType;
import microservices.book.gamification.game.domain.ScoreCard;

@Service
@Slf4j
@RequiredArgsConstructor
class GameServiceImpl implements GameService {
private final ScoreRepository scoreRepository;
private final BadgeRepository badgeRepository;
// Spring injects all the @Component beans in this list
private final List<BadgeProcessor> badgeProcessors;

@Override
public GameResult newAttemptForUser(final ChallengeSolvedDTO challenge) {
    // We give points only if it's correct
    if (challenge.isCorrect()) {
        ScoreCard scoreCard = new ScoreCard(challenge.getUserId(),
                challenge.getAttemptId());
        scoreRepository.save(scoreCard);
        log.info("User {} scored {} points for attempt id {}",
                challenge.getUserAlias(), scoreCard.getScore(),
                challenge.getAttemptId());
        List<BadgeCard> badgeCards = processForBadges(challenge);
        return new GameResult(scoreCard.getScore(),
                badgeCards.stream().map(BadgeCard::getBadgeType)
                    .collect(Collectors.toList()));
    } else {
        log.info("Attempt id {} is not correct. " +
                    "User {} does not get score.",
                challenge.getAttemptId(),
                challenge.getUserAlias());
        return new GameResult(0, List.of());
    }
}
}
```

```java
/**
 * Checks the total score and the different score cards obtained
 * to give new badges in case their conditions are met.
 */
private List<BadgeCard> processForBadges(
        final ChallengeSolvedDTO solvedChallenge) {
    Optional<Integer> optTotalScore = scoreRepository.
        getTotalScoreForUser(solvedChallenge.getUserId());
    if (optTotalScore.isEmpty()) return Collections.emptyList();
    int totalScore = optTotalScore.get();
        // Gets the total score and existing badges for that user
        List<ScoreCard> scoreCardList = scoreRepository
            .findByUserIdOrderByScoreTimestampDesc(solvedChallenge.
            getUserId());
        Set<BadgeType> alreadyGotBadges = badgeRepository
            .findByUserIdOrderByBadgeTimestampDesc(solvedChallenge.
            getUserId())
            .stream()
            .map(BadgeCard::getBadgeType)
            .collect(Collectors.toSet());

        // Calls the badge processors for badges that the user doesn't have yet
        List<BadgeCard> newBadgeCards = badgeProcessors.stream()
            .filter(bp -> !alreadyGotBadges.contains(bp.badgeType()))
            .map(bp -> bp.processForOptionalBadge(totalScore,
                scoreCardList, solvedChallenge)
            ).flatMap(Optional::stream) // returns an empty stream if empty
            // maps the optionals if present to new BadgeCards
            .map(badgeType ->
                new BadgeCard(solvedChallenge.getUserId(), badgeType)
            )
            .collect(Collectors.toList());

        badgeRepository.saveAll(newBadgeCards);

        return newBadgeCards;
    }
}
```

从这个实现中，可得出结论：BadgeProcessor 接口负责接收一些上下文数据和已解决的尝试，并决定是否分配给定类型的徽章。代码清单 6-8 展示了该接口的源代码。

代码清单 6-8　BadgeProcessor 接口

```java
package microservices.book.gamification.game.badgeprocessors;

import java.util.List;
import java.util.Optional;
```

```java
import microservices.book.gamification.challenge.ChallengeSolvedDTO;
import microservices.book.gamification.game.domain.BadgeType;
import microservices.book.gamification.game.domain.ScoreCard;

public interface BadgeProcessor {

    /**
     * Processes some or all of the passed parameters and decides if the user
     * is entitled to a badge.
     *
     * @return a BadgeType if the user is entitled to this badge, otherwise empty
     */
    Optional<BadgeType> processForOptionalBadge(
            int currentScore,
            List<ScoreCard> scoreCardList,
            ChallengeSolvedDTO solved);
    /**
     * @return the BadgeType object that this processor is handling. You can use
     * it to filter processors according to your needs.
     */
    BadgeType badgeType();

}
```

由于我们使用带有 BadgeProcessor 列表对象的构造函数注入 GameServiceImpl 中，因此 Spring 将查找实现此接口的所有 Bean 并传递给我们。这是一种灵活且不干扰其他已有逻辑的扩展方式。只需要添加新的 BadgeProcessor 实现，并使用@Component 进行注解，即可将它们加载到 Spring 上下文中。

我们需要满足的功能需求有五个徽章，代码清单 6-9 和代码清单 6-10 展示了其中的两个，分别为 BronzeBadgeProcessor 和 FirstWonBadgeProcessor。

代码清单 6-9　BronzeBadgeProcessor 的实现

```java
package microservices.book.gamification.game.badgeprocessors;

import microservices.book.gamification.challenge.ChallengeSolvedDTO;
import microservices.book.gamification.game.domain.BadgeType;
import microservices.book.gamification.game.domain.ScoreCard;
import org.springframework.stereotype.Component;
import java.util.List;
import java.util.Optional;

@Component
class BronzeBadgeProcessor implements BadgeProcessor {

    @Override
    public Optional<BadgeType> processForOptionalBadge(
```

```
                    int currentScore,
                    List<ScoreCard> scoreCardList,
                    ChallengeSolvedDTO solved) {
            return currentScore > 50 ?
                    Optional.of(BadgeType.BRONZE) :
                    Optional.empty();
        }

        @Override
        public BadgeType badgeType() {
            return BadgeType.BRONZE;
        }
    }
```

代码清单6-10　FirstWonBadgeProcessor 实现

```java
package microservices.book.gamification.game.badgeprocessors;

import microservices.book.gamification.challenge.ChallengeSolvedDTO;
import microservices.book.gamification.game.domain.BadgeType;
import microservices.book.gamification.game.domain.ScoreCard;
import org.springframework.stereotype.Component;
import java.util.List;
import java.util.Optional;

@Component
class FirstWonBadgeProcessor implements BadgeProcessor {

    @Override
    public Optional<BadgeType> processForOptionalBadge(
            int currentScore,
            List<ScoreCard> scoreCardList,
            ChallengeSolvedDTO solved) {
        return scoreCardList.size() == 1 ?
            Optional.of(BadgeType.FIRST_WON) : Optional.empty();
    }

    @Override
    public BadgeType badgeType() {
        return BadgeType.FIRST_WON;
    }
}
```

练习

实现其他三个徽章的处理程序和所有的单元测试，以验证它们是否按预期工作。如果需要帮助，可以查阅本章的源代码。

(1) 银色徽章，当分数超过 150 时，可获得。

(2) 金牌，当分数超过 400 时，可获得。

(3) "幸运数字" 徽章。当挑战的任一乘数是 42 且用户提交的尝试正确时，可获得。

一旦完成业务逻辑的第一部分，就可转到第二部分：排行榜功能。图 6-6 展示了我们将在本章中实现的用于构建排行榜的三层 UML 图。

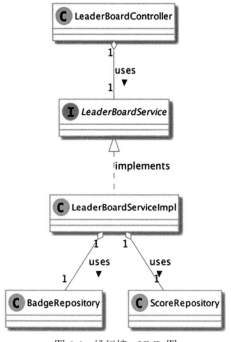

图 6-6　排行榜、UML 图

LeaderBoardService 接口只有一个方法，返回 LeaderBoardRow 对象的排序列表。详见代码清单 6-11。

代码清单 6-11　LeaderBoardService 接口

```
package microservices.book.gamification.game;

import java.util.List;
import microservices.book.gamification.game.domain.LeaderBoardRow;

public interface LeaderBoardService {
    /**
     * @return the current leader board ranked from high to low score
     */
    List<LeaderBoardRow> getCurrentLeaderBoard();
}
```

练习

创建 LeaderBoardServiceImplTest 测试类来验证该实现类是否实现以下逻辑：查询 ScoreCardRepository 找到得分最高的用户，接着查询 BadgeCardRepository 将他们的分数与徽章合并。和前面一样，repository 类尚未实现，但是你可以创建一些虚拟方法(dummy methods)并模拟它们进行测试。

如果我们能汇总分数，并对数据库中的结果进行排序，那么排行榜服务的实现可以一直保持简单。我们将在下一节中看到如何实现。现在，假设从 ScoreRepository(findFirst10 方法)获得分数的排名。然后，查询数据库，以检索排名中包括的用户的徽章。详见代码清单 6-12。

代码清单 6-12　LeaderBoardService 的实现

```java
package microservices.book.gamification.game;

import java.util.List;
import java.util.stream.Collectors;
import org.springframework.stereotype.Service;
import lombok.RequiredArgsConstructor;
import microservices.book.gamification.game.domain.LeaderBoardRow;

@Service
@RequiredArgsConstructor
class LeaderBoardServiceImpl implements LeaderBoardService {

    private final ScoreRepository scoreRepository;
    private final BadgeRepository badgeRepository;
    @Override
    public List<LeaderBoardRow> getCurrentLeaderBoard() {
        // Get score only
        List<LeaderBoardRow> scoreOnly = scoreRepository.findFirst10();
        // Combine with badges
        return scoreOnly.stream().map(row -> {
            List<String> badges =
                    badgeRepository.findByUserIdOrderByBadgeTimestampDesc(
                        row.getUserId()).stream()
                        .map(b -> b.getBadgeType().getDescription())
                        .collect(Collectors.toList());
            return row.withBadges(badges);
        }).collect(Collectors.toList());
    }
}
```

注意，我们使用了 withBadges 方法来复制带有新值的不可变对象。第一次生成排行榜时，所有行都有一个空的徽章列表。当我们收集徽章时，可通过 stream 的 map 方法，用对应的徽章列表副本替换每个对象。

6.7.5　数据

在业务逻辑层中，对 ScoreRepository 和 BadgeRepository 方法做了一些假设。是时候建立这些存储库了。

请记住，只要对 Spring Data 的 CrudRepository 类进行扩展，就可以获得基本的 CRUD 功能，这样便可轻松地保存徽章和计分卡。对于其他查询，我们将同时使用查询方法和 JPQL。

BadgeRepository 接口定义了一种查询方法，用于查找给定用户的徽章，且徽章按日期排序，最新获得的徽章排在最前面。详见代码清单 6-13。

代码清单 6-13　带有查询方法的 BadgeRepository 接口

```java
package microservices.book.gamification.game;

import microservices.book.gamification.game.domain.BadgeCard;
import microservices.book.gamification.game.domain.BadgeType;
import org.springframework.data.repository.CrudRepository;
import java.util.List;
/**
 * Handles data operations with BadgeCards
 */
public interface BadgeRepository extends CrudRepository<BadgeCard, Long> {
    /**
     * Retrieves all BadgeCards for a given user.
     *
     * @param userId the id of the user to look for BadgeCards
     * @return the list of BadgeCards, ordered by most recent first.
     */
    List<BadgeCard> findByUserIdOrderByBadgeTimestampDesc(Long userId);
}
```

针对 scorecard，我们还需要其他查询类型。到目前为止，已确定了三项需求。

(1) 计算用户的总分。

(2) 获取得分最高的用户列表(按顺序排列)，将其作为 LeaderBoardRow 对象。

(3) 根据用户 ID 读取所有 ScoreCard 记录。

代码清单 6-14 展示了 ScoreRepository 的完整代码。

代码清单 6-14　使用查询方法和 JPQL 查询的 ScoreRepository 接口

```java
package microservices.book.gamification.game;

import java.util.List;
```

```java
import java.util.Optional;
import org.springframework.data.jpa.repository.Query;
import org.springframework.data.repository.CrudRepository;
import org.springframework.data.repository.query.Param;
import microservices.book.gamification.game.domain.LeaderBoardRow;
import microservices.book.gamification.game.domain.ScoreCard;
/**
 * Handles CRUD operations with ScoreCards and other related score queries
 */
public interface ScoreRepository extends CrudRepository<ScoreCard, Long> {
    /**
     * Gets the total score for a given user: the sum of the scores of all
     * their ScoreCards.
     *
     * @param userId the id of the user
     * @return the total score for the user, empty if the user doesn't exist
     */
    @Query("SELECT SUM(s.score) FROM ScoreCard s WHERE s.userId = :userId GROUP BY
    s.userId")
    Optional<Integer> getTotalScoreForUser(@Param("userId") Long userId);

    /**
     * Retrieves a list of {@link LeaderBoardRow}s representing the Leader Board
     * of users and their total score.
     *
     * @return the leader board, sorted by highest score first.
     */
    @Query("SELECT NEW microservices.book.gamification.game.domain.
    LeaderBoardRow(s.userId, SUM(s.score)) " +
            "FROM ScoreCard s " +
            "GROUP BY s.userId ORDER BY SUM(s.score) DESC")
    List<LeaderBoardRow> findFirst10();

    /**
     * Retrieves all the ScoreCards for a given user, identified by his user id.
     *
     * @param userId the id of the user
     * @return a list containing all the ScoreCards for the given user,
     * sorted by most recent.
     */
    List<ScoreCard> findByUserIdOrderByScoreTimestampDesc(final Long userId);
}
```

遗憾的是,Spring Data JPA 的查询方法不支持聚合。但好消息是,JPA 查询语言 JPQL 支持它们,因此可使用标准语法使代码尽可能与数据库无关。可通过以下查询获得给定用户的总分:

```
SELECT SUM(s.score) FROM ScoreCard s WHERE s.userId = :userId GROUP BY s.userId
```

与标准 SQL 一样，GROUP BY 子句指示对哪些字段进行分组。可使用:param 标记对参数进行定义。然后，使用@Param 注解对应的方法参数。也可使用上一章中采用的方法，使用参数占位符，如?1。

第二个查询有点特殊。在 JPQL 中，可以使用 Java 类中提供的构造函数。在示例中，我们所做的是基于总分进行聚合，使用定义的两个参数的构造函数(设置了空徽章列表)构造了 LeaderBoardRow 对象。请记住，在 JPQL 中，必须使用类的全名，如源代码所示。

6.7.6　控制器

在设计 Gamification 域时，我们与 Multiplication 服务做了约定。它会将每个 Attempt 发送到 Gamification 端的 REST 端点。是时候构建该控制器了。详见代码清单 6-15。

代码清单 6-15　GameController 类

```
package microservices.book.gamification.game;

import org.springframework.http.HttpStatus;
import org.springframework.web.bind.annotation.*;
import lombok.RequiredArgsConstructor;
import microservices.book.gamification.challenge.ChallengeSolvedDTO;

@RestController
@RequestMapping("/attempts")
@RequiredArgsConstructor
public class GameController {

private final GameService gameService;

    @PostMapping
    @ResponseStatus(HttpStatus.OK)
    void postResult(@RequestBody ChallengeSolvedDTO dto) {
        gameService.newAttemptForUser(dto);
    }
}
```

在 POST/attempts 上有一个可用的 REST API，它接收一个包含 user 和 challenge 数据的 JSON 对象。这种情况下，我们不需要返回任何内容，因此使用 ResponseStatus 注解，配置 Spring 返回 200 OK 状态代码即可。实际上，当控制器的方法不返回任何值并且正确执行时，这是一个默认行为。无论如何，为了提高可读性，最好显式地添加它。请记住，如果出现错误，例如抛出异常，Spring Boot 的默认错误处理逻辑是截获它，并返回一个带有不同状态代码的错误响应。

还可向 DTO 类添加验证，以确保其他服务不会将无效数据发送到微服务 Gamification，但是现在，让我们保持简单。无论如何，我们将在下一章中变更这个 API。

练习

不要忘记为这一个和下一个控制器添加测试。你可以在本章的源代码中找到这些测试。

第二个控制器用于排行榜功能，公开一个 GET/leaders 方法，该方法返回序列化的一个 JSON 数组，其元素为序列化的 LeaderBoardRow 对象。此数据来自服务层，该服务层使用 BadgeRepository 和 ScoreRepository 来合并用户的分数和徽章。因此，表示层仍然保持简单。详见代码清单 6-16 中的代码。

代码清单 6-16   LeaderBoardController 类

```java
package microservices.book.gamification.game;

import lombok.RequiredArgsConstructor;
import microservices.book.gamification.game.domain.LeaderBoardRow;
import org.springframework.web.bind.annotation.*;
import java.util.List;

/**
 * This class implements a REST API for the Gamification LeaderBoard service.
 */
@RestController
@RequestMapping("/leaders")
@RequiredArgsConstructor
class LeaderBoardController {

    private final LeaderBoardService leaderBoardService;

    @GetMapping
    public List<LeaderBoardRow> getLeaderBoard() {
        return leaderBoardService.getCurrentLeaderBoard();
    }
}
```

6.7.7   配置

我们已经学习了应用程序的三个层：业务逻辑层、数据层和表现层。我们仍然缺少一些在微服务 Multiplication 中定义的 Spring Boot 配置。

首先，在微服务 Gamification 中的 application.properties 文件中添加一些属性。详见代码清单 6-17。

代码清单 6-17　Gamification 应用程序的 application.properties 文件

```
server.port=8081
# Gives us access to the H2 database web console
spring.h2.console.enabled=true
# Creates the database in a file
spring.datasource.url=jdbc:h2:file:~/gamification;DB_CLOSE_ON_EXIT=FALSE
# Creates or updates the schema if needed
spring.jpa.hibernate.ddl-auto=update
# For educational purposes we will show the SQL in console
spring.jpa.show-sql=true
```

唯一新增的是 server.port 属性。我们对其进行更改的原因是，在本地运行时，无法使第二个应用程序也在默认的 8080 端口上运行。还在 datasource URL 中设置了不同的 H2 文件名，为该微服务创建一个名为 gamification 的独立数据库。

此外，我们还需要为该微服务启用 CORS，因为 UI 需要能够访问排行榜 API。如果你不记得 CORS 的作用，请参阅第 4.8 一节。该文件的内容与我们在 Multification 应用程序中添加的内容相同。详见代码清单 6-18。

代码清单 6-18　在 Gamification 应用程序中添加 CORS 配置

```java
package microservices.book.gamification.configuration;

import org.springframework.context.annotation.Configuration;
import org.springframework.web.servlet.config.annotation.CorsRegistry;
import org.springframework.web.servlet.config.annotation.WebMvcConfigurer;

@Configuration
public class WebConfiguration implements WebMvcConfigurer {

    @Override
    public void addCorsMappings(final CorsRegistry registry) {
        registry.addMapping("/**").allowedOrigins("http://localhost:3000");
    }
}
```

如果我们还想使用 Hibernate 的 Jackson 模块，则必须在 Maven 中添加此依赖项。请记住，我们还需要将该模块注入上下文中，以便自动配置进行获取。详见代码清单 6-19 和代码清单 6-20。

代码清单 6-19　在 Gamification 的 pom.xml 文件中添加 Jackson 的 Hibernate 模块

```xml
<dependencies>
<!-- ... -->
    <dependency>
```

```
            <groupId>com.fasterxml.jackson.datatype</groupId>
            <artifactId>jackson-datatype-hibernate5</artifactId>
        </dependency>
    </dependencies>
```

代码清单 6-20　为用于序列化的 JSON 的 Hibernate 模块定义 Bean

```java
package microservices.book.gamification.configuration;

import com.fasterxml.jackson.databind.Module;
import com.fasterxml.jackson.datatype.hibernate5.Hibernate5Module;
import org.springframework.context.annotation.Bean;
import org.springframework.context.annotation.Configuration;
@Configuration
public class JsonConfiguration {

    @Bean
    public Module hibernateModule() {
        return new Hibernate5Module();
    }

}
```

6.7.8　微服务 Multiplication 的变动

我们完成了微服务 Gamification 的第一个版本。现在，通过使 Multiplication 与新的微服务进行通信，以集成这两个微服务。

此前，我们在服务器端创建了一些 REST API。这次，需要构建一个 REST API 客户端。Spring Web 模块为此提供了一个工具：RestTemplate 类。Spring Boot 在其顶部提供了一个额外的层：RestTemplateBuilder。当使用 Spring Boot Web starter 时，默认会注入此构建器，并且可以使用其方法，通过多个配置选项，以流畅的方式创建 RestTemplate 对象。可添加特定的消息转换器、安全凭证(如果需要它们来访问服务器)、HTTP 拦截器等。在本例中，因为两个应用程序都使用了 Spring Boot 的预定义配置，所以可使用默认设置。这意味着由 RestTemplate 发送的序列化 JSON 对象可以在服务器端(微服务 Gamification)进行正确的反序列化。

为保持模块化，我们在一个单独的类中创建 Gamification 的 REST 客户端，即 GamificationServiceClient。详见代码清单 6-21。

代码清单 6-21　Multiplication 应用程序中的 GamificationServiceClient 类

```java
package microservices.book.multiplication.serviceclients;

import org.springframework.beans.factory.annotation.Value;
```

```java
import org.springframework.boot.web.client.RestTemplateBuilder;
import org.springframework.http.ResponseEntity;
import org.springframework.stereotype.Service;
import org.springframework.web.client.RestTemplate;
import lombok.extern.slf4j.Slf4j;
import microservices.book.multiplication.challenge.ChallengeAttempt;
import microservices.book.multiplication.challenge.ChallengeSolvedDTO;
@Slf4j
@Service
public class GamificationServiceClient {

    private final RestTemplate restTemplate;
    private final String gamificationHostUrl;

    public GamificationServiceClient(final RestTemplateBuilder builder,
                              @Value("${service.gamification.host}") final
                              String gamificationHostUrl) {
        restTemplate = builder.build();
        this.gamificationHostUrl = gamificationHostUrl;
    }

    public boolean sendAttempt(final ChallengeAttempt attempt) {
        try {
            ChallengeSolvedDTO dto = new ChallengeSolvedDTO(attempt.getId(),
                    attempt.isCorrect(), attempt.getFactorA(),
                    attempt.getFactorB(), attempt.getUser().getId(),
                    attempt.getUser().getAlias());
            ResponseEntity<String> r = restTemplate.postForEntity(
                    gamificationHostUrl + "/attempts", dto,
                    String.class);
            log.info("Gamification service response: {}", r.getStatusCode());
            return r.getStatusCode().is2xxSuccessful();
        } catch (Exception e) {
            log.error("There was a problem sending the attempt.", e);
            return false;
        }
    }
}
```

这个新的 Spring 注解@Service 可注入现有的服务中。它使用构建器,采用默认方式调用 build()来初始化 RestTemplate。同时,它在构造函数中接收 gamification 服务的主机 URL,我们希望将其提取为配置参数。

在 Spring Boot 中,我们可在 application.properties 文件中创建自定义的配置选项,并使用@Value 注解将它们的值注入组件中。gamificationHostUrl 参数将被设置为该新属性的值。详见代码清单 6-22。

代码清单 6-22 在微服务 Multiplication 中将微服务 Gamification 的 URL 添加为属性

```
# ... existing properties

# Gamification service URL
service.gamification.host=http://localhost:8081
```

该客户端剩下的实现很简单。根据来自域对象 ChallengeAttempt 的数据构造一个新的 ChallengeSolvedDTO 对象。然后，使用 RestTemplate 中的 postForEntity 方法将数据发送到 Gamification 中的/attempts 端点。我们不需要响应体，但是方法的签名需要它，因此可将其设置为 String。

还将完整的逻辑包装在 try/catch 块中。原因是我们不希望在尝试使用微服务 Gamification 时出错，从而破坏微服务 Multiplication 中的主要业务逻辑。在本章的末尾，将对该决策做进一步的解释。

ChallengeSolvedDTO 类是 Gamification 端创建的类的副本。详见代码清单 6-23。

代码清单 6-23 微服务 Multiplication 中也必须包含 ChallengeSolvedDTO 类

```
package microservices.book.multiplication.challenge;

import lombok.Value;

@Value
public class ChallengeSolvedDTO {

    long attemptId;
    boolean correct;
    int factorA;
    int factorB;
    long userId;
    String userAlias;

}
```

现在，可将该服务注入现有的 ChallengeServiceImpl 类中，并且当 Attempt 经过处理后，将 Attempt 发送出去。有关该类所需的修改，详见代码清单 6-24。

代码清单 6-24 向 ChallengeServiceImpl 添加逻辑以向 Gamification 微服务发送尝试

```
@Slf4j
@RequiredArgsConstructor
@Service
public class ChallengeServiceImpl implements ChallengeService {
```

```
private final UserRepository userRepository;
private final ChallengeAttemptRepository attemptRepository;
private final GamificationServiceClient gameClient;

@Override
public ChallengeAttempt verifyAttempt(ChallengeAttemptDTO attemptDTO) {
    // ... existing logic

    // Stores the attempt
    ChallengeAttempt storedAttempt = attemptRepository.save(checkedAttempt);

    // Sends the attempt to gamification and prints the response
    HttpStatus status = gameClient.sendAttempt(storedAttempt);
    log.info("Gamification service response: {}", status);

    return storedAttempt;
}

// ...
}
```

我们的测试也应该更新，以检查每个 Attempt 是否都调用了该功能。可向 ChallengeServiceTest 添加一个新的模拟类。

```
@Mock private GamificationServiceClient gameClient;
```

然后，在测试用例中使用 Mockito 的验证，以确保该调用执行的数据与存储在数据库中的数据一致。

```
verify(gameClient).sendAttempt(resultAttempt);
```

除了 REST API 客户端之外，还要对微服务 Multiplication 进行第二个更改：新增一个控制器，用于根据标识符列表检索用户别名的集合。之所以这样做，是因为我们在 LeaderBoardController 类中实现的排行榜 API 根据用户 ID 返回分数、徽章和排名。UI 需要将每个 ID 映射到用户别名，以更友好的方式呈现表格。详见代码清单 6-25 中新增的 UserController 类。

代码清单 6-25　新增的 UserController 类

```
package microservices.book.multiplication.user;

import java.util.List;
import org.springframework.web.bind.annotation.*;
import lombok.RequiredArgsConstructor;
import lombok.extern.slf4j.Slf4j;

@Slf4j
@RequiredArgsConstructor
```

```
@RestController
@RequestMapping("/users")
public class UserController {

    private final UserRepository userRepository;

    @GetMapping("/{idList}")
    public List<User> getUsersByIdList(@PathVariable final List<Long> idList) {
        return userRepository.findAllByIdIn(idList);
    }
}
```

这一次，使用标识符列表作为路径变量，Spring 将其拆分，并当作标准列表传递给我们。实际上，这意味着 API 调用可包含一个或多个用逗号分隔的数字，例如/users/1,2,3。

如你所见，我们在控制器中注入一个存储库，因此这里没有遵循三层架构原理。原因是对于这种特定的用例，我们不需要业务逻辑，因此，这种情况下，最好使代码保持简单。如果将来需要业务逻辑，可受益于各层之间的松散耦合，并可在这两层之间创建服务层。

存储库接口使用新的查询方法在 users 表中执行选择，从而过滤出包含在传入的列表中的标识符。详见代码清单 6-26 中的源代码。

代码清单 6-26　UserRepository 接口中的新查询方法

```
package microservices.book.multiplication.user;

import java.util.List;
import java.util.Optional;
import org.springframework.data.repository.CrudRepository;

public interface UserRepository extends CrudRepository<User, Long> {

    Optional<User> findByAlias(final String alias);

    List<User> findAllByIdIn(final List<Long> ids);

}
```

练习

更新微服务 Multiplication 中的测试，覆盖 REST 客户端的调用，并为 UserController 创建一个新的测试类。你可在本章的源代码中找到解决方案。

6.7.9　用户界面

后端的逻辑已准备就绪，因此可以转向前端部分。我们需要两个新的 JavaScript 类：

- 一个新的 API 客户端，用于从微服务 Gamification 中检索排行榜数据。
- 一个额外的 React 组件以呈现排行榜。

我们还将为现有的 API 客户端添加新方法，以便根据用户 ID 检索用户列表。

代码清单 6-27 中的 GameApiClient 类定义了一个不同的主机，并使用 fetch API 来检索对象的 JSON 数组。为清晰起见，将现有的 ApiClient 重命名为 ChallengesApiClient。然后，我们在其中新增一个检索用户的方法。详见代码清单 6-28。

代码清单 6-27　GameApiClient 类

```
class GameApiClient {
    static SERVER_URL = 'http://localhost:8081';
    static GET_LEADERBOARD = '/leaders';

    static leaderBoard(): Promise<Response> {
        return fetch(GameApiClient.SERVER_URL +
            GameApiClient.GET_LEADERBOARD);
    }
}

export default GameApiClient;
```

代码清单 6-28　重命名以前的 ApiClient 类并包含新调用

```
class ChallengesApiClient {

    static SERVER_URL = 'http://localhost:8080';
    // ...
    static GET_USERS_BY_IDS = '/users';

    // existing methods...

    static getUsers(userIds: number[]): Promise<Response> {
        return fetch(ChallengesApiClient.SERVER_URL +
            ChallengesApiClient.GET_USERS_BY_IDS +
            '/' + userIds.join(','));
    }
}
export default ChallengesApiClient;
```

返回的 promise 将在新的 LeaderBoardComponent 中使用，该组件会检索数据并更新其状态的 leaderboard 属性。render()方法将对象数组映射到 HTML 表格的每一行。使用 JavaScript 的定时事件(参阅 https://tpd.io/timing-events)，通过 setInterval 函数每五秒钟刷新一次排行榜。

详见代码清单 6-29 中 LeaderBoardComponent 的完整源代码。然后，我们将进一步研究它的逻辑。

代码清单 6-29 React 中新的 LeaderBoardComponent

```
import * as React from 'react';
import GameApiClient from '../services/GameApiClient';
import ChallengesApiClient from '../services/ChallengesApiClient';

class LeaderBoardComponent extends React.Component {

    constructor(props) {
        super(props);
        this.state = {
            leaderboard: [],
            serverError: false
        }
    }

    componentDidMount() {
        this.refreshLeaderBoard();
        // sets a timer to refresh the leaderboard every 5 seconds
        setInterval(this.refreshLeaderBoard.bind(this), 5000);
    }

    getLeaderBoardData(): Promise {
        return GameApiClient.leaderBoard().then(
            lbRes => {
                if (lbRes.ok) {
                    return lbRes.json();
                } else {
                    return Promise.reject("Gamification: error response");
                }
            }
        );
    }
    getUserAliasData(userIds: number[]): Promise {
        return ChallengesApiClient.getUsers(userIds).then(
            usRes => {
                if(usRes.ok) {
                    return usRes.json();
                } else {
                    return Promise.reject("Multiplication: error response");
                }
            }
        )
    }

    updateLeaderBoard(lb) {
        this.setState({
            leaderboard: lb,
```

```
        // reset the flag
        serverError: false
    });
}

refreshLeaderBoard() {
    this.getLeaderBoardData().then(
        lbData => {
            let userIds = lbData.map(row => row.userId);
            this.getUserAliasData(userIds).then(data => {
                // build a map of id -> alias
                let userMap = new Map();
                data.forEach(idAlias => {
                    userMap.set(idAlias.id, idAlias.alias);
                });
                // add a property to existing lb data
                lbData.forEach(row =>
                    row['alias'] = userMap.get(row.userId)
                );
                this.updateLeaderBoard(lbData);
            }).catch(reason => {
                console.log('Error mapping user ids', reason);
                this.updateLeaderBoard(lbData);
            });
        }
    ).catch(reason => {
        this.setState({ serverError: true });
        console.log('Gamification server error', reason);
    });
}

render() {
    if (this.state.serverError) {
        return (
            <div>We're sorry, but we can't display game statistics at this
                moment.</div>
        );
    }
    return (
        <div>
            <h3>Leaderboard</h3>
            <table>
                <thead>
                <tr>
                    <th>User</th>
                    <th>Score</th>
                    <th>Badges</th>
```

```
            </tr>
          </thead>
          <tbody>
          {this.state.leaderboard.map(row -> <tr key={row.userId}>
            <td>{row.alias ? row.alias : row.userId}</td>
            <td>{row.totalScore}</td>
            <td>{row.badges.map(
                b => <span className="badge" key={b}>{b}</span>)}
            </td>
          </tr>)}
          </tbody>
        </table>
      </div>
    );
  }
}

export default LeaderBoardComponent;
```

refreshLeaderBoard 函数包含了主要逻辑。首先，它尝试从 Gamification 服务器获取排行榜数据。如果获取失败(进入 catch 子句)，则将 serverError 标志设置为 true，因此将呈现一条信息而不是表格。如果数据检索正常，逻辑将执行第二个调用，这次将调用微服务 Multiplication。如果得到正确响应，我们将数据中包含的用户标识符映射到其相应的别名，并向排行榜中的每一行添加一个新的字段 alias。如果第二个调用失败，则依旧使用原始数据，但不会额外添加字段。

render()函数会针对不同情况展示内容，如果是错误情况，则会显示一条信息，否则显示表格。通过这种方式，使应用程序具有弹性，即使微服务 Gamification 无法提供服务，其核心功能(解决挑战)依然能正常工作。排行榜的数据按行显示，其中包含用户别名(如果无法获取，则显示 ID)、总分和徽章列表。

在渲染的逻辑中使用 badge CSS 类。让我们在 App.css 样式表中创建该自定义样式。详见代码清单 6-30。

代码清单 6-30　在 App.css 中添加 Badge 样式

```
/* ... existing styles ... */

.badge {
    font-size: x-small;
    border: 2px solid dodgerblue;
    border-radius: 4px;
    padding: 0.2em;
    margin: 0.1em;
}
```

现在，我们应该将排行榜组件包含到根容器(即 ChallengeComponent 类)中。详见代码清单 6-31 中对源代码所做的修改。

代码清单 6-31　在 ChallengeComponent 内部添加 LeaderBoardComponent

```
import LeaderBoardComponent from './LeaderBoardComponent';

class ChallengeComponent extends React.Component {

    // ...existing methods...

    render() {
        return (
            <div className="display-column">
                {/* we add this just before closing the main div */}
                <LeaderBoardComponent />
            </div>
        );
    }
}

export default ChallengeComponent;
```

6.8　玩转系统

我们实现了新的微服务 Gamification，通过 REST API 客户端服务与 Multiplication 应用程序连接，构建 UI 以获取排行榜，并且每五秒钟更新渲染一次。

是时候使用完整的系统了。使用 IDE 或命令行来启动后端应用程序和 Node.js 服务器。如果你使用终端，请打开三个单独的实例，并在每个实例中运行代码清单 6-32 中的某个命令，以便分别访问所有日志。

代码清单 6-32　在控制台启动应用程序

```
/multiplication $ mvnw spring-boot:run
...
/gamification $ mvnw spring-boot:run
...
/challenges-frontend $ npm start
...
```

如果一切顺利，将在浏览器中看到运行的 UI。将有一个空白的排行榜(除非你在编码时进行了一些试验)。如果发送了正确的尝试，应该会看到类似于图 6-7 的内容。

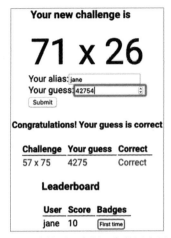

图 6-7　连接到两个微服务的用户界面

第一次发送正确的尝试时，将获得 10 分和"首次"徽章。成功了！你可以继续玩，看看能否获得任意金属徽章或幸运数字徽章。由于 UI 每五秒钟自动渲染一次，你甚至可以在多个浏览器标签页中打开它，每个标签页的排行榜都将被刷新。

现在，让我们看一下日志。在 Multiplication 端，当发送新尝试时，将在日志中看到这一行：

```
INFO 36283 --- [nio-8080-exec-4] m.b.m.challenge.ChallengeServiceImpl :
Gamification service response: 200 OK
```

Gamification 应用程序如果输出一行日志，则说明尝试不正确，因此没有分数。如果尝试正确，则输出以下日志：

```
INFO 36280 --- [nio-8081-exec-9] m.b.gamification.game.GameServiceImpl : User
jane scored 10 points for attempt id 2
```

因为将应用程序配置为显示所有 JPA 语句，并且 UI 会定期检索排行榜和用户别名，我们还将看到许多重复的查询语句日志行。

6.9　容错能力

在完善需求的同时，我们发现 Gamification 的功能并不重要，因此可以接受系统的这一部分在一段时间内宕机。让我们把这个微服务关闭，看看会发生什么。如果应用程序仍在运行，请停止 Gamification 应用程序。否则，只启动 UI 服务器和 Multiplication 应用程序。

我们将在屏幕上看到排行榜组件返回的信息，如图 6-8 所示。使用开发者工具中的 Network 标签页进行验证可知，对 Gamification 服务(在端口 8081 上)的 HTTP 调用失败了。

图 6-8　微服务 Gamification 停止了

另外，如果再发送尝试，它仍然正常工作。在 GamificationServiceClient 类中捕获到一个由 Gamification 停止工作造成的异常。

```
ERROR 36666 --- [nio-8080-exec-2] m.b.m.s.GamificationServiceClient : There was a
problem sending the attempt.
```

即使后端有一半的功能处于宕机状态，核心功能仍在运行。但请记住，这种情况下，我们将丢失数据，所以用户不会因为正确的尝试而获得任何分数。

作为一种替代方案，我们可以使用重试逻辑。实现一个不断尝试发布 Attempt 的循环；该循环在我们从 Gamification 微服务获得 OK 响应后终止，或者在经过一段时间后终止。但是，即使我们可以使用一些库来实现这种模式，系统的复杂性也会增加。如果微服务 Multiplication 在重试时也宕机了怎么办？我们应该追踪数据库中尚未发送的 Attempt 吗？那样的话，当 Gamification 应用程序在一个随机的时刻上线时，我们是否应该按顺序发送 Attempt？正如你所看到的，像微服务架构这样的分布式系统带来了新的挑战。

6.10　未来的挑战

我们构建的系统正在运行，因此应该为此感到自豪。即使在微服务 Gamification 发生故障的情况下，应用程序仍会保持响应。有关系统的最新逻辑视图，详见图 6-9。

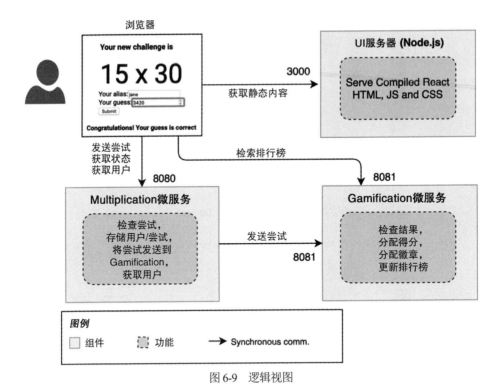

图 6-9　逻辑视图

现在后端逻辑分布在两个 Spring Boot 应用程序中。让我们回顾构建分布式系统可能带来的影响，重点关注微服务架构和面临的新挑战。

6.10.1　紧密耦合

为域建模时，我们认为它们是松散耦合的，因为在域对象之间使用最少的引用。我们在微服务 Multiplication 中开始了解 Gamification 逻辑。后者显式调用 Gamification API 来发送 Attempt，并负责传递消息。我们在整体系统中使用命令式风格并没有那么糟糕，但也因此引入了微服务之间的紧密耦合，因此这在微服务架构中可能成为一个大问题。

在目前的设计中，微服务 Gamification 由微服务 Multiplication 进行编排。除了编制模式(Orchestration pattern)，我们可使用编排模式(Choreography pattern)，由微服务 Gamification 决定何时触发其逻辑。在下一章讨论事件驱动架构时，将详细介绍编制和编排之间的区别。

6.10.2　同步接口与最终一致性

如前所述，在发送 Attempt 时，微服务 Multiplication 期望 Gamification 服务器可用。

否则，这一过程的相关功能仍然是不完整的。所有这些操作都发生在请求的生命周期中。当 Multiplication 服务器向用户界面返回响应时，分数和徽章要么都更新了，要么出了问题。我们构建了同步接口：请求在完全完成或失败之前一直处于阻塞状态。

当你拥有许多微服务时，即使它们拥有精心设计的上下文边界，仍不可避免地产生大量数据流，就像本例那样。为描述这一点，让我们创建一个更复杂的场景。作为第一个补充，我们希望当用户达到 1000 分时，向其发送电子邮件。不需要对域边界进行判断，假设有一个专门的微服务，在分配一个新的分数后需要被更新。还要添加一个用于收集报告数据的微服务，且需要与 Multiplication 和 Gamification 服务连接。有关该假设的系统完整视图，详见图 6-10。

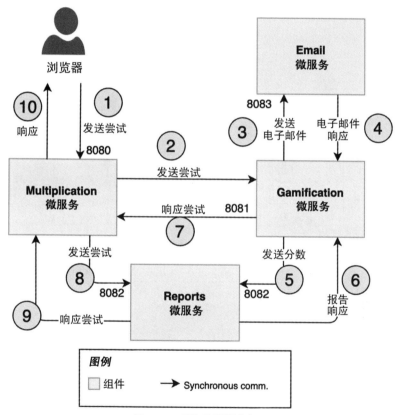

图 6-10　系统的假设演变

可继续使用 REST API 调用来构建同步接口。然后，将有一连串的调用，如图中的编号所示。来自浏览器的请求需要保持等待，直到所有请求都完成。链条中的服务越多，请求被阻塞的时间就越长。如果一个微服务很慢，那么整个服务链就会变慢。系统的整体性能至少与链中性能最差的微服务一样差。

如果在构建微服务时不考虑容错性，同步依赖性甚至会更糟糕。在我们的示例中，从 Gamification 微服务到 Reports 微服务的一个简单的更新操作失败可能使整个流崩溃。如果我们在同一个阻塞线程中采用重试机制，性能会进一步下降。如果让它们太轻易失败，最终可能会有很多部分未完成的操作。

到目前为止，我们有一个明确的结论：同步接口在微服务之间引入了强依赖性。

作为一个优势，在用户得到响应时，后端会对报表进行更新。所以，这就是得分。我们甚至知道是否可以发送电子邮件，从而立即提供反馈。

在一个单体系统中，我们不会面临这个挑战，因为所有模块都处于同一可部署单元中。如果只是调用其他方法，不会因网络延迟或错误而出现问题。此外，如果出现了故障，将影响整个系统，因此我们不需要在设计时考虑细粒度的容错性。

所以，如果同步接口都失效，那么重要的问题是：是否首先需要阻塞完整的请求？是否需要确认所有操作都已完成才能返回响应？为回答这个问题，让我们修改之前假设的情况，以便拆解微服务之间的后续交互。详见图 6-11。

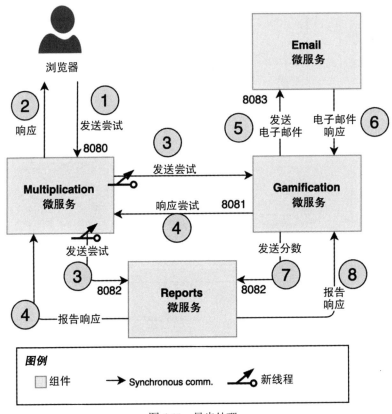

图 6-11　异步处理

这个新的设计在新线程中启动一些请求，以解除主线程的阻塞；例如我们可以使用 Java Futures，使响应能更早地被交付给客户端，因此解决前面描述的所有问题。但作为结果，我们引入了最终一致性。想象一下，在 API 客户端中，有一个顺序线程等待发送 Attempt 的响应。然后，这个客户端的进程也尝试收集分数和报告。在阻塞线程的场景中，API 客户端(如 UI)相信，在获得 Multiplication 的响应后，Gamification 中的分数与 Attempt 一致。但在这个新的异步环境中，我们无法保证。如果网络延迟较少，客户端可能得到更新的分数。但是这可能需要一秒钟才能完成，或者因为服务宕机需要更长的时间，并且只在重试之后才会更新。这些我们都无法预测。

因此，构建微服务架构时，我们面临的最艰巨挑战就是实现最终的一致性。我们应该接受，在一定时间内，微服务 Gamification 的数据可能与微服务 Multiplication 的数据不一致。它们只会在最终得到一致。最后，通过适当的设计使系统更健壮，微服务 Gamification 将保持最新状态。与此同时，API 客户端不能假定不同 API 调用之间存在一致性。这就是关键所在：它不仅关乎后端系统；也与 API 客户端有关。如果我们是唯一使用 API 的用户，这可能不是什么大问题：开发一个 REST 客户端，并且将最终一致性考虑进去。然而，如果将 API 作为服务提供方，那么也必须告知客户端。它们必须知道预期的操作。

因此，关于我们最初那个是否需要阻塞请求的问题可以由一个更重要的问题代替：系统最终能否保持一致？当然，答案取决于功能和技术要求。

例如，某些情况下，系统的功能描述可能暗示着很强的一致性，但你可在不产生重大影响的情况下对其进行调整。实际上，如果将电子邮件子流作为异步的步骤分离出来，可将提示用户的消息从 "You should have received an email with instructions" 改为 "You will receive an email with instructions in a few moments. If you don't, please contact customer support。"但能否做出这样的改变，总是取决于组织的需求和能否接受最终一致性的意愿。

微服务并非始终是最佳解决方案(第一部分)

如果你的项目需求与跨域的最终一致性服务不兼容，那么一个模块化的单体应用程序可能更适合你。

从另一方面来说，不需要到处都完全异步。某些情况下，在微服务之间进行同步调用是有意义的。这不是需要关注的问题，也不是把我们的软件架构小题大做的理由。我们只需要关注这些接口，因为有时这是域之间紧密耦合的一种症状。这种情况下，可考虑将它们合并到同一个微服务中。

回顾当前的系统状态，可得出结论：已经为最终一致性做好了准备。因为我们不依赖响应来刷新排行榜，所以可将微服务之间的同步调用切换到异步调用，而且不会产生任何影响。

可以想象，与使用带有重试机制的 REST API 调用相比，在微服务之间实现异步通信是一种更好的方法。我们将在下一章中对其详细介绍。

6.10.3 事务

在一个单体系统中，可以使用相同的关系数据库来存储用户、尝试、得分和徽章。然后，我们可以从数据库的事务中受益。我们将获得在上一章中简要介绍过的 ACID 保证：原子性、一致性、隔离性和持久性。如果保存 scorecard 出错，可以还原事务中之前的所有命令，这样 Attempt 也不会被存储。这种操作称为回滚。由于可以避免部分更新，因此我们可随时保证数据完整性。

在微服务之间，我们无法得到 ACID 保证，因为我们不能在微服务架构中实现真正的事务。由于它们是独立部署的，因此存在于不同的进程中，而且它们的数据库也应该解耦。此外，为避免相互依赖，还得出一个结论：我们应该接受最终一致性。

原子性，或者说确保所有相关数据都已存储或都不存储，这在微服务之间很难实现。在我们的系统中，第一个请求存储 Attempt，然后微服务 Multiplication 调用微服务 Gamification 来完成部分工作。即使保持请求同步，如果没有收到响应，我们永远不知道分数和徽章是否被存储。那该怎么办？要回滚事务吗？无论 Gamification 服务发生了什么，我们是否总是保存 Attempt？

实际上，有多种富有想象力且复杂的方法尝试在分布式系统中实现事务回滚。

- 两阶段提交(2PC)：在这种方法中，可以先将 Attempt 从 Multiplication 发送到 Gamification，但我们不会将数据存储在任意一方。然后，一旦获得表明已准备好存储数据的响应，便发送第二个请求作为信号，在 Gamification 存储分数和徽章，并在 Multiplication 存储 Attempt。通过这两个阶段(准备和提交)，最大限度地缩短了出现问题的时间。但是，我们并未消除这种可能性，因为第二阶段仍然可能失败。在我看来，这是一个可怕的想法，因为我们会因此不得不使用同步接口，使系统的复杂性呈指数级增长。
- Sagas：这种设计模式涉及双向通信。我们在两个微服务之间建立一个异步接口，如果在 Gamification 端出现问题，该微服务应该能够触达微服务 Multiplication，并让它了解情况。在我们的示例中，Multiplication 服务会删除刚刚保存的尝试。这样我们就补偿了事务。就复杂性而言，这也付出了高昂的代价。

毫无疑问，最好的解决方案是将必须使用数据库事务的功能流程保留在同一个微服务中。如果由于事务在系统中非常重要，导致不能对其进行拆分，那么看起来无论如何进程都应该属于同一个域。对于其他流程，可尝试分割事务边界，并接受最终一致性。

我们还可以应用模式使系统更健壮，这样就可最大限度地降低部分执行操作的风险。任何可以确保微服务之间传递数据的设计模式都将有助于实现这一目标。下一章也将对其进行讨论。

我们的系统不使用分布式事务。因为我们不需要在尝试和得分之间保持即时一致性，所以不需要分布式事务。但是这里仍然存在一个设计缺陷：微服务 Multiplication 忽略了来自 Gamification 微服务的错误，所以我们可能在没有相应的分数和徽章的情况下，成功解决尝试。我们很快会对这一点进行改进，不需要自己实现重试机制。

微服务并非始终是最佳解决方案(第二部分)

如果你发现自己正在到处使用 2PC 或 Sagas 实现分布式事务，那么你应该花一些时间来思考需求和微服务的边界。你可能需要合并其中的一些功能，或者更好地分配功能。如果不能用一种更简单的方法来修复它，则可以考虑使用具有单一关系数据库的模块化单体应用程序。

6.10.4　公开 API

我们在微服务 Gamification 中创建了一个为微服务 Multiplication 提供服务的 REST 端点。但是，UI 也需要访问微服务 Gamification 微服务，因此，实际上任何人都可以访问它。如果聪明的用户使用 HTTP 客户端(例如 HTTPie)，他们就可以向 Gamification 微服务发送虚假数据。由于这将破坏数据的完整性，我们将处于一个糟糕的境地。用户不必在 Multiplication 端存储相应的尝试，即可得到分数并获得徽章。

解决这个问题有多种方法。我们可以考虑为端点添加安全层，确保内部 API 仅对其他后端服务可用。一个更简单的选项是使用反向代理(带有网关模式)，以确保只公开公共端点。我们将在第 8 章中更详细地介绍该选项。

6.11　本章小结

在本章中，我们探究了迁移到微服务架构的原因。我们从目前所采用的方法(即小型单体架构)开始介绍，分析了与向微服务过渡相比，单体应用程序继续朝模块化发展的利弊。

我们还研究了小型单体系统如何帮助你更好地定义域并更快地完成产品的第一个版本，以获取用户的早期反馈。在模块中构建代码的良好实践代码清单，应该可以帮助你在需要时进行拆分。但是我们也看到有时一个小型单体系统不是最好的选择；如果开发团队从一开始就很庞大，这将表现得更明显。

决定迁移到微服务(或从微服务开始)时，需要对系统的功能和非功能特性进行深入分析，从而找出可扩展性、容错性、事务性、最终一致性等方面的要求。这对于软件项目的成败至关重要。希望本章中包含的所有考虑因素以及列出的实际案例，能够帮助你仔细检查项目中存在的所有因素，并能在你要采取行动时，助你做出合理的决策和良好的计划。

正如本书预期的那样，我们决定采用微服务架构。在实践方面，我们浏览了 Gamification 应用程序的各层：业务层、存储库层、控制器和新的 React 组件。我们使用一种简单的、命令式的方法将 Multiplication 和 Gamification 联系起来，通过在微服务之间使用这种接口来挖掘微服务架构所面临的一些新挑战。

在本章结束时，我们还得出结论：为两个微服务之间的通信选择同步接口的决策是错误的。同步接口引入了紧密耦合，并使架构更容易出错。这是下一章的理想基线，在下一章中，我们将介绍事件驱动架构的优点。

学习成果：

- 学习了在开始新项目时，小规模整体法如何为你助力。
- 首次接触到微服务架构的优缺点(在后续章节中，我们将继续学习它们)。
- 了解了分布式系统中同步处理和异步处理之间的区别，以及它们与最终一致性的关系。
- 了解了为什么在微服务架构中采用异步流程、最终一致性等新范式；这些范式非常重要，可避免紧密耦合和域污染。
- 了解了为什么微服务不是所有情况下的最佳解决方案。
- 发现了在实际案例中面临的第一个挑战，并认识到当前的方式不是实现微服务的正确途径。

第 7 章

事件驱动的架构

在上一章中，我们分析了微服务之间的接口如何在紧密耦合方面发挥关键作用。微服务 Multiplication 调用微服务 Gamification，变成了流程的协调器。如果还有其他服务也需要检索每次尝试的数据，我们需要额外增加应用程序 Multiplication 对这些服务的调用，从而创建一个具有中央大脑的分布式整体。我们在挖掘对后端假设的扩展时，详细地讨论了这个问题。

在本章中，我们将基于 Publish-Subscribe 模式，以另一种方式设计这些接口。该方式被称为事件驱动的架构(Event-driven Architecture)。发布者(Publisher)并不将数据传递到特定的目的地，而是在不知道订阅者(Subscriber，即系统中接收数据的一方)的情况下，对事件进行分类和发送。这些事件使用者同样不需要知道发布者的逻辑。这种范式的变化使系统的耦合变得松散且可扩展，同时带来了新的挑战。

本章的目标是了解事件驱动的架构的核心概念，其优点以及使用后的影响。与之前一样，我们将通过实践将这些知识运用到系统中。

7.1　核心概念

本节重点介绍事件驱动的架构的核心概念。

7.1.1　消息代理

事件驱动的架构中的要素是消息代理。在这类架构中，系统组件与消息代理通信，而不是彼此直接连接。我们通过这种方式来保持它们之间的松散耦合。

消息代理通常包含路由功能。它们允许创建多个"通道(Channel)"，因此我们可以根据需求划分消息。一个或多个发布者可在每个通道中生成消息，这些消息可能被一个或多个订阅者(甚至没有订阅者)使用。在本章中，我们将更详细地了解什么是消息，以及你可能想要使用的不同消息传递拓扑。图 7-1 是消息代理的一些典型使用场景的概念视图。

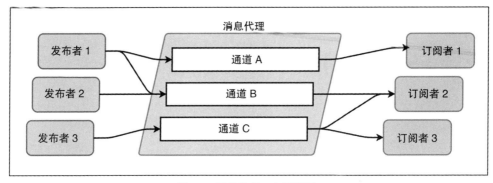

图 7-1 消息代理：高层视图

这些概念根本不是新概念。经验丰富的开发人员现在肯定会在企业服务总线(ESB)架构中发现类似的模式。总线模式促进了系统不同部分之间的通信，提供了数据转换、映射、消息队列、排序、路由等功能。

关于 ESB 架构与基于消息代理的架构之间的确切区别，目前仍存在一些争议。一个被广泛接受的区别是，在 ESB 中，通道本身在系统中具有更重要的意义。服务总线为通信设置协议标准、转换数据并将数据路由到特定目标。有些实现可以处理分布式事务。某些情况下，它们甚至有一个复杂的 UI 对业务流程进行建模，并将这些规则转换为配置和代码。通常，ESB 架构倾向于将绝大部分系统业务逻辑集中在总线内，因此它们成为系统的业务流程层。详见图 7-2。

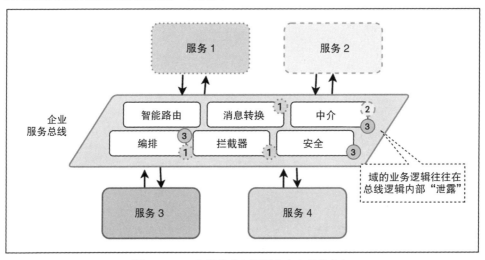

图 7-2 ESB 架构将业务逻辑集中在总线内部

将所有业务逻辑放到同一组件中且系统中有中央协调器的软件架构，往往是容易失败的软件架构模式。遵循这个路线的系统只有一个失败点，因为整个组织都依赖于核心部分(在本例中是总线),所以随着时间的推移,它会变得更难维护和扩展。嵌入总线的逻辑往往会变得一团糟。这就是为什么 ESB 架构在过去几年中声誉如此之差的原因之一。

因为这些糟糕的经历,现在许多人逐渐放弃这种集中协调的、过于智能的消息传递通道,更倾向于使用消息代理实现一种更简单的方式,只用它与其他不同组件进行通信。

此时,你可能将 ESB 视为复杂通道,将消息代理视为简单通道。然而,之前提到过这里存在一些争议,因此想要划清界线并不那么容易。一方面,你可以使用 ESB 平台,但要适当地隔离业务逻辑。另一方面,某些新的消息传递平台(例如 Kafka)提供了一些工具,让你可以在通道中嵌入一些逻辑。如有必要,也可以使用包含业务逻辑的函数来转换消息。也可以像使用数据库一样在通道中查询数据,并根据需要处理输出。例如,根据消息中包含的某些数据,你可决定将其从特定通道中取出,并以不同格式移至另一个通道。因此,可在与不同架构模式(ESB/消息代理)相关联的工具之间进行切换,但仍然以类似的方式使用它们。这个理念提供了后续章节的核心概要:首先你需要了解模式,然后才能选择符合需求的工具。

但我仍然建议尽量避免在通信通道中包含业务逻辑。遵循域驱动的设计方法,将该逻辑保留在分布式系统中。这些是我们将在系统中做的事情:引入一个消息代理,使服务保持松散耦合且具有可伸缩性,以及把业务流程保留在每个微服务中。

7.1.2　事件和消息

在事件(Event)驱动架构中,一个事件表明在系统中发生了某些事情。由于业务逻辑拥有发生这些事件的域,因此可以将事件发布到消息通道(例如消息代理)。架构中的其他组件若对给定事件类型感兴趣,则订阅该通道,以消费所有后续事件实例。事件与发布-订阅模式相关,因此也与消息代理或总线关联。因为我们将使用消息代理实现事件驱动架构,所以接下来将集中讨论这个具体案例。

另一方面,消息是一个更通用的术语。许多人将消息视为直接指向系统组件的元素,将事件视为反映了给定域中发生的事实的信息片段,而且没有专门指向某个系统组件,以此将两者区分开来。但从技术角度看,当我们通过消息代理发送事件时,事件实际上是一条消息(因为没有事件代理这种东西)。为简单起见,我们将在本书中使用术语"消息"来指代进入消息代理的通用信息,而当我们进行事件驱动设计时,则使用"事件"来指代消息。

注意,可对事件建模并使用 REST API 发送事件(类似于我们在应用程序中所做的操作)。然而这样做的话,生产者需要发现消费者,才能将事件定向发送给它们,这对减少紧密耦合毫无帮助。

将事件与消息代理一起使用时,可以更好地隔离软件架构中的所有组件。发布者和订阅者不需要知道彼此的存在。因为我们希望保持微服务尽可能独立，所以这非常适合微服务架构。通过这一策略，可引入新的微服务，这些微服务只需要消费通道中的事件，不需要修改发布这些事件的微服务，也不需要修改其他订阅者。

7.1.3 探讨事件

请记住，引入消息代理和一些带有后缀 Event 的类，并不能让架构直接变成"事件驱动架构"。必须在设计软件时考虑到事件，如果不习惯的话，需要付出一些努力。现在让我们通过应用程序对此进行更深入的分析。

在第一个场景中，假设创建了一个 Gamification API 为给定用户分配分数和徽章。请看图 7-3 的顶部。

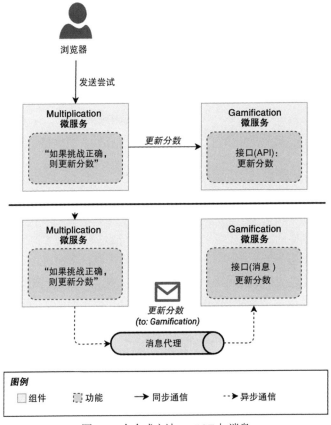

图 7-3 命令式方法：REST 与消息

然后，微服务 Multiplication 调用接口 updateScore，不仅发现了这个微服务，还成为这部分业务逻辑(通过为已解决的尝试分配分数)的所有者。这是大家在刚开始使用微服务架构时常犯的一个错误，这种错误源自于命令式编程风格。它们倾向于在微服务

之间用 API 调用替换掉方法调用，实现远程过程调用(RPC)模式，有时甚至不会注意
到它。为了降低微服务之间的耦合程度，我们可以引入消息代理。然后，我们将 REST
API 调用替换成一条指向微服务 Gamification 的消息，即 UpdateScore 消息。但是，我
们能否通过这一改变改进系统? 坦白地说不会。因为消息仍然有一个特定的目的地，
因此它不能被任何新的微服务重用。此外，系统的两个部分依旧保持紧密耦合，并且
产生了一个副作用，我们用异步接口替换了同步接口，增加了额外的复杂性(正如上一
章中展示的那样，本章将对其进一步阐述)。

第二种场景则是基于当前的实现。详见图 7-4。将一个 ChallengeSolvedDTO 对象
从 Multiplication 传递到 Gamification，尊重了我们的域边界。不再在 Multiplication 服
务中包含游戏化的逻辑。然而，我们仍然需要明确配置 Gamificaiton 的地址链接，因
此紧密耦合依旧存在。通过引入消息代理，可以解决这个问题。微服务 Multiplication
可将 ChallengeSolvedDTO 发布到通用的通道然后继续执行接下来的业务逻辑。第二个
微服务可以订阅这个通道并处理消息(从概念上讲，这已经是一个事件)，以计算相应的
分数和徽章。如果新加进系统中的微服务也对 ChallengeSolvedDTO 消息感兴趣，例如
生成报告或向用户发送通知，它们也可以透明地订阅该通道。

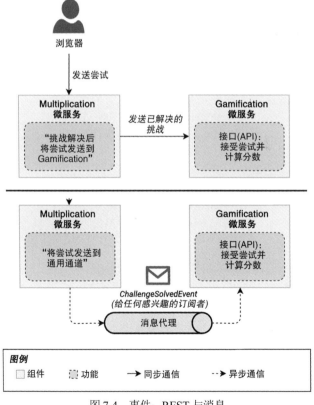

图 7-4　事件: REST 与消息

第一个场景实现了一种命令模式,其中微服务 Multiplication 对微服务 Gamification 执行的操作进行了指引(也称为编制)。第二个场景通过发送关于已经发生的事件的通知以及上下文数据,实现了事件模式。消费者将处理此数据,这可能触发业务逻辑,也可能因此触发其他事件。这种方法有时称为编排,与编制相反。将软件架构建立在这些事件驱动设计的基础上时,则将其称为事件驱动架构。

如你所见,要实现真正的事件驱动的架构,必须重新思考那些可能以命令式方式表达的业务流程,并将它们重定义为动作和事件。我们不仅应该使用 DDD 来定义域,而且应该将它们之间的交互作为事件。如果你想进一步了解有助于实施这些设计的技术,请查看 https://tpd.io/event-storming。

在继续之前,让我再次声明一个重要观点:你不需要为了遵循事件驱动风格而更改系统中的每个通信接口。在某些事件驱动模式不适用的情况下,你可能需要命令和请求/响应模式。不要试图强行将只适合命令模式的业务需求包装成事件。在技术方面,不要害怕在合适的用例中使用 REST API,例如需要同步响应的命令。

微服务并非始终是最佳解决方案(第三部分)

在构建主要使用命令式的、有针对性的接口的微服务架构时,所有系统组件之间都有很多硬性依赖关系。许多人将这种情况称为分布式单体,因为它仍然具有单体应用程序的缺点:紧密耦合,因此修改微服务的灵活性更低。

如果你需要一些时间在组织中构建事件驱动的思维模式,可建立一个模块化系统,并开始在模块之间实现事件模式。然后,一次学习一件事情,保持一种可控的复杂性,你会从中受益。一旦实现了松散耦合,就可将模块拆分为微服务。

7.1.4 异步消息传递

在上一章中,我们专门分析了将同步接口更改为异步接口的影响。随着消息代理作为构建事件驱动架构的工具的引入,我们隐式接纳了异步消息传递。发布者发送事件,不需要等待任何事件消费者的回复。这将使架构保持松散耦合并具有可扩展性。详见图 7-5。

然而,也可以使用消息代理来保持进程的同步。再次以我们的系统为例。我们计划用消息代理替换 REST API 接口。然后,创建两个通道来传递事件,而不是只创建一个通道,并使用第二个通道以接收来自微服务 Gamification 的响应。详见图 7-6。我们可以阻塞请求的线程,并在继续处理之前等待确认。

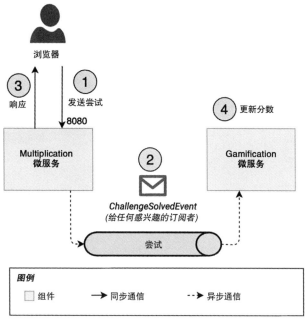

图 7-5　使用消息代理的异步过程

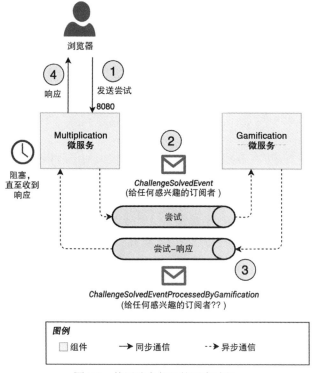

图 7-6　使用消息代理的同步过程

这实际上是基于消息代理的请求/响应模式。这种组合在某些用例中可能很有用，但不建议在事件驱动方法中使用。其主要原因是：微服务 Multiplication 需要知道订阅者以及订阅者的数量，以确保收到所有响应，系统组件会因此再次紧密耦合。但我们仍然能从中得到一些好处，比如可伸缩性(将在后面详细介绍)；我们可以运用其他模式来提高同步接口的可伸缩性，比如负载均衡器(将在下一章中看到)。因此，在进程要求必须同步的情况下，可以考虑使用一种更简单的同步接口，比如 REST API。表 7-1 总结了如何组合模式和工具。但请记住，这只是一个建议。正如我们已经分析过的那样，你可以根据自己的偏好以使用不同的工具来实现这些模式。

表 7-1 组合模式和工具

模式	类型	实现方式
请求/响应	同步	REST API
需要阻塞的命令	同步	REST API
不需要阻塞的命令	异步	消息代理
事件	异步	消息代理

在此值得注意的是，尽管端到端采用了异步通信，但应用程序与消息代理之间用的是同步接口。这是一个重要特征。当我们发布消息时，希望确保代理在继续其他操作之前已收到该消息。这同样适用于订阅者，在订阅者消费了消息后，代理需要一个确认以将该消息标记为已被处理，然后移到下一个消息。这两个步骤对于保证数据的安全和系统的可靠性至关重要。稍后的实际案例中将解释这些概念。

7.1.5 反应式系统

"反应式"一词可在多种语境中使用，其含义取决于所指的技术层面。反应式系统最广为接受的定义是将其描述为一套应用于软件架构的设计原则，从而使系统响应敏捷(及时响应)、具有弹性(在出现故障时保持响应)、可灵活伸缩(适应在不同工作负载下响应)和基于消息驱动(确保松散耦合和边界隔离)。这些设计原则皆被列在 *Reactive Manifesto*(https://tpd.io/rmanifesto)。在构建系统时，我们将遵循这些范式，因此可以宣称我们正在构建一个反应式系统。

另一方面，反应式编程指的是一组在编程语言中使用的技术，这些技术围绕以下范式，如 futures(或 promises)、reactive streams、backpressure 等。在 Java 中，有一些流行的库，例如 Reactor 或 RxJava，可以帮助你实现这些范式。使用反应式编程，可将逻辑切分成一组较小的块，这些逻辑块可以异步运行，然后合成或转换结果。这也带来了并发性的改进，因为在并行执行任务时，可以更快完成任务。

切换成反应式编程并不会让你的架构变成反应式架构。它们在不同的层面工作，反应式编程有利于在组件内部和并发性方面实现改进。反应式系统是组件之间在更高层面上的变化，它有助于构建松散耦合、富有弹性和可伸缩性的系统。有关这两种技术的更多差异，详见 https://tpd.io/react-sys-prg。

7.2　事件驱动的利弊

上一章介绍了迁移到微服务的利弊。我们获得了灵活性和可伸缩性，但同时面临着新挑战，例如最终的一致性、容错性和部分更新。

使用消息代理模式进行事件驱动有助于应对这些挑战。让我们使用实际示例简要描述如何实现。

- 微服务之间的松散耦合：我们已经找到了让 Multiplication 服务不需要知道 Gamification 服务的方法。Multiplication 给代理发送一个事件，Gamification 向代理订阅事件，并对其做出反应，为用户更新分数和徽章。

- 可伸缩性：我们将在本章中看到，为指定应用程序增加新实例来水平扩展系统会很简便。此外，在架构中引入新的微服务也很容易。可以订阅事件并独立工作，例如在我们分析的假设情况中，可以根据现有服务触发的事件生成报告或发送电子邮件。

- 容错性和最终一致性：如果能使消息代理足够可靠，那么即使系统组件出现了故障，也可以使用它来保证最终一致性。因为代理可以持久化消息，所以假设微服务 Gamification 宕机了一段时间，在其重新上线后，可以通过事件进行数据补偿。这给我们带来了一些灵活性。在本章末尾将看到这一点。

另一方面，采用基于事件的设计模式，让我们更加坚定地选择最终一致性。我们避免了创建阻塞的、命令式的流程。相反，使用异步的过程来简单地通知其他系统组件。正如所看到的，这需要一种不同的思维方式，因此我们(可能还有 API 客户端)要接受一种观念，即数据的状态可能不会在所有微服务中保持一致。

此外，随着消息代理的引入，我们将在系统添加一个新组件。由于不能断定消息代理一定不会出错，因此必须让系统准备好应对新的潜在错误。

- 丢弃的消息：可能是 ChallengeSolvedEvent 永远无达传递到 Gamification 服务的情况。如果你正在构建一个不应该错过任何一个事件的系统，那么应该配置消息代理以实现至少一次(at-least-once)的保证。此策略可确保消息代理至少传递消息一次，尽管它们可以是重复的。

- 重复消息：某些情况下，消息代理可能会传递多次仅被发布过一次的消息。在我们的系统中，如果重复收到该事件，将会错误地增加分数。因此，必须考虑将事件的消费幂等化。在计算机技术中，如果一个运算可以被多次调用且不会产生不同的结果，那么它就是幂等的。在我们的案例中，一个可选的解决方案是标记已被 Gamification 端处理过的事件(例如在数据库中)，并忽略任何重复的事件。如果我们正确地配置消息代理，一些消息代理还可以提供最多一次的良好保证，例如 RabbitMQ 和 Kafka，这有助于防止重复。

- 无序消息: 尽管消息代理会尽力避免无序消息，但如果出现故障或者我们的软件存在漏洞，这种情况仍会发生。因此必须让代码准备好处理这个问题。如果有可能，请尽量避免按照与发布时间相同的顺序来消费假设事件。

- 消息代理的宕机时间: 在最坏的情况下，代理也可能变得不可用。发布者和订阅者都应该尝试处理这种情况(例如使用重试策略或者缓存)。还可将服务标记为不正常，并停止接受新的操作(将在下一章中介绍)。这可能意味着整个系统都将宕机，但比起接受部分更新和不一致的数据，这可能是更好的选择。

前面的每个项目中提出的这些示例解决方案都是弹性模式。其中一些可转化为编码任务，即使在系统出现故障的情况下，也应该执行幂等性、重试或运行状况检查等任务。正如前面提到的那样，良好的弹性在分布式系统(例如微服务架构)中很重要，因此了解这些模式以便能在设计期间轻松地为不满意的流程带来解决方案。

事件驱动系统的另一个缺点是使追溯变得更加困难。我们调用一个 REST API，这可能触发事件；然后，可能会有一些组件对这些事件做出响应，随后发布其他一些事件，继续延续这个链条。当只有几个分布式进程时，了解不同的事件在不同的微服务中所引起的动作可能不是问题。但随着系统的发展，在事件驱动的微服务架构中，要全面了解这些事件和操作链是一项巨大的挑战。我们需要这个视图，因为我们希望能对出错的操作进行调试，并找出触发指定进程的原因。幸运的是，有一些工具可实现分布式跟踪: 这是一种将事件和动作链接起来，并将它们可视化为一系列动作/响应的方式。例如 Spring 家族中有 Spring Cloud Sleuth，一种可在日志中自动注入标识符(span ID)的工具，并在我们发出/接收 HTTP 的调用时、通过 RabbitMQ 发布/消费消息时以及其他时候，将这些标识符一直传播下去，然后，如果使用集中式日志记录，可使用标识符链接所有这些进程。在下一章中，我们将介绍其中一些策略。

7.3 消息传递模式

可以识别消息传递平台中的几种模式，并根据自己的需要运用这些模式。可使用图 7-7 作为理解这些概念的指南，下面将进行介绍。

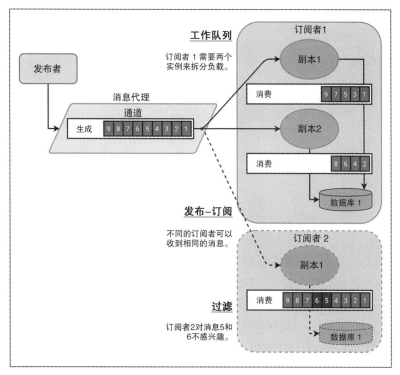

图 7-7　消息传递模式

7.3.1　发布-订阅

在这种模式中，不同的订阅者将接收到相同消息的副本。例如，系统中可能有多个对 ChallengeSolvedEvent 感兴趣的组件，如微服务 Gamification 和假设中的微服务 Reporting。这种情况下，重要的是配置这些订阅者，使它们接收相同的消息。每个订阅者将以不同的目的处理事件，以免引起重复操作。

注意，此模式更适用于事件，不适用于发送到特定服务的消息。

7.3.2　工作队列

这种模式也称为竞争消费者模式。这种情况下，我们希望将工作拆分到同一个应用程序的多个实例之间。

如图 7-7 所示，可具有同一个微服务的多个副本。然后，目的是平衡它们之间的工作负载。每个实例将消费不同的消息、处理它们，并可能将结果存储在数据库中。图中的数据库也提醒我们，同一组件的多个副本应共享同一数据层，因此可以安全地分割工作。

7.3.3 过滤器

一种常见的情况是,一些订阅者对发布到一个通道(channel)的所有消息感兴趣,而其他一些订阅者则只对其中一部分感兴趣。图 7-7 中的第二个订阅者就是这种情况。我们能想到的最简单选择是基于应用程序中的一些过滤逻辑,在消息被消费后,立即丢弃它们。相反,一些消息代理也提供现成的过滤功能,因此系统组件可以使用给定的过滤器将自己注册为订阅者。

7.3.4 数据持久性

如果代理可以持久化消息,那么订阅者就不需要一直保持运行来消费所有数据。每个订阅者在消息代理中都有一个相关联的标记,以便知道最后消费的消息是什么。如果不能在指定的时间点获取消息,稍后数据流会从离开的节点重新传递。

即使所有订阅者检索到特定消息后,你也可能希望将其存储在消息代理中一段时间。如果你希望新的订阅者获得在其上线之前的消息,这将非常有用。此外,如果要对某个订者进行“重置”,使所有消息重新得到处理,那么持久化指定时间段的所有消息可能有所帮助。例如,这可用于修复损坏的数据,但当订阅者的运算不幂等时,这也可能是一个危险的操作。

在一个将所有操作建模为事件的系统中,你可从事件持久化中获益更多。请想象一下,你擦除了任何现有数据库中的所有数据。理论上,你可以从头开始重播所有事件并重新建立相同的状态。因此,你根本不需要在数据库中保留指定实体的最后状态,因为你可将其视为多个事件的“聚合”。简而言之,这是事件溯源的核心概念。因为该技术会增加一层额外的复杂性,所以我们不再深入介绍;如果你想了解更多信息,请查看 https://tpd.io/eventsrc。

7.4 消息传递代理协议、标准和工具

多年来,出现了一些与消息代理有关的消息传递协议和标准。以下是一些流行示例的简化列表。

- 高级消息队列协议(AMQP):这是一个有线协议,将消息的数据格式定义为字节流。
- 消息队列遥测传输(MQTT):这也是一种协议,已成为物联网(IoT)设备的流行协议,因为它可用很少的代码实现,且在有限的带宽条件下工作。
- 面向文本流的消息传递协议(STOMP):这是一种类似 HTTP 的、基于文本的协议,但面向消息传递中间件。

- Java 消息服务(JMS)：与之前的协议不同，JMS 是一种 API 标准。它关注的是消息传递系统中应该实现的行为。因此，我们可以找到不同的 JMS 客户端实现，它们使用不同的底层协议连接到消息代理。

以下是实现了一些协议和标准或者有自己的协议和标准的流行软件工具：

- RabbitMQ 是一个开源的消息代理实现，支持 AMQP、MQTT 和 STOMP 等协议。它还提供了具有强大路由配置的 JMS API 客户端。
- Mosquitto 是一个实现了 MQTT 协议的 Eclipse 消息代理，所以是物联网系统的一个流行选项。
- Kafka 最初由 LinkedIn 设计，在 TCP 上使用自己的二进制协议。尽管 Kafka 的核心功能不提供与传统消息代理(例如路由)相同的功能，但当对消息中间件的要求很简单时，它会是一个强大的消息传递平台。它常见于需要处理流中大量数据的应用程序中。

任何情况下，如果你需要在不同工具中进行抉择，那么你应该熟悉它们的文档，并分析它们提供的功能能否满足你的需求，例如计划处理的数据量、交付保证(至少一次、最多一次)、错误处理策略、分布式设置的可能性等。在 Java 和 Spring Boot 中，RabbitMQ 和 Kafka 是构建事件驱动架构时的常用工具。此外，Spring 框架对这些工具进行集成，因此从编程的角度看，可以轻松地使用它们。

在本书中，我们使用 RabbitMQ 和 AMQP 协议。其主要原因是，这种组合提供了多种配置可能性，你可了解大多数选项，然后在你选用的其他任何消息传递平台中重用这些知识。

7.5 AMQP 和 RabbitMQ

RabbitMQ 原生支持 AMQP 协议 0.9.1 版本，并通过插件支持 AMQP 1.0 版本。我们将使用内置的 0.9.1 版本，因为它更简单，有更好的支持，详见 https://tpd.io/amqp1。

我们现在来看一下 AMQP 协议 0.9.1 版本主要的概念。如果你想更深入地研究概念，建议你参考 https://tpd.io/amqp-c 中的 RabbitMQ 文档。

7.5.1 总体描述

如本章前面所述，发布者是系统中向消息代理发布消息的组件或应用程序。消费者(也称为订阅者)接收并处理这些消息。

此外，AMQP 还定义了交换(exchange)、队列(queue)和绑定(binding)。详见图 7-8 以更好地理解这些概念。

交换是消息被发送到的实体。它们根据交换类型和规则定义的逻辑(被称为绑定)

路由到队列。交换可以是持久化的，即使消息代理重新启动，也仍然存在；如果不存在，那也只是暂时的。

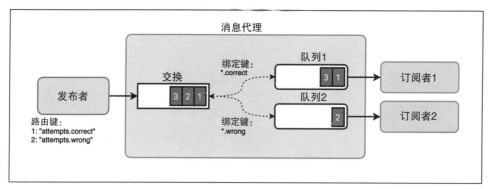

图 7-8　RabbitMQ：概念

队列是 AMQP 中存储将被消费的消息的对象。一个队列可能有零个、一个或多个消费者。同时可以是持久或临时的，但请注意，持久化的队列并不意味着它的所有消息都是持久的。要使消息在消息代理重启后仍然存在，必须将它们作为持久消息发布。

绑定是将发布到交换的消息路由到特定队列的规则。因此，我们常说队列绑定到指定的交换。一些交换类型支持通过一个可选的绑定键(binding key)来决定哪些发布到交换的消息最终应该到达指定的队列。从这个意义上讲，可将绑定键看作过滤器。

另一方面，发布者可以在发送消息时指定路由键(routing key)，因此，如果正在使用这些配置，可以基于绑定键对它们进行正确筛选。路由键由点分隔的单词组成，例如 attempt.correct。绑定键也具有类似的格式，但还可能包含模式匹配器，具体取决于交换的类型。

7.5.2　交换类型和路由

RabbitMQ 有几种交换类型可供使用。图 7-9 显示了每种交换类型的示例，将绑定键定义的不同路由策略和每条消息对应的路由键进行组合。

- 默认交换(default exchange)由消息代理预先声明。所有已创建的队列都使用与队列同名的绑定键与该交换进行绑定。从概念的角度看，这意味着可考虑使用目标队列作为绑定键来发布消息(如果将相应的名称用作路由键)。但从技术角度看，这些消息仍然要通过交换。这种设置不常用，因为它违背了整个路由的目的。
- 直连交换(direct exchange)通常用于单播路由。与默认交换的区别在于，你可以使用自己的绑定键，也可创建多个使用相同绑定键的队列。然后，这些队列都将获得其路由键与绑定键匹配的消息。从概念上讲，在发布知道目的地(单播)的消息时使用它，但不需要知道有多少队列会获得消息。

- 扇状交换(fanout exchange)不使用路由键。它将所有消息路由到绑定到交换的所有队列，因此非常适合广播场景。
- 主题交换(topic exchange)是最灵活的。我们可以使用一个模式，而不是使用具体的值将队列绑定到这个交换上。这允许订阅者注册队列来使用经过筛选的消息集。在模式中则可以使用#表示匹配任何一组单词，或者使用*表示只匹配一个单词。
- 头部交换(headers exchange)使用消息头部作为路由键以提高灵活性，由于可以设置一个或多个消息头部的匹配条件进行全匹配或任意匹配,因此可忽略标准路由键。

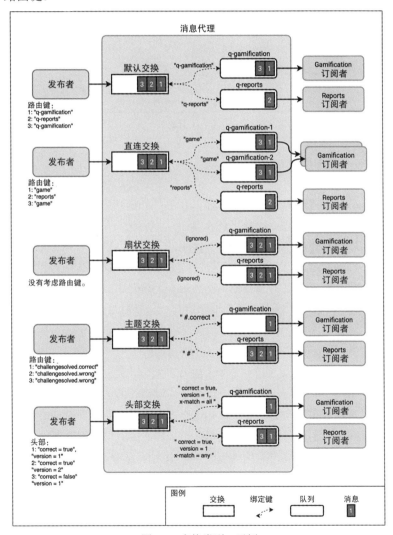

图 7-9　交换类型：示例

本章前面介绍的发布-订阅和过滤模式都适用于这些场景。图中的直连交换示例可能看起来像工作队列模式，但实际上并非如此。这个示例旨在证明，在 AMQP 协议 0.9.1 版本中，负载均衡发生在同一队列的消费者之间，而不是队列之间。为了实现工作队列模式，我们通常会多次订阅同一个队列。详见图7-10。

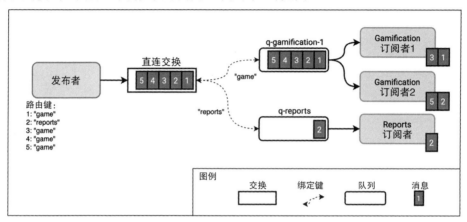

图7-10   AMQP 中的工作队列

7.5.3   消息确认和拒绝

AMQP 协议为消费者应用程序定义了两种不同的确认模式。由于在消费者发送确认后，消息将从队列中删除，因此理解两种确认模式很重要。

第一个可选项是自动确认。使用这种策略，消息在发送到应用程序时将被视为已交付。第二个选项被称为显式确认，它会等待应用程序发送确认信号。相比之下，第二个选项更好，可以确保所有消息都得到处理。消费者可以读取消息、运行一些业务逻辑、将相关数据持久化，甚至可以在向消息代理发送确认信号之前触发后续的事件。这种场景下，只有当消息已被完全处理时，才会将其从队列中删除。如果消费者在发送信号之前宕机(或出现错误)，那么消息代理将尝试把消息传递给另一个消费者。如果没有错误，它将保持等待，直到有一个消费者可用。

消费者也可以拒绝消息。假设某个消费者实例由于网络错误而无法访问数据库；这种情况下，消费者可以拒绝该消息，并指定该消息重新回到队列或者将其丢弃。但请注意，如果导致拒绝消息的错误持续存在了一段时间，并且没有其他消费者能够成功地处理它，那么我们最终可能陷入无限的"重入队列-拒绝消息"循环。

7.6   设置 RabbitMQ

我们已经了解了 AMQP 的主要概念，现在是时候下载并安装 RabbitMQ 代理了。

转到 RabbitMQ 的下载页面(https://tpd.io/rabbit-dl)并选择操作系统适用的版本。在本书中，我们将使用 RabbitMQ 的 3.8.3 版本。由于 RabbitMQ 是用 Erlang 编写的，所以如果系统的二进制安装包中没有包含此框架，你可能需要单独安装它。

按照下载页面上的所有说明执行操作的时候，就必须启动代理了。对应操作系统的下载页面中包含了所需的操作步骤。例如，在 Windows 中，RabbitMQ 作为服务安装，你可以在 "开始" 菜单中启动/停止它。在 macOS 中，则必须通过命令行窗口运行启动/停止命令。

RabbitMQ 中包含一些标准插件，但并非默认启用所有插件。作为额外的步骤，我们将启用管理插件，该插件可以提供访问 Web UI 以及用于监视和管理代理的 API。在代理的安装文件夹的 sbin 文件夹下，执行以下命令：

```
$ rabbitmq-plugins enable rabbitmq_management
```

然后，当重新启动代理时，应该能够导航到 http://localhost:15672 并看到登录页面。由于 RabbitMQ 在本地运行，因此可以使用默认的用户名和密码(guest/guest)进行登录。同时，RabbitMQ 支持定制对代理的访问控制；如果你想了解有关用户授权的详细信息，请查看 https://tpd.io/rmq-ac。图 7-11 展示了登录后的 RabbitMQ 管理插件 UI。

图 7-11　RabbitMQ 的管理插件用户界面

通过这个UI，可监控队列中的消息、处理速率、关于不同注册节点的统计信息等。该工具栏使我们能够访问其他许多特性，如对队列和交换的监管。甚至可以在这个界面创建或删除这些实体。在本书中，将以编程方式创建交换和队列，但对我们来说，该工具对于理解应用程序如何与RabbitMQ一起使用这个问题将很有帮助。

在首页的Overview部分中，可看到一个节点列表。由于RabbitMQ安装在本地，因此只有一个名为Rabbit@localhost的节点。可在网络中添加更多RabbitMQ代理实例，然后在不同计算机上设置一个分布式集群。因为消息代理会自行复制数据，这将提供更好的可用性和容错性，所以我们仍可在节点出现故障或网络分区出现故障时进行操作。RabbitMQ官方文档中的 *The Clustering Guide*(https://tpd.io/rmq-cluster)描述了适合的配置选项。

7.7　Spring AMQP 和 Spring Boot

由于使用了Spring Boot构建微服务，因此将使用Spring模块连接到RabbitMQ消息代理。这种情况下，我们需要的是 Spring AMQP 项目。该模块包含两个工件：spring-rabbit，它是一组与RabbitMQ代理一起使用的工具；以及spring-amqp，它包括所有 AMQP 抽象，因此可使实现独立于供应商。当前，Spring 仅提供 AMQP 协议的RabbitMQ实现。

与其他模块一样，Spring Boot 为AMQP提供了一个启动程序，并带有诸如自动配置的额外实用程序：spring-boot-starter-amqp。此入门程序使用了前面描述的两种工件，因此隐式假定我们将使用RabbitMQ代理(因为它是唯一可用的实现)。

我们将使用Spring来声明交换、队列和绑定，并生成和使用消息。

7.8　解决方案设计

在描述本章中的概念时，我们已对要构建的功能进行了快速预览。请参见图7-12。该图仍包含序列号，以明确说明从 Multiplication 微服务到客户端的响应可能在Gamification 微服务处理消息之前发生。这是一个异步的、最终一致的流程。

如图所示，我们将创建一个 Topic 类型的 Attempts(尝试)交换。在类似的事件驱动架构中，这使我们能灵活地使用特定的路由键发送事件，并允许消费者订阅所有事件或在队列中设置自己的过滤器。

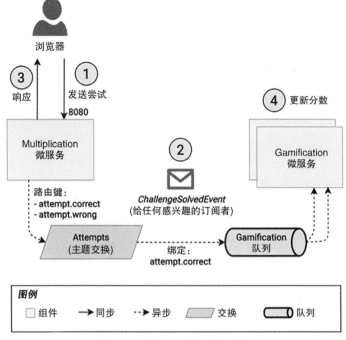

图 7-12 消息代理的异步流程

从概念上讲，Multiplication 微服务拥有 Attempts 交换。将使用它来发布与用户尝试有关的事件。原则上，将发布正确和错误的事件，因为对消费者的逻辑一无所知。另一方面，Gamification 微服务使用满足其要求的绑定键来声明队列。这种情况下，路由键用作过滤器，仅接收正确的尝试。如上图所示，可能有多个 Gamification 微服务实例从同一队列中消费。这种情况下，代理将平衡所有实例之间的负载。

假设另一种微服务也对 ChallengeSolvedEvent 感兴趣，该微服务将需要声明自己的队列来消费相同的消息。例如，可引入 Reports 微服务，该微服务创建 reports 队列并使用绑定键 attempt.*(或＃)来消费正确和错误的尝试。

我们可以很好地结合发布-订阅和工作队列模式，以便多个微服务可以处理相同的消息，且同一微服务的多个实例可在它们之间共享负载。此外，通过让发布者负责交换和订阅者负责队列，我们构建了事件驱动的微服务架构，并通过引入消息代理实现了松散耦合。

让我们创建完成计划所需的任务列表：

(1) 将新的启动程序依赖项添加到 Spring Boot 应用程序中。

(2) 删除将挑战显式发送给 Gamification 和相应控制器的 REST API 客户端。

(3) 将 ChallengeSolvedDTO 重命名为 ChallengeSolvedEvent。

(4) 声明 Multiplication 微服务上的交换。

(5) 更改 Multiplication 微服务的逻辑以发布事件，而不是调用 REST API。

(6) 在 Gamification 微服务上声明队列。

(7) 包含消费者逻辑以获取队列中的事件，并将其连接到现有的服务层，以处理分数和徽章的正确尝试。

(8) 相应地重构测试。

在本章的最后，我们还将介绍新的设置，并尝试运用 RabbitMQ 引入的负载均衡和容错优势。

7.8.1 添加 AMQP 启动程序

要在 Spring Boot 应用程序中使用 AMQP 和 RabbitMQ 功能，我们将相应的启动程序添加到 pom.xml 文件中。代码清单 7-1 显示了这个新的依赖项。

代码清单 7-1 将 AMQP 启动程序添加到 Spring Boot 项目中

```
<dependencies>
    <!-- ... existing dependencies -->
    <dependency>
        <groupId>org.springframework.boot</groupId>
        <artifactId>spring-boot-starter-amqp</artifactId>
    </dependency>
</dependencies>
```

源代码

可在 chapter07 存储库中的 Github 上找到本章的所有源代码。请参阅 https://github.com/Book-Microservices-v2/chapter07。

该启动程序包括上述的 spring-rabbit 和 spring-amqp 库。从上一章我们知道，传递依赖项 spring-boot-autoconfigure 包括一些类，这些类负责连接 RabbitMQ 并进行一些方便的默认设置。

这种情况下，最有趣的类之一是 RabbitAutoConfiguration(请参阅 https://tpd.io/rabbitautocfg)。它使用在 RabbitProperties 类(请参阅 https://tpd.io/rabbitprops) 中定义的一组属性，可以在 application.properties 文件中覆盖这些属性。在这里，可以找到预定义的端口(15672)、用户名(guest)和密码(guest)。自动配置类为 RabbitTemplate 对象构建连接工厂和配置程序，可使用它们来接收消息或将消息发送到 RabbitMQ。我们将使用抽象接口 AmqpTemplate(请参阅 https://tpd.io/amqp- temp-doc)。

自动配置包还包括一些使用其他机制接收消息的默认配置：RabbitListener 注解。在对 RabbitMQ 订阅者进行编码时，我们会更详细地介绍它。

7.8.2　Multiplication 中的事件发布

让我们首先关注发布者 Multiplication 微服务。添加新的依赖项后，我们可以包括一些额外的配置。

- 交换的名称：将其保存在配置中很有用，这样，就不必在以后根据运行应用程序的环境对其进行修改，也不必在应用程序之间共享它，这将在下一章中介绍。
- 日志记录设置：添加了这些设置，以在应用程序与 RabbitMQ 进行交互时查看其他日志。为此，将 RabbitAdmin 类的日志级别改为 DEBUG。此类与 RabbitMQ 代理进行交互以声明交换、队列和绑定。

此外，可删除指向 Gamification 服务的属性；我们不再需要直接调用它。代码清单 7-2 显示了所有属性更改。

代码清单 7-2　在 Multiplication 微服务中调整 application.properties

```
# ... all properties above remain untouched

# For educational purposes we will show the SQL in console
# spring.jpa.show-sql=true <- it's time to remove this

# Gamification service URL <-- We remove this block
# service.gamification.host=http://localhost:8081

amqp.exchange.attempts=attempts.topic

# Shows declaration of exchanges, queues, bindings, etc.
logging.level.org.springframework.amqp.rabbit.core.RabbitAdmin = DEBUG
```

现在，将 Exchange 声明添加到 AMQP 的单独配置文件中。Spring 模块为此提供了一个方便的生成器，即 ExchangeBuilder。我们要做的是添加希望在代理中声明的主题类型的 Bean。此外，将使用此配置类将预定义的序列化格式切换为 JSON。在继续说明之前，请参见代码清单 7-3。

代码清单 7-3　添加 AMQP 配置 Bean

```
package microservices.book.multiplication.configuration;

import org.springframework.amqp.core.ExchangeBuilder;
import org.springframework.amqp.core.TopicExchange;
import org.springframework.amqp.support.converter.Jackson2JsonMessageConverter;
import org.springframework.beans.factory.annotation.Value;
import org.springframework.context.annotation.Bean;
import org.springframework.context.annotation.Configuration;

/**
 * Configures RabbitMQ via AMQP abstraction to use events in our application.
```

```
  */
@Configuration
public class AMQPConfiguration {

    @Bean
    public TopicExchange challengesTopicExchange(
            @Value("${amqp.exchange.attempts}") final String exchangeName) {
        return ExchangeBuilder.topicExchange(exchangeName).durable(true).build();
    }

    @Bean
    public Jackson2JsonMessageConverter producerJackson2MessageConverter() {
        return new Jackson2JsonMessageConverter();
    }
}
```

我们使该主题具有持久性，因此它将在 RabbitMQ 重新启动后保留在代理中。另外，将其声明为主题交换，因为这是在事件驱动系统中设想的解决方案。借助已知的 @Value 注解，可从配置中选择该名称。

通过注入类型为 Jackson2JsonMessageConverter 的 Bean，用 JSON 对象序列化程序覆盖默认的 Java 对象序列化程序。这样做是为了避免 Java 对象序列化的各种缺陷。

- 这不是可在编程语言之间使用的适当标准。如果我们要引入不是用 Java 编写的消费者，则必须寻找一个特定的库来执行跨语言反序列化。
- 在消息的标题中使用硬编码的完全限定类型名称。反序列化程序期望 Java Bean 位于相同的程序包中，并具有相同的名称和字段。这根本不灵活，因为我们可能只想反序列化某些属性，并遵循良好的域驱动设计实践来保留自己的事件数据版本。

Jackson2JsonMessageConverter 使用在 Spring AMQP 中预先配置的 Jackson 的 ObjectMapper。然后，RabbitTemplate 实现将使用我们的 Bean，该类将序列化对象并将其作为 AMQP 消息发送给代理。在订阅者端，可从 JSON 格式的普及中受益，从而可使用任何编程语言对内容进行反序列化。还可以使用我们自己的对象表示形式，并忽略消费者端不需要的属性，从而减少微服务之间的耦合。如果发布者在有效负载中包括新字段，则订阅者不必更改任何内容。

JSON 不是 Spring AMQP 消息转换器支持的唯一标准。你还可以使用 XML 或 Google 的协议缓冲区(即 protobuf)。由于它是扩展的标准，因此我们将在系统中坚持使用 JSON；并且由于有效载荷可读，因此它也可用于教学。在性能至关重要的实际系统中，应考虑一种有效的二进制格式(如 protobuf)。有关数据序列化格式的比较，请参见 https://tpd.io/dataser。

下一步删除 GamificationServiceClient 类。然后，还想重命名现有的 ChallengeSolvedDTO 使其成为事件。不需要修改任何字段，只需要修改名称即可。参见代码清单 7-4。

代码清单 7-4　将 ChallengeSolvedDTO 重命名为 ChallengeSolvedEvent

```
package microservices.book.multiplication.challenge;

import lombok.Value;

@Value
public class ChallengeSolvedEvent {
    long attemptId;
    boolean correct;
    int factorA;
    int factorB;
    long userId;
    String userAlias;
}
```

此处显示的命名约定是事件的良好实践。它们表示已经发生的事实，因此名称应使用过去式。另外，通过添加 Event 后缀，明确表示我们正在使用事件驱动的方法。

接下来，在服务层中创建一个新组件以发布事件。这等效于已经删除的 REST 客户端，但是这次与消息代理进行通信。用@Service 原型为这个新类 ChallengeEventPub 注解，并使用构造函数注入来连接 AmqpTemplate 对象和交换的名称。有关完整的源代码，请参见代码清单 7-5。

代码清单 7-5　ChallengeSolvedEvent 的发布者

```
package microservices.book.multiplication.challenge;

import org.springframework.amqp.core.AmqpTemplate;
import org.springframework.beans.factory.annotation.Value;
import org.springframework.stereotype.Service;

@Service
public class ChallengeEventPub {

    private final AmqpTemplate amqpTemplate;
    private final String challengesTopicExchange;

    public ChallengeEventPub(final AmqpTemplate amqpTemplate,
                             @Value("${amqp.exchange.attempts}")
                             final String challengesTopicExchange) {
        this.amqpTemplate = amqpTemplate;
        this.challengesTopicExchange = challengesTopicExchange;
    }
    public void challengeSolved(final ChallengeAttempt challengeAttempt) {
        ChallengeSolvedEvent event = buildEvent(challengeAttempt);
        // Routing Key is 'attempt.correct' or 'attempt.wrong'
        String routingKey = "attempt." + (event.isCorrect() ?
```

```
                       "correct" : "wrong");
        amqpTemplate.convertAndSend(challengesTopicExchange,
                routingKey,
                event);
    }

    private ChallengeSolvedEvent buildEvent(final ChallengeAttempt attempt) {
        return new ChallengeSolvedEvent(attempt.getId(),
                attempt.isCorrect(), attempt.getFactorA(),
                attempt.getFactorB(), attempt.getUser().getId(),
                attempt.getUser().getAlias());
    }
}
```

AmqpTemplate 只是定义 AMQP 标准的接口。基础实现是 RabbitTemplate，它使用了我们之前配置的 JSON 转换器。我们计划从 ChallengeServiceImpl 类中调用主 Challenge 服务逻辑的 challengeSolved 方法。此方法使用辅助方法 buildEvent 将域对象转换为事件对象，并使用 amqpTemplate 进行转换(转换为 JSON)然后根据给定的路由键发送事件。根据用户正确与否，这个命令可能是 attempt.correct 或 attempt.wrong。

由于提供了 AmqpTemplate/RabbitTemplate 和默认配置，使用 Spring 和 Spring Boot 将消息发布到代理很简单，这些配置可以抽象到代理的连接、消息转换、交换声明等。

我们的代码中唯一缺少的部分是将挑战逻辑与发布者的类联系起来。只需要用新的 ChallengeEventPub 替换在 ChallengeServiceImpl 中使用的注入的 GamificationServiceClient 服务，并使用新的方法调用即可。还可以重写注解以阐明我们不是在调用 Gamification 服务，而是为系统中可能感兴趣的任何组件发送事件。参见代码清单 7-6。

代码清单 7-6　修改 ChallengeServiceImpl 类以发送新事件

```
@Slf4j
@RequiredArgsConstructor
@Service
public class ChallengeServiceImpl implements ChallengeService {

    private final UserRepository userRepository;
    private final ChallengeAttemptRepository attemptRepository;
    private final ChallengeEventPub challengeEventPub; // replaced

    @Override
    public ChallengeAttempt verifyAttempt(ChallengeAttemptDTO attemptDTO) {
        // ...

        // Stores the attempt
        ChallengeAttempt storedAttempt = attemptRepository.save(checkedAttempt);

        // Publishes an event to notify potentially interested subscribers
```

```
        challengeEventPub.challengeSolved(storedAttempt);

        return storedAttempt;
    }

    // ...
}
```

练习

修改现有的 ChallengeServiceTest 以验证其使用新服务而不是已删除的 REST 客
户端。

不要把 ChallengeEventPubTest 当作练习放在一边，我们将在本书中介绍它，因为
它带来了新的挑战。我们想确认要模拟的 AmqpTemplate 是否由所需的路由键和事件
对象调用，但无法从方法外部访问该数据。让方法返回具有这些值的对象似乎使代码
过度适应我们的测试。这种情况下，可以使用 Mockito 的 ArgumentCaptor 类(请参阅
https://tpd.io/argcap)捕获传递给 Mock 的参数，以便稍后可以声明这些值。

此外，由于在再次访问测试的过程中进行了短暂的休息，因此将引入另一个 JUnit
功能：参数化测试(请参阅 https://tpd.io/param-tests)。用来验证正确和错误尝试的测试用
例是相似的，因此可以为这两种情况编写通用测试，并使用参数进行断言。请参见代
码清单 7-7 中的 ChallengeEventPubTest 源代码。

代码清单 7-7　用于检查正确和错误尝试行为的参数化测试

```java
package microservices.book.multiplication.challenge;

import org.junit.jupiter.api.BeforeEach;
import org.junit.jupiter.api.extension.ExtendWith;
import org.junit.jupiter.params.ParameterizedTest;
import org.junit.jupiter.params.provider.ValueSource;
import org.mockito.ArgumentCaptor;
import org.mockito.Mock;
import org.mockito.junit.jupiter.MockitoExtension;
import org.springframework.amqp.core.AmqpTemplate;

import microservices.book.multiplication.user.User;

import static org.assertj.core.api.BDDAssertions.*;
import static org.mockito.Mockito.*;

@ExtendWith(MockitoExtension.class)
class ChallengeEventPubTest {

    private ChallengeEventPub challengeEventPub;

    @Mock
```

```
private AmqpTemplate amqpTemplate;

@BeforeEach
public void setUp() {
    challengeEventPub = new ChallengeEventPub(amqpTemplate,
            "test.topic");
}

@ParameterizedTest
@ValueSource(booleans = {true, false})
public void sendsAttempt(boolean correct) {
    // given
    ChallengeAttempt attempt = createTestAttempt(correct);

    // when
    challengeEventPub.challengeSolved(attempt);

    // then
    var exchangeCaptor = ArgumentCaptor.forClass(String.class);
    var routingKeyCaptor = ArgumentCaptor.forClass(String.class);
    var eventCaptor = ArgumentCaptor.forClass(ChallengeSolvedEvent.class);

    verify(amqpTemplate).convertAndSend(exchangeCaptor.capture(),
            routingKeyCaptor.capture(), eventCaptor.capture());
    then(exchangeCaptor.getValue()).isEqualTo("test.topic");
    then(routingKeyCaptor.getValue()).isEqualTo("attempt." +
            (correct ? "correct" : "wrong"));
    then(eventCaptor.getValue()).isEqualTo(solvedEvent(correct));
}

private ChallengeAttempt createTestAttempt(boolean correct) {
    return new ChallengeAttempt(1L, new User(10L, "john"), 30, 40,
            correct ? 1200 : 1300, correct);
}

private ChallengeSolvedEvent solvedEvent(boolean correct) {
    return new ChallengeSolvedEvent(1L, correct, 30, 40, 10L, "john");
}
}
```

7.8.3　Gamification 作为订阅者

现在，我们完成了发布者的代码，继续来看订阅者的：Gamification 微服务。简而言之，我们需要替换现有的接受事件订阅者尝试的控制器。这意味着创建一个 AMQP 队列并将其绑定到先前在 Multiplication 微服务中声明的主题交换。

首先填写配置设置。还在此处删除该属性以显示查询，并为 RabbitMQ 添加额外的日志记录。然后设置新队列和交换的名称，该名称与添加到先前服务的值匹配。参见代码清单 7-8。

代码清单 7-8　定义 Gamification 中的队列和交换名称

```
# ... all properties above remain untouched

amqp.exchange.attempts=attempts.topic
amqp.queue.gamification=gamification.queue

# Shows declaration of exchanges, queues, bindings, etc.
logging.level.org.springframework.amqp.rabbit.core.RabbitAdmin = DEBUG
```

为声明新队列和绑定，还将使用一个名为 AMQPConfiguration 的配置类。请记住，也应该在消费者端声明交换。即使在概念上订阅者不拥有交换，我们也希望微服务能按任何给定的顺序启动。如果没有在 Gamification 微服务上声明交换，并且代理的实体尚未初始化，我们将不得不先启动 Multiplication 微服务。当声明队列时，交换必须存在。自从使交换变得持久以来，这仅在第一次声明时适用。但在微服务的代码中声明微服务需要的所有交换和队列是一个好习惯，因此它不依赖于其他任何交换和队列。注意，RabbitMQ 实体的声明是幂等操作；如果实体存在，则该操作无效。

还需要在消费者端进行一些配置，以使用 JSON 反序列化消息，而不是使用默认消息转换器提供的格式。让我们看一下代码清单 7-9 中配置类的完整源代码，稍后将详细介绍其中的一部分。

代码清单 7-9　Gamification 微服务的 AMQP 配置

```
package microservices.book.gamification.configuration;

import com.fasterxml.jackson.annotation.JsonCreator;
import com.fasterxml.jackson.module.paramnames.ParameterNamesModule;

import org.springframework.amqp.core.*;
import org.springframework.amqp.rabbit.annotation.RabbitListenerConfigurer;
import org.springframework.beans.factory.annotation.Value;
import org.springframework.context.annotation.Bean;
import org.springframework.context.annotation.Configuration;
import org.springframework.messaging.converter.MappingJackson2MessageConverter;
import org.springframework.messaging.handler.annotation.support.
DefaultMessageHandlerMethodFactory;
import org.springframework.messaging.handler.annotation.support.
MessageHandlerMethodFactory;

@Configuration
public class AMQPConfiguration {
```

```java
@Bean
public TopicExchange challengesTopicExchange(
        @Value("${amqp.exchange.attempts}") final String exchangeName) {
    return ExchangeBuilder.topicExchange(exchangeName).durable(true).build();
}

@Bean
public Queue gamificationQueue(
        @Value("${amqp.queue.gamification}") final String queueName) {
    return QueueBuilder.durable(queueName).build();
}

@Bean
public Binding correctAttemptsBinding(final Queue gamificationQueue,
                                      final TopicExchange attemptsExchange) {
    return BindingBuilder.bind(gamificationQueue)
        .to(attemptsExchange)
        .with("attempt.correct");
}

@Bean
public MessageHandlerMethodFactory messageHandlerMethodFactory() {
    DefaultMessageHandlerMethodFactory factory = new
    DefaultMessageHandlerMethodFactory();

    final MappingJackson2MessageConverter jsonConverter =
            new MappingJackson2MessageConverter();
    jsonConverter.getObjectMapper().registerModule(
            new ParameterNamesModule(JsonCreator.Mode.PROPERTIES));

    factory.setMessageConverter(jsonConverter);
    return factory;
}

@Bean
public RabbitListenerConfigurer rabbitListenerConfigurer(
        final MessageHandlerMethodFactory messageHandlerMethodFactory) {
    return (c) -> c.setMessageHandlerMethodFactory(messageHandlerMethodFactory);
}
}
```

使用提供的构建器，交换、队列和绑定的声明变得十分简单。我们声明了一个持久队列，以使其在代理重新启动后继续生存，其名称来自配置值。Bean 的绑定声明方法使用由 Spring 注入的另外两个 Bean，并将它们与 attempt.correct 值链接。如前所述，我们只对处理分数和徽章的正确尝试感兴趣。

接着设置一个 MessageHandlerMethodFactory Bean 来替换默认 Bean。我们实际上使用默认工厂作为基准，但是随后将其消息转换器替换为 MappingJackson2MessageConverter 实例，该实例处理从 JSON 到 Java 类的消息反序列化。对其包含的 ObjectMapper 进行微调，并添加 ParameterNamesModule 以避免必须为事件类使用空的构造函数。请注意，通过 REST API(我们先前的实现)传递 DTO 时，不需要这样做，因为 Spring Boot 在 Web 层自动配置中配置了此模块。但 RabbitMQ 不会执行此操作，因为 JSON 不是默认选项。因此，需要对其进行显式配置。

这次，将不使用 AmqpTemplate 来接收消息，因为这是基于轮询的，它不必要地消耗了网络资源。相反，我们希望代理在有消息时通知订阅者，因此将使用异步选项。AMQP 抽象不支持此功能，但是 spring-rabbit 组件提供了两种异步消费消息的机制。最简单、最受欢迎的是@RabbitListener 注解，我们将使用它从队列中获取事件。要配置侦听器以使用 JSON 反序列化，必须用使用了自定义 MessageHandlerMethodFactory 的实现来覆盖 Bean RabbitListenerConfigurer。

下一个任务是将 ChallengeSolvedDTO 重命名为 ChallengeSolvedEvent。参见代码清单 7-10。从技术角度看，不需要使用相同的类名，因为 JSON 格式仅指定字段名和值。但这是一个好习惯，这样你就可以在项目中轻松地找到相关的事件类。

代码清单 7-10　在 Gamification 中将 ChallengeSolvedDTO 重命名为 ChallengeSolvedEvent

```
package microservices.book.gamification.challenge;

import lombok.Value;

@Value
public class ChallengeSolvedEvent {

    long attemptId;
    boolean correct;
    int factorA;
    int factorB;
    long userId;
    String userAlias;

}
```

遵循域驱动的设计实践，可以调整此事件的反序列化字段。例如，我们不需要 userAlias 作为 Gamification 的业务逻辑，因此可以将其从消费事件中删除。由于 Spring Boot 默认情况下将 ObjectMapper 配置为忽略未知属性，因此该策略无需其他配置即可使用。最好不要在微服务之间共享该类的代码，因为它还支持松散耦合、向后兼容和独立部署。想象一下，Multiplication 微服务将进一步发展并存储额外的数据，假设这是更艰巨挑战的额外因素。然后，此额外因素将被添加到已发布事件的代码中。好消息是，通过在每个域中使用事件的不同表示形式并将映射器配置为忽略未知属性，Gamification 微服务仍然有效，而不必更新其事件表示形式。

现在让我们对事件消费者进行编码。如前所述，将使用@RabbitListener 注解。可将此注解添加到方法中，使其在消息到达时充当消息的处理逻辑。在我们的例子中，只需要指定要订阅的队列名称，因为我们已经在单独的配置文件中声明了所有 RabbitMQ 实体。有一些选项可将这些声明嵌入此注解中，但代码看起来不再那么干净了(如果你感到好奇，请参阅 https://tpd.io/rmq-listener)。

在代码清单 7-11 中检查消费者的来源，然后分析最相关的部分。

代码清单 7-11　RabbitMQ 消费者的逻辑

```java
package microservices.book.gamification.game;

import org.springframework.amqp.AmqpRejectAndDontRequeueException;
import org.springframework.amqp.rabbit.annotation.RabbitListener;
import org.springframework.stereotype.Service;

import lombok.RequiredArgsConstructor;
import lombok.extern.slf4j.Slf4j;

import microservices.book.gamification.challenge.ChallengeSolvedEvent;

@RequiredArgsConstructor
@Slf4j
@Service
public class GameEventHandler {

    private final GameService gameService;

    @RabbitListener(queues = "${amqp.queue.gamification}")
    void handleMultiplicationSolved(final ChallengeSolvedEvent event) {
        log.info("Challenge Solved Event received: {}", event.getAttemptId());
        try {
            gameService.newAttemptForUser(event);
        } catch (final Exception e) {
            log.error("Error when trying to process ChallengeSolvedEvent", e);
            // Avoids the event to be re-queued and reprocessed.
            throw new AmqpRejectAndDontRequeueException(e);
        }
    }
}
```

如你所见，实现 RabbitMQ 订阅者所需的代码量很少。可使用配置属性将队列名称传递给 RabbitListener 注解。Spring 处理此方法并分析参数。假设已将 ChallengeSolvedEvent 类指定为期望的输入，则 Spring 将自动配置一个反序列化器，将消息从代理转换为该对象类型。由于将覆盖 AMQPConfiguration 类中的默认 RabbitListenerConfigurer，因此它将使用 JSON。

从消费者的代码中，还可以推断出错误处理策略是什么。默认情况下，当方法最终正常完成时，Spring 基于 RabbitListener 注解构建的逻辑会将确认发送给代理。在 Spring Rabbit 中，这称为 AUTO 确认模式。如果希望在处理之前就发送 ACK 信号，可将其更改为 NONE；如果希望完全控制，则可以将其更改为 MANUAL(然后必须注入一个额外参数来发送此信号)。可在工厂级别(全局配置)或侦听器级别(通过将额外的参数传递给 RabbitListener 注解)设置此参数和其他配置值。这里的错误策略是使用默认值 AUTO，但捕获任何可能的异常，记录错误，然后重新抛出 AmqpRejectAndDontRequeueException。这是 Spring AMQP 提供的快捷方式，用于拒绝该消息并告诉代理不要重新排队。这意味着，如果 Gamification 的消费者逻辑中出现意外错误，我们将丢失该消息。在本例中，这是可以接受的。如果要避免这种情况，还可设置代码以多次重试，方法是重新抛出具有相反含义的异常 InstantRequeueAmqpException，或者使用 Spring AMQP 中提供的一些工具(例如错误处理程序或邮件恢复程序)来处理这些无效的消息。要了解详细信息，请参见 Spring AMQP 文档中的"异常处理"部分(https://tpd.io/spring-amqp-exc)。

可使用 RabbitListener 注解做很多事情。下面列出其中包括的一些功能：

- 声明交换、队列和绑定。
- 使用相同的方法从多个队列接收消息。
- 通过使用@Header(对于单个值)或@Headers(对于映射)注解额外的参数来处理消息头。
- 注入 Channel 参数，例如，我们可以控制确认。
- 通过从侦听器返回值来实现请求-响应模式。
- 将注解移到类级别，并使用@RabbitHandler 方法。这种方法允许我们配置多种方法来处理同一队列中出现的不同消息类型。

有关这些用例的详细信息，请查看 Spring AMQP 文档(https://tpd.io/samqp-docs)。

练习

为新的 GameEventHandler 类创建一个测试。检查该服务是否已被调用以及其逻辑中的异常是否导致了重新抛出预期的 AMQP 异常。该解决方案包含在本章提供的源代码中。

既然有了订阅者的逻辑，就可以安全地删除 GameController 类。然后重构现有的 GameService 接口及其实现 GameServiceImpl，以接受重命名的 ChallengeSolvedEvent。其余逻辑可以保持不变。参见代码清单 7-12 以及最终的 newAttemptForUser 方法。

代码清单 7-12　使用事件类更新的 newAttemptForUser 方法

```java
@Override
public GameResult newAttemptForUser(final ChallengeSolvedEvent challenge) {
    // We give points only if it's correct
    if (challenge.isCorrect()) {
        ScoreCard scoreCard = new ScoreCard(challenge.getUserId(),
                challenge.getAttemptId());
        scoreRepository.save(scoreCard);
        log.info("User {} scored {} points for attempt id {}",
                challenge.getUserAlias(), scoreCard.getScore(),
                challenge.getAttemptId());
        List<BadgeCard> badgeCards = processForBadges(challenge);
        return new GameResult(scoreCard.getScore(),
                badgeCards.stream().map(BadgeCard::getBadgeType)
                        .collect(Collectors.toList()));
    } else {
        log.info("Attempt id {} is not correct. " +
                    "User {} does not get score.",
                challenge.getAttemptId(),
                challenge.getUserAlias());
        return new GameResult(0, List.of());
    }
}
```

可以取消对正确尝试的检查，但是随后我们将过多地依赖于 Multiplication 微服务上的正确路由。如果保留它，那么每个人都可以更轻松地阅读代码并知道代码的作用，而不必弄清楚是否存在基于路由键的过滤器逻辑。可从代理的路由中受益，但请记住，我们不想在通道中嵌入过多行为。

通过这些更改，我们完成了所需的修改，从而切换到微服务中的事件驱动的架构。请记住，重命名的 DTO 作为 ChallengeSolvedEvent 影响着更多的类。我们省略了它们，因为 IDE 应该自动处理这些更改。下面再次回顾一下对系统所做的更改：

(1) 在 Spring Boot 应用程序中添加了新的 AMQP 启动程序依赖项，以使用 AMQP 和 RabbitMQ。

(2) 删除了 REST API 客户端(在 Multiplication 中)和控制器(在 Gamification 中)，因为我们使用 RabbitMQ 切换到事件驱动的架构。

(3) 将 ChallengeSolvedDTO 重命名为 ChallengeSolvedEvent。重命名导致其他类和测试的修改，但是这些更改并不相关。

(4) 在两个微服务中声明了新的主题交换。

(5) 更改了 Multiplication 微服务的逻辑，以发布事件而不是调用 REST API。

(6) 在 Gamification 微服务上定义了新队列。

(7) 在 Gamification 微服务中实现了 RabbitMQ 消费者逻辑。

(8) 对测试进行了相应的重构，使其适应新的界面。

请记住，可在本书的在线存储库中找到本章中显示的所有代码。

7.9　场景分析

让我们使用新的事件驱动的系统尝试几种不同的场景。我们的目标是证明使用消息代理引入新的架构设计会带来真正的优势。

综上所述，请参见图 7-13 了解系统的当前状态。

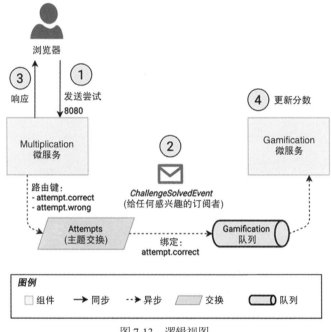

图 7-13　逻辑视图

本节中的所有场景都要求我们按照以下步骤来启动完整的系统：

(1) 确保 RabbitMQ 服务正在运行。否则，请启动它。

(2) 运行两个微服务应用程序：Multiplication 和 Gamification。

(3) 运行 React 的用户界面。

(4) 在浏览器中，转到位于 http://localhost:15672/的 RabbitMQ 管理界面，然后使用 guest/guest 登录。

7.9.1　快乐流

我们还没有在系统中使用新的消息代理。这是我们要尝试的第一件事。在此之前，让我们检查 Gamification 微服务的日志。应该会看到一些新的日志行，如代码清单 7-13 所示。

代码清单 7-13　显示了初始化 RabbitMQ 的 Spring Boot 应用程序日志

```
INFO 11686 --- [main] o.s.a.r.c.CachingConnectionFactory: Attempting to connect
to: [localhost:5672]
INFO 11686 --- [main] o.s.a.r.c.CachingConnectionFactory: Created new connection:
rabbitConnectionFactory#7c7e73c5:0/SimpleConnection@2bf2d6eb [delegate=amqp://
guest@127.0.0.1:5672/, localPort= 63651]
DEBUG 11686 --- [main] o.s.amqp.rabbit.core.RabbitAdmin : Initializing
declarations
DEBUG 11686 --- [main] o.s.amqp.rabbit.core.RabbitAdmin : declaring Exchange
'attempts.topic'
DEBUG 11686 --- [main] o.s.amqp.rabbit.core.RabbitAdmin : declaring Queue
'gamification.queue'
DEBUG 11686 --- [main] o.s.amqp.rabbit.core.RabbitAdmin : Binding destination
[gamification.queue (QUEUE)] to exchange [attempts.topic] with routing key
[attempt.correct]
DEBUG 11686 --- [main] o.s.amqp.rabbit.core.RabbitAdmin : Declarations finished
```

当使用 Spring AMQP 时，通常会记录前两行。它们表明已成功连接到代理。如前所述，由于使用默认配置，因此不需要添加任何连接属性(例如主机或凭据)。其余日志行之所以存在，是因为将 RabbitAdmin 类的日志记录级别更改为 DEBUG。这些是不言而喻的，包括我们创建的交换、队列和绑定的值。

在 Multiplication 端，还没有 RabbitMQ 日志。原因是连接和交换的声明仅在我们发布第一条消息时发生。这意味着主题交换首先由 Gamification 微服务声明。我们准备了一些代码，因此不必理会启动顺序。

现在，可以查看 RabbitMQ UI，以了解当前状态。在 Connection 选项卡上，将看到由 Gamification 微服务创建的一个连接。见图 7-14。

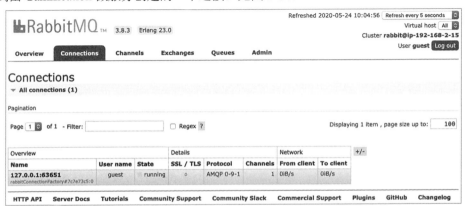

图 7-14　RabbitMQ UI：单个连接

如果切换到 Exchanges 选项卡，我们将看到 topic 类型的 attempts.topic 交换，并声明为 durable(D)。请参见图 7-15。

图 7-15　RabbitMQ UI：交换列表

现在，单击交换名称可以跳转到详细信息页面，我们甚至可看到一个基本图，该图显示了绑定队列和对应的绑定键。请参见图 7-16。

Queues 选项卡显示了最近创建的队列及其名称，该队列的名称也配置为 durable。请参见图 7-17。

图 7-16　RabbitMQ UI：交换详细信息

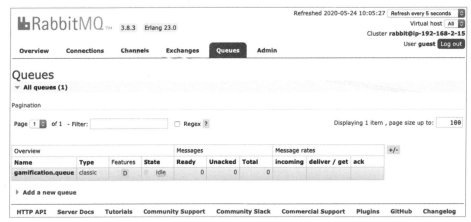

图 7-17　RabbitMQ UI：队列列表

了解所有初始化方式后，让我们导航到 UI 并发送一些正确和不正确的尝试。如果愿意，可稍加修改，至少运行此命令十次，这将产生十次正确的尝试。

```
$ http POST :8080/attempts factorA=15 factorB=20 userAlias=test1 guess=300
```

在 Multiplication 日志中，现在应该看到它如何连接到代理并声明交换(这已经存在，因此无效)。

Gamification 应用程序的日志应反映事件的消费情况和相应的更新分数。参见代码清单 7-14。

代码清单 7-14　收到新事件后 Gamification 微服务的日志

```
INFO 11686 --- [ntContainer#0-1] m.b.gamification.game.GameEventHandler :
Challenge Solved Event received: 50
INFO 11686 --- [ntContainer#0-1] m.b.gamification.game.GameServiceImpl : User
test1 scored 10 points for attempt id 50
INFO 11686 --- [ntContainer#0-1] m.b.gamification.game.GameEventHandler :
Challenge Solved Event received: 51
INFO 11686 --- [ntContainer#0-1] m.b.gamification.game.GameServiceImpl : User
test1 scored 10 points for attempt id 51
INFO 11686 --- [ntContainer#0-1] m.b.gamification.game.GameEventHandler :
Challenge Solved Event received: 52
INFO 11686 --- [ntContainer#0-1] m.b.gamification.game.GameServiceImpl : User
test1 scored 10 points for attempt id 52
INFO 11686 --- [ntContainer#0-1] m.b.gamification.game.GameEventHandler :
Challenge Solved Event received: 53
...
```

RabbitMQ 管理器中的 Connection 选项卡此时显示两个应用程序的连接。请参见图 7-18。

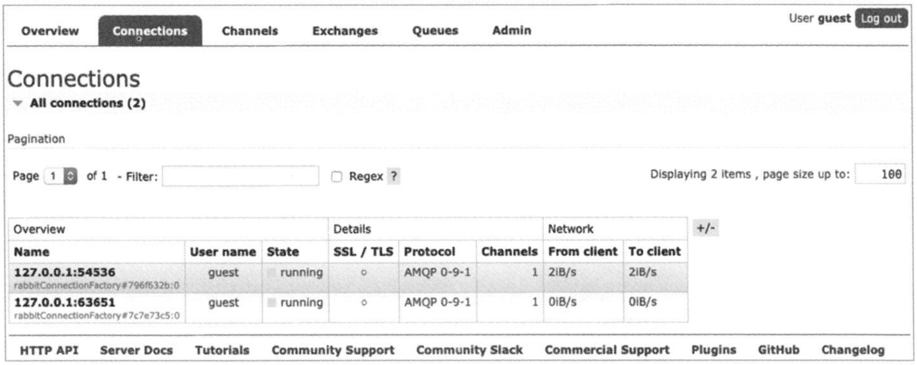

图 7-18　RabbitMQ UI：两个连接

此外，如果转到 Queues 选项卡并单击队列名称，则可以看到代理中发生的一些活动。你可以在 Overview 面板上将过滤器更改为最后 10 分钟，以确保捕获所有事件。请参阅图 7-19。

这很棒。我们的系统可与消息代理完美配合。正确的尝试将路由到 Gamification 应用程序声明的队列中。该微服务还订阅这个队列，因此它将事件发布到交换并对其进行处理以分配新的分数和徽章。之后，就像进行更改之前的操作一样，UI 将在针对 Gamification 的 REST 端点的下一个请求中获取更新的统计信息，以检索排行榜。请参阅图 7-20。

图 7-19　RabbitMQ UI：队列详细信息

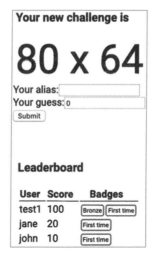

图 7-20　UI：与消息代理一起使用的应用

7.9.2　Gamification 变得不可用

之前对系统的实现(就像上一章中提到的那样)具有弹性，即使 Gamification 微服务不可用，它也不会失效。但这种情况下，我们将错过异常出现过程中发送的所有尝试。让我们看看引入消息代理后会发生什么。

首先，请确保停止 Gamification 微服务。然后，可使用 UI 或命令行技巧再发送十次尝试。让我们使用别名 test-g-down：

```
$ http POST :8080/attempts factorA=15 factorB=20 userAlias=test-g-down guess=300
```

RabbitMQ UI 中的"队列详细信息"视图现在显示十个已排队的消息。这个数字不会像以前一样回到零。这是因为队列仍然存在，但是没有消费者将这些消息发送给它们。请参见图 7-21。

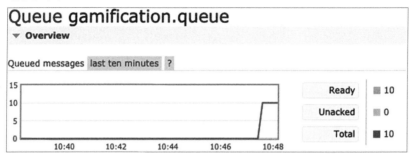

图 7-21　RabbitMQ UI：排队的消息

还可检查 Multiplication 微服务的日志，并验证是否没有错误。它将消息发布到代理，并向 API 客户端返回 OK 响应。我们实现了松散耦合。Multiplication 应用程序不需要知道消费者是否可用。整个过程现在是异步的，并且是事件驱动的。

再次回到 Gamification 服务时，将在日志中看到启动后它如何立即从代理接收所有事件消息。然后，此服务仅触发其逻辑，并且相应地更新分数。这次没有丢失任何数据。代码清单 7-15 显示了重新启动 Gamification 日志后的摘录。

代码清单 7-15　应用程序再次变为可用后将消费挂起的事件

```
INFO 24808 --- [ main] m.b.g.GamificationApplication :
Started GamificationApplication in 3.446 seconds (JVM running for 3.989)
INFO 24808 --- [ntContainer#0-1] m.b.gamification.game.GameServiceImpl  : User
test-g-down scored 10 points for attempt id 61
INFO 24808 --- [ntContainer#0-1] m.b.gamification.game.GameEventHandler :
Challenge Solved Event received: 62
INFO 24808 --- [ntContainer#0-1] m.b.gamification.game.GameServiceImpl  : User
test-g-down scored 10 points for attempt id 62
INFO 24808 --- [ntContainer#0-1] m.b.gamification.game.GameEventHandler :
Challenge Solved Event received: 63
INFO 24808 --- [ntContainer#0-1] m.b.gamification.game.GameServiceImpl  : User
test-g-down scored 10 points for attempt id 63
INFO 24808 --- [ntContainer#0-1] m.b.gamification.game.GameEventHandler :
Challenge Solved Event received: 64
...
```

也可使用用户 test-g-down 的更新分数来验证如何再次显示排行榜。使系统不仅具有弹性，而且能在发生故障后恢复。RabbitMQ 界面中的队列详细信息还显示了已排队消息的零计数器，因为它们已被全部消费完毕。

可以想象，RabbitMQ 允许在丢弃消息之前配置将消息保留在队列中的时间(生存时间，TTL)。如果愿意，还可配置队列的最大长度。默认情况下，未设置这些参数，但是我们可以在发布时或在声明队列时针对每条消息启用它们。有关如何配置队列以使其具有 6 小时的自定义 TTL 和最大长度为 25000 条消息的示例，请参见代码清单 7-16。这只是一个示例，说明熟悉代理的配置是多么重要，这样就可以根据自己的需要对其进行调整。

代码清单 7-16　显示一些额外参数选项的示例队列配置

```
@Bean
public Queue gamificationQueue(
        @Value("${amqp.queue.gamification}") final String queueName) {
    return QueueBuilder.durable(queueName)
        .ttl((int) Duration.ofHours(6).toMillis())
        .maxLength(25000)
        .build();
}
```

7.9.3 消息代理变得不可用

更进一步，在队列有待传递的消息时关闭代理。要测试这种情况，我们应该按照以下步骤操作：

(1) 停止 Gamification 微服务。

(2) 使用用户别名 test-rmq-down 发送一些正确的尝试，并在 RabbitMQ UI 中验证队列是否保存了这些消息。

(3) 停止 RabbitMQ 代理。

(4) 再发送一次正确的尝试。

(5) 启动 Gamification 微服务。

(6) 大约 10 秒后，再次启动 RabbitMQ 代理。

该手动测试的第一个观察结果是：代理关闭时我们发送的尝试未得到处理，这是唯一未处理的尝试。实际上，由于我们没有在发布者内部，也没有在 ChallengeServiceImpl 的主服务逻辑中捕获任何潜在的异常，因此我们将从服务器获得 HTTP 错误响应。可添加一个 try/catch 子句，因此仍然可以响应。然后策略是默默地抑制错误。可能更好的方法是实现自定义 HTTP 错误处理程序，以返回特定的错误响应，例如 503 SERVICE UNAVAILABLE，指示当我们与代理断开连接时系统无法运行。如你所见，我们有多种选择。在真实的组织中，最好的方法是讨论这些替代方案，然后选择一种更适合自己的非功能性需求的方案，例如可用性(我们希望尽可能多地使用挑战功能)或数据完整性(我们希望始终具有每次发送尝试的得分)。

测试的第二个观察结果是：当代理不可用时，两个微服务都不会崩溃。取而代之的是，Gamification 微服务每隔几秒钟就会不断尝试重试连接，并且当新的尝试请求到来时，Multiplication 微服务也会执行相同的操作。当再次启动代理时，两个微服务都恢复连接。Spring AMQP 项目中包含一项很好的功能，可以在连接不可用时尝试恢复连接。

如果执行这些步骤，你还将看到消费者如何获得消息，即使在代理重新启动后又有待发送的消息发送也是如此。Gamification 微服务重新连接到 RabbitMQ，并且该服务发送排队的事件。这不仅是因为我们声明了持久化的交换和队列，而且因为 Spring 实现在发布所有消息时使用了持久传递模式。如果使用 RabbitTemplate(而不是 AmqpTemplate)来发布消息，那么这也是我们可以自行设置的消息属性之一。有关如何更改传递模式以使消息在代理重新启动后失效的示例，请参见代码清单 7-17。

代码清单 7-17　将传递模式更改为非持久性示例

```
MessageProperties properties = MessagePropertiesBuilder.newInstance()
    .setDeliveryMode(MessageDeliveryMode.NON_PERSISTENT)
    .build();
```

```
rabbitTemplate.getMessageConverter().toMessage(challengeAttempt, properties);
rabbitTemplate.convertAndSend(challengesTopicExchange,
        routingKey,
        event);
```

此示例还说明了为什么需要了解我们使用的工具的配置选项。以持久性方式发送所有消息带来了不错的优势，但会带来额外的性能开销。如果我们配置正确分布的RabbitMQ 实例集群，则整个集群宕机的可能性将很小，因此我们可能更愿意接受潜在的消息丢失以提高性能。同样，这取决于你的需求。例如，丢失分数与丢失网上商店中的购买订单是不同的。

7.9.4　事务性

之前的测试暴露了一个不希望出现的情况，但很难发现它。当代理关闭后发送尝试时，我们将收到服务器错误，错误代码为 500。这给 API 客户端造成一种印象，即未正确处理该尝试。但实际上，已对其进行了部分处理。

让我们再次测试该部分，但这次将检查数据库条目。只需要运行 Multiplication 微服务，然后代理就停止了。然后使用用户别名 test-tx 发送尝试以再次获得错误响应。参见代码清单 7-18。

代码清单 7-18　代理无法访问时的错误响应

```
$ http POST :8080/attempts factorA=15 factorB=20 userAlias=test-tx guess=300
HTTP/1.1 500
[...]
{
    "error": "Internal Server Error",
    "message": "",
    "path": "/attempts",
    "status": 500,
    "timestamp": "2020-05-24T10:48:37.861+00:00"
}
```

现在，我们通过 http:// localhost:8080/ h2-console 导航到 Multiplication 数据库的 H2控制台。确保使用 URL jdbc:h2:file:～/ multiplication 连接。然后，我们运行此查询从用户别名为 test-tx 的两个表中获取所有数据：

```
SELECT * FROM USER u, CHALLENGE_ATTEMPT a WHERE u.ALIAS = 'test-tx' AND u.ID =
a.USER_ID
```

查询提供了一个结果，如图 7-22 所示。这意味着即使我们收到了错误响应，该尝试仍已存储。这是一种不好的做法，因为 API 客户端不知道挑战的结果，因此无法显示正确的消息。然而，这一挑战得以避免。但是，如果代码在尝试将消息发送给代理之前持久化对象，那么这就是预期的结果。

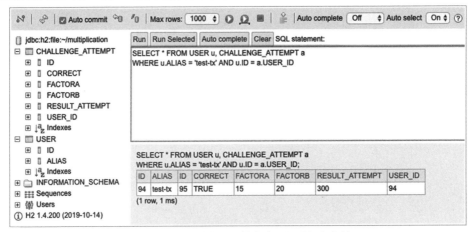

图 7-22　H2 控制台：尽管失败，记录仍会存储

相反，可将服务方法 verifyAttempt 中包含的整个逻辑视为一个事务。可回滚数据库事务(不执行)。即使在调用存储库中的 save 方法之后仍然出现错误，我们也希望如此。使用 Spring 框架来实现该操作很容易，因为我们只需要向代码 javax.transaction.Transactional 添加一个 Java Transaction API(JTA)注解即可。参见代码清单 7-19。

代码清单 7-19　将@Transactional 注解添加到 Multiplication 的服务逻辑中

```
@Transactional
@Override
public ChallengeAttempt verifyAttempt(ChallengeAttemptDTO attemptDTO) {
    // ...
}
```

如果在@Transactional 注解的方法中存在异常，则事务将回滚。如果要求给定服务中的所有方法都具有事务性，则可以在类级别添加此注解。

可在应用此更改后重试相同的方案步骤。构建并重新启动 Multiplication 微服务，并在代理关闭时发送新尝试，这次使用不同的别名。如果运行相应的查询以查看是否存储了尝试，则会发现这次没有。由于抛出异常，Spring 回滚数据库操作，因此它从未执行过。

Spring 还支持发布者和订阅者双方的 RabbitMQ 事务。在@Transactional 注解的方法范围内使用 AmqpTemplate 或其 RabbitTemplate 实现发送消息，且在通道(RabbitMQ)

中启用事务性时，即使在发送这些消息的方法调用之后发生异常，这些消息也不会到达代理。在消费者端，也可使用事务拒绝已处理的消息。这种情况下，需要设置队列以重新排列被拒绝的消息(这是默认行为)。Spring AMQP 文档中的"事务"一节详细说明了它们的工作方式；参见 https://tpd.io/rmq-tx。

在类似的许多情况下，可简化事务处理策略，并将其限制在数据库中。

- 发布时，如果只有一个代理操作，则可在流程结束时发布消息。在发送消息之前或期间发生的任何错误都将导致数据库操作的回滚。
- 在订阅者端，如果有例外，默认情况下将拒绝该消息。如果这是我们想要的消息，则可以对其重新排列。然后，还可在 newAttemptForUser 的 service 方法中使用 Transactional 注解，这样在发生故障的情况下，数据库操作也将回滚。

微服务内的本地事务性对于保持数据一致并避免域内的流程部分完成至关重要。因此，当业务逻辑涉及多个步骤并可能与数据库或消息代理之类的外部组件进行交互时，你应该考虑到业务逻辑可能出错。

练习

将@Transactional 注解添加到 GameServiceImpl 服务中，这样既可以存储记分卡和徽章，也可以在出现故障时不保存任何记分卡和徽章。如果无法处理消息，将决定丢弃消息，因此不要求消息代理操作具有事务性。

7.9.5 扩展微服务

到目前为止，我们一直在运行每个微服务的单个实例。如前所述，微服务架构的主要优势之一是可以独立扩展系统的各个部分。我们还列出了此功能，作为在消息代理中引入事件驱动方法的好处：可以透明地添加更多发布者和订阅者实例。但是，不能断言架构还支持为每个微服务添加更多副本。

接下来分析应用程序中不能使用多个实例的第一个原因：数据库。当水平扩展微服务时，所有副本都应共享数据层，并将数据存储在一个公共位置，而不是每个实例都隔离。我们说微服务必须是无状态的。原因是不同的请求或消息可能最终出现在不同的微服务实例中。例如，不应该假定同一 Multiplication 实例将处理来自同一用户发送的两次尝试，因此不能在尝试中保持任何内存状态。请参阅图 7-23。

好消息是，微服务已经是无状态的，我们独立处理每个请求或消息，结果最终存储在数据库中。但有一个技术问题。如果在端口 9080 上启动第二个 Multiplication 实例，它将无法启动，因为它试图创建新的数据库实例。那不是我们想要的，因为它应该连接到跨副本共享的公共数据库服务器。让我们重现此错误。首先，在第一个实例上正常运行 Multiplication 微服务。

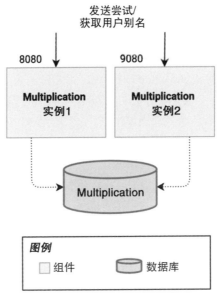

图 7-23 扩展：接口问题

要在本地启动给定服务的第二个实例，只需要覆盖 server.port 参数，这样就可以避免端口冲突。你可从 IDE 或使用 Multiplication 微服务目录中的命令行执行此操作。

```
$ ./mvnw spring-boot:run -Dspring-boot.run.arguments="--server.port=9080"
```

当启动第二个副本时，日志会提示以下错误：

```
[...] Database may be already in use: null. Possible solutions: close all other
connection(s); use the server mode [90020-200]
```

发生此错误是因为我们使用的是 H2 数据库引擎，该引擎默认情况下被设计为嵌入式进程，而不是作为服务器。无论如何，H2 支持错误消息提示的 server mode。我们唯一需要做的就是将参数添加到用来从微服务连接到数据库的两个 URL 中。然后，引擎第一次启动时，允许其他实例使用相同的文件，并支持使用相同的数据库。切记将此更改应用于 Multiplication 和 Gamification 微服务。参见代码清单 7-20。

代码清单 7-20 启用 H2 中的服务器模式以便从多个实例进行连接

```
# ... other properties
# Creates the database in a file (adding the server mode)
spring.datasource.url=jdbc:h2:file:~/multiplication;DB_CLOSE_ON_EXIT=FALSE;AUTO_
SERVER=true;
```

现在，可启动每个微服务的多个实例，它们将在副本之间共享相同的数据层。第一个问题解决了。

我们面临的第二个挑战是负载均衡。如果启动每个应用程序的两个实例，如何从用户界面连接到它们？这个问题也适用于上一章末尾在两个微服务之间进行的 REST API 调用：将调用哪个 Gamification 实例来发送尝试？如果想在副本之间平衡系统的 HTTP 流量，还需要其他操作。在下一章中，将详细介绍 HTTP 负载均衡。

现在，让我们了解消息代理如何有助于实现 RabbitMQ 消息订阅者之间的负载均衡。请参阅图 7-24。

图 7-24 中有四个带编号的接口。如前所述，我们将在下一章中了解如何实现 HTTP 负载均衡器模式，下面研究接口 3 和 4 如何与多个副本一起使用。

像 RabbitMQ 这样的消息代理支持多种来源的消息发布。这意味着可以有多个 Multiplication 微服务副本将事件发布到同一主题交换。这是透明的：这些实例打开不同的连接，声明交换(将仅在第一次创建)，然后发布数据而不必知道还有其他发布者。在订阅者端，我们已经了解了 RabbitMQ 队列如何由多个消费者共享。当启动多个 Gamification 微服务实例时，所有实例都声明相同的队列和绑定，且代理足够智能，可在它们之间进行负载均衡。

因此，在消息级别解决了负载均衡问题。事实证明，不需要做任何操作。现在，让我们看看它在实践中的应用。

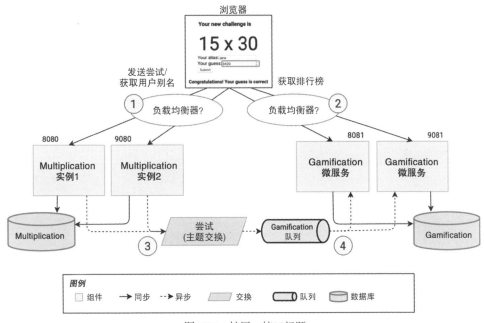

图 7-24　扩展：接口问题

请按照与先前方案相同的步骤来启动每个微服务的实例、UI 和 RabbitMQ 服务。然后，在两个单独的终端中运行代码清单 7-21 中的命令，使其具有与图 7-23 所示相同的设置，每个微服务都有两个副本。请记住，需要从每个相应的微服务的主文件夹中执行它们。

代码清单 7-21 启动每个微服务的第二个实例

```
multiplication $ ./mvnw spring-boot:run -Dspring-boot.run.arguments="--server.
port=9080"
[... logs ...]
gamification $ ./mvnw spring-boot:run -Dspring-boot.run.arguments="--server.
port=9081"
[... logs ...]
```

一旦启动并运行了所有实例，请在 UI 中使用相同的新别名输入四次正确的尝试。请注意，这些尝试只会命中 Multiplication 微服务的第一个实例，但是事件消费在两个 Gamification 副本之间是平衡的。检查日志以验证每个应用程序应如何处理两个事件。此外，由于数据库是在各个实例之间共享的，因此 UI 可以从运行在端口 8081 的实例请求排行榜。此实例将聚合所有副本存储的所有记分卡和徽章。请参见图 7-25。

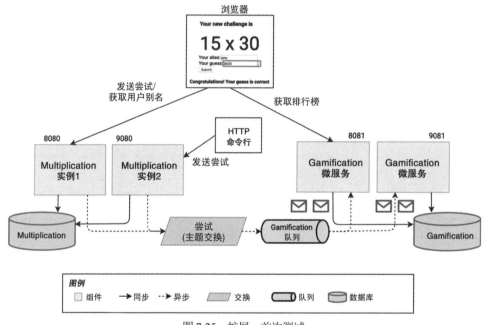

图 7-25 扩展：首次测试

如图 7-25 所示，还可验证是否有多个发布者一起使用命令行将正确的尝试发送到 Multiplication 微服务的第二个实例。向位于端口 9080 的实例发送调用，并检查它们的处理方式。如预期的那样，这种情况下，消息在各个订阅者之间也是平衡的。有关调用第二个实例的示例，请参见代码清单 7-22。

代码清单 7-22　向第二个 Multiplication 实例发送正确的尝试

```
$ http POST :9080/attempts factorA=15 factorB=20 userAlias=test-multi-pub
guess=300
```

这是一个伟大的创举。我们演示了消息代理如何帮助实现良好的系统可伸缩性，并且实现了 worker 队列模式，其中多个订阅者实例在它们之间共享负载。

最终也提高了系统的弹性。在 7.9.2 节中，我们停止了 Gamification 实例，并看到了它再次变为活动状态时如何处理挂起事件。引入多个实例后，如果其中一个实例不可用，代理将自动将所有消息定向到另一个实例。可通过立即停止 Gamification 的第一个实例(在端口 8081 上运行)来尝试此操作。然后，发送两次正确的尝试，并在日志中检查第二个实例如何成功地处理它们。通过此测试，现在还可验证这种弹性的改进是否仅限于事件消费者界面。UI 无法平衡负载或检测到一个副本已关闭。因此，由于浏览器试图访问第一个 Gamification 实例，因此 UI 不会显示排行榜。我们将在下一章中解决这些问题。

7.10　本章小结

本章介绍了一个通常与微服务架构相关的重要概念：事件驱动的软件模式。首先讨论了最受欢迎的工具之一：消息代理。

我们了解了消息代理如何有助于实现微服务之间的松散耦合，就像类似的模式在过去几年中有助于实现其他面向服务的架构一样。事件模式通过对不针对任何特定目标的消息类型进行建模来实现松散耦合，因为它仅表示发生在特定域中的事实。然后，不同的消费者可以订阅这些事件流并做出反应，可能触发自己的业务逻辑，从而产生其他事件。我们学习了如何将事件驱动的策略与 publish-subscribe 和 worker 队列模式结合使用，从而在各个域之间实现清晰的划分，并提高系统的可伸缩性。

RabbitMQ 及其 AMQP 实现提供了一些用来构建新架构的工具：用于发布事件消息的交换、用于订阅事件消息的队列以及用于将它们与可选过滤器链接的绑定。我们不仅学习了有关这些消息传递实体的核心概念，而且围绕消息确认、消息拒绝和持久性讨论了一些配置选项。请记住，可能需要微调 RabbitMQ 配置，使其适应功能性和非功能性需求。

Spring Boot 抽象使本章的编码部分仍然很简单。通过 Spring AMQP 将 RabbitMQ 集成到 Spring Boot 应用程序中。将代理实体声明为 Bean，利用 AmqpTemplate 来发布消息，并使用@RabbitListener 注解来消费它们。Multiplication 微服务不再知道 Gamification 微服务；它仅在处理尝试时发布事件。最终，我们在新的事件驱动软件架构中实现了松散耦合。

本章最后一节介绍了不同的场景，以证明我们实现的模式确实有助于提高弹性和可伸缩性，但前提是我们在考虑这些非功能性需求的情况下构建代码。

一旦掌握了本章中的这些概念，便可将它们应用到使用不同技术的其他系统上。例如，基于 Scala 和 Kafka 的事件驱动的软件架构面临相同的挑战，并且通常需要类似的模式：同一 Kafka 主题的多个订阅者、消费者(使用消费者群组)之间的负载均衡，配置至少一次和最多一次等交付保证。请记住，使用不同的工具，可能有不同的利弊。

在此阶段，我希望你已经认识到，构建良好的软件架构的核心是要理解设计模式以及它们与功能性和非功能性需求之间的关系。了解这些模式后，你才能分析实现它们的工具和框架，并比较它们具有的特征。

有时，我们可能希望构建事件驱动的架构，因为我们认为这是最好的技术解决方案，但可能不是满足业务需求的最佳模式。我们应该避免这些情况，因为软件会不断发展以适应实际的业务案例，并且可能导致许多问题。微服务架构被它们之间的同步调用所困扰，要么是因为需求没有适应最终的一致性，要么仅仅是因为功能需求根本无法得到满足。在学习技术解决方案之前，请花足够的时间分析你希望解决的问题，并对那些承诺解决所有可能需求的新架构模式持怀疑态度。

在开发系统时，我们遇到一些尚无法解决的新挑战。我们需要在不可用的实例检测中实现 HTTP 负载均衡。此外，UI 直接指向每个微服务，因此它知道后端结构。然而在某些方面(例如启动系统或在多个位置检查日志)，系统管理变得越来越难，微服务架构的复杂性开始变得越来越明显。在下一章中，我们将介绍一些模式和工具来帮助处理这种复杂性。

学习成果：

- 学习了事件驱动的架构的核心概念。为此，你对消息代理的运行机制有了全面的认识。
- 了解了事件驱动的架构的优缺点，知道在未来项目中应用此模式是有意义的。
- 了解了如何根据用例来实现不同的消息传递模式。
- 在实际案例中，使用 RabbitMQ 消息代理应用了学到的所有概念。
- 了解了 Spring Boot 如何抽象 RabbitMQ 的诸多功能，从而使你仅需要添加少量代码就可以完成很多任务。
- 重构了紧密耦合的系统，并将其转换为适当的事件驱动架构。
- 了解了弹性机制、如何扩展消费者以及如何处理事务性。

第8章

微服务架构中的常见模式

前两章讲述了如何从满足功能需求的解决方案过渡到不添加任何业务功能的模式实现。通过这种方式，系统将具有更强的可扩展性、更高的弹性以及更好的性能，这一点至关重要。

当实现 Gamification 微服务并将其逻辑连接到 Web 客户端时，就完成了用户故事 3 中新请求的功能。但新的功能需求与其他非功能需求(即系统容量、可用性和组织灵活性)一起出现。

再三权衡后，我们决定转向基于微服务的分布式系统架构，因为该方法将有助于我们的案例研究。

开始时尽可能简单，通过 HTTP 同步连接服务，并将用户界面指向两个微服务。然后，使用真实示例，由于微服务之间的紧密耦合以及无法扩展，该方法会使计划搁浅。为解决这个问题，我们采用了异步通信和最终一致性协议，并引入了消息代理来实现事件驱动的架构设计。结果，我们解决了紧密耦合的难题，现在微服务已经被很好地隔离了。我们甚至实现了部分负载均衡，因为代理为事件消费者处理了负载均衡。

在改进体系结构的同时，将简要介绍有助于实现目标的其他模式，例如网关模式或 HTTP 接口的负载均衡器。除了这些明确的需求，还有其他一些微服务架构的基本实践：服务发现、运行状况检测、配置管理、日志记录、跟踪、端到端测试等。

在本章中，将以我们自己的系统为例来介绍所有这些模式。这将有助于你在深入研究解决方案之前理解问题。接下来我们开始学习微服务通用模式和工具。

8.1 网关

我们已经知道网关模式将在体系结构中解决一些问题。

- React 应用程序需要指向多个后端微服务来与其 API 进行交互。这是错误的，因为前端应将后端视为具有多个 API 的单独服务器。此后，不会公开架构，从而使其更灵活，以备将来在需要时进行更改。
- 如果引入了后端服务的多个实例，那么 UI 将不知道如何平衡它们之间的负载。万一某个实例不可用，它也不知道如何将所有请求重定向到另一个后端实例。

尽管从技术角度看，可以在 Web 客户端中实现负载均衡和弹性模式，但这些是应该放在后端的逻辑。我们只实现一次，并且对任何客户端都有效。另外，保持前端的逻辑尽可能简单。

● 在当前设置下，如果向系统添加用户身份验证，则需要验证每个后端微服务中的安全凭证。将这种逻辑放在后端的边缘，在那里验证 API 调用，并将简单的请求传递给其他微服务，似乎更合理。只要我们确保其余的后端服务无法从外部访问，就不必担心它们的安全问题。

在本章的第一部分中，我们将在系统中引入 Gateway 微服务来解决这些问题。网关模式可集中 HTTP 访问，并负责将请求代理到其他基础服务。通常，网关会根据一些已配置的规则(也称为谓词)来决定将请求路由到何处。此外，该路由服务可以通过称为过滤器的逻辑片段来修改请求和响应通过时的状态。我们很快将在实现中加入实践规则和过滤器，以更好地理解它们。有关网关如何融入系统的高级概述，请参见图 8-1。

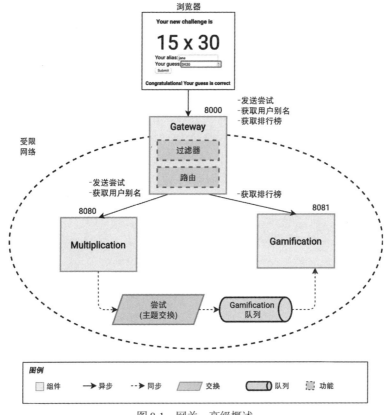

图 8-1　网关：高级概述

有时人们将网关称为边缘服务，因为其他系统必须通过网关来访问后端，且网关将外部流量路由到相应的内部微服务。如前所述，网关的引入通常会限制对其他后端服务的访问。在本章的第一部分中，由于我们直接在计算机上运行了所有服务，因此将不受此限制。当引入容器化时，将对此进行更改。

8.1.1　Spring Cloud 网关

Spring Cloud 是 Spring 系列中的一组独立项目，提供工具来快速构建分布式系统(如我们的微服务案例)所需的通用模式。这些模式也被称为云模式，即使你在自己的服务器中部署微服务，它们也适用。在本章中，我们将使用几个 Spring Cloud 项目。如果要检查完整列表，请查看参考文档中的概述页面(https://tpd.io/scloud)。

对于网关模式，Spring Cloud 提供的一个。选项是使用 Spring Cloud 长期以来一直支持的集成：Spring Cloud Netflix。这是一个包含多个工具的项目，这些工具由 Netflix 开发人员作为开源软件(OSS)发行并维护了许多年。如果你想进一步了解这些工具，可以访问 Netflix OSS 网站(https://tpd.io/noss)。Netflix OSS 中实现网关模式的组件是 Zuul，它与 Spring 的集成是通过 Spring Cloud Netflix Zuul 模块实现的。

在本书的第 2 版中，我们将不使用 Spring Cloud Netflix。主要原因是 Spring 似乎不再使用 Netflix OSS 工具集成，而是将其替换为集成了替代工具的其他模块，甚至使用自己的实现。对此更改的可能解释是，Netflix 将其某些项目置于维护模式，例如 Hystrix(断路)和 Ribbon(负载均衡)，因此它们不再被主动开发。该决定还会影响 Netflix 堆栈中的其他工具，因为它们实现了经常一起使用的模式。服务发现工具 Eureka 是一个示例，它依靠 Ribbon 进行负载均衡。

我们将寻求一种更新的方式来实现网关模式：Spring Cloud 网关。这种情况下，对 Zuul 的替换是一个独立的 Spring 项目，因此它不依赖于任何外部工具。

了解模式后，就可以交换工具

请记住，从本书中学到的重要内容是微服务架构模式以及从实用角度引入微服务架构的原因。你可以使用市场上的任何其他替代产品，例如 Nginx、HAProxy、Kong Gateway 等。

Spring Cloud 网关项目定义了一些核心概念(如图 8-2 所示)。

- 谓词：要评估的条件，以确定将请求路由到何处。Cloud 网关提供了一系列基于请求路径、请求标头、时间、远程主机等的条件构建器。你甚至可以将它们组合为表达式。由于它们始终适用于路由，因此也被称为路由谓词。
- 路由：如果请求与指定的谓词匹配，那么路由就是请求将被代理到的 URI。例如，可以处理内部微服务端点的外部请求，正如稍后将在实践中看到的那样。
- 过滤器：一个可选处理器，可以连接到路由(路由过滤器)或全局应用于所有请求(全局过滤器)。过滤器允许修改请求(传入过滤器)和响应(传出过滤器)。Spring

Cloud 网关中有很多内置的过滤器，例如，你可以在请求中添加或删除标头，限制来自给定主机的请求数量，或者在将被代理服务的响应返回给请求者之前对其进行转换。

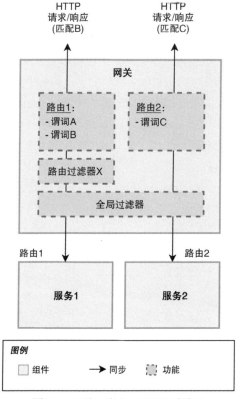

图 8-2　网关：路由、谓词和过滤器

要定义此配置，我们使用 Spring Boot 的应用程序属性。但这次将使用 YAML 格式，因为它在定义路由时可读性更强。Cloud Gateway 文档为谓词、路由和过滤器定义了一种特定的标记。此外，在定义谓词和过滤器时，我们有两个选择：快捷方式和完全扩展的配置。它们几乎完全一样；唯一的区别是你可以在快捷方式版本中使用单行表达式，并避免使用额外的 YAML。如果想要了解它们之间的区别，请查看文档中的"快捷方式标记"部分(http://tpd.io/gw-notation)。有关使用快捷方式标记来定义两个路由的配置示例块，请参见代码清单 8-1。

代码清单 8-1　Spring Cloud 网关中的路由配置示例

```
spring:
  cloud:
    gateway:
      routes:
```

```
- id: old-travel-conditions
  uri: http://oldhost/travel
  predicates:
    - Before=2021-01-01T10:00:00.000+01:00[Europe/Madrid]
    - Path=/travel-in-spain/**
- id: change-travel-conditions
  uri: http://somehost/travel-new
  predicates:
    - After=2021-01-01T10:00:00.000+01:00[Europe/Madrid]
    - Path=/travel-in-spain/**
  filters:
    - AddResponseHeader=X-New-Conditions-Apply, 2021-Jan
```

想象一下，可从 http://my.travel.gateway/外部访问该网关。此示例配置定义了两个共享路径路由谓词(包含在网关中)的路由；参见 https://tpd.io/pathpred。该谓词定义会捕获任何以 http://my.travel.gateway/travel-in-spain/开头的请求。每个路由的附加条件分别由 Before 路由(https://tpd.io/befpred)和 After 路由(https://tpd.io/aftpred)谓词定义，决定了在何处代理请求。

- 如果请求发生在 2021 年 1 月 1 日上午 10 点之前的西班牙，它将被代理到 http://oldhost/travel-conditions/。例如，请求 http://my.travel.gateway/travel-in-spain/tapas 被代理到 http://oldhost/travel/tapas。

- 在此时间之后发生的任何请求都将由 change-travel-conditions 路由捕获，因为它使用了对等谓词 After。这种情况下，先前显示的相同请求将被代理到 http://somehost/travel-new/tapas。此外，额外的 filter 将添加响应标头 X-New-Conditions-Apply，其值为 2021-Jan。

请记住，此示例中的 http://oldhost 和 http://somehost 不需要从外部访问；它们仅对后端的网关和其他内部服务可见。

内置的谓词和过滤器使我们能满足网关的各种需求。在我们的应用程序中，将主要使用路径路由谓词，根据它们正在调用的 API 将外部请求代理到相应的微服务。

如果你想深入了解有关 Spring Cloud 网关功能的知识，请查看参考文档 (https://tpd.io/gwdocs)。

8.1.2　网关微服务

代码源

本章中的代码源分为四个部分。这样，你可以更好地了解系统是如何逐步演变的。项目 Chapter08a 中介绍了第一部分的代码源(包括网关实现)。

可以想象，Spring Boot 为 Spring Cloud 网关提供了启动器包。只有将此启动器依赖项添加到空的 Spring Boot 应用程序中，我们才能获得随时可用的 Gateway 微服务。实际上，Gateway 项目是建立在 Spring Boot 之上的，因此它只能在 Spring Boot 应用程序中使用。因此，在这种情况下，自动配置逻辑位于核心 Spring Cloud Gateway 工件中，而不是在 Spring Boot 的 autoconfigure 包中。类名是 GatewayAutoConfiguration(请参阅 https://tpd.io/gwautocfg)；在其他任务中，它读取 application.yml 配置并构建相应的路由、过滤器、谓词等。

　　我们将像往常一样通过 Spring Initializr 的网站(请参阅 https://tpd.io/spring-start)构建此新的微服务。选择 Gateway 依赖项，然后命名工件为 gateway，如图 8-3 所示。

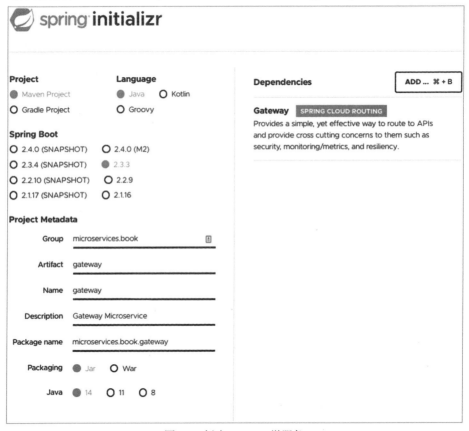

图 8-3　创建 Gateway 微服务

　　下载 zip 文件后，我们将其内容复制到主工作空间文件夹中，与 Multiplication 和 Gamification 微服务处于同一级别。将项目作为一个额外模块加载到工作空间中，并花点时间浏览生成的 pom.xml 文件内容。与其他项目相比，你将看到一个新的 dependencyManagement 节点和一个供 Spring Cloud 版本使用的新属性(Hoxton)。有关文件中的主要更改，请参见代码清单 8-2。我们需要这种额外的 Maven 配置，因为 Spring Cloud 构件不是直接在 Spring Boot 的父项目中定义的。

代码清单 8-2　Maven 中的 Spring Cloud 网关依赖项

```xml
<?xml version="1.0" encoding="UTF-8"?>
<project>
    <!-- ... -->
    <name>gateway</name>

    <properties>
        <spring-cloud.version>Hoxton.SR7</spring-cloud.version>
        <!-- ... -->
    </properties>

    <dependencies>
      <dependency>
          <groupId>org.springframework.cloud</groupId>
          <artifactId>spring-cloud-starter-gateway</artifactId>
      </dependency>
      <!-- ... -->
    </dependencies>

    <dependencyManagement>
      <dependencies>
        <dependency>
            <groupId>org.springframework.cloud</groupId>
            <artifactId>spring-cloud-dependencies</artifactId>
            <version>${spring-cloud.version}</version>
            <type>pom</type>
            <scope>import</scope>
        </dependency>
      </dependencies>
    </dependencyManagement>
    <!-- ... -->
</project>
```

　　下一步是将 application.properties 文件的扩展名改为 application.yml，并添加一些配置以将属于 Multiplication 微服务的所有端点代理到该应用程序，对于 Gamification 的端点也是如此。我们还将此新服务的服务器端口改为 8000，以避免在本地部署时发生端口冲突。此外，将为 UI 添加一些 CORS 配置，以允许从其源端发出请求。Spring Cloud 网关具有基于配置的样式(https://tpd.io/gwcors)，可使用 globalcors 属性来实现。请参见代码清单 8-3 中的所有这些更改。

代码清单 8-3　网关配置：第一种方法

```yaml
server:
  port: 8000

spring:
```

```
cloud:
  gateway:
    routes:
      - id: multiplication
        uri: http://localhost:8080/
        predicates:
          - Path=/challenges/**,/attempts,/attempts/**,/users/**
      - id: gamification
        uri: http://localhost:8081/
        predicates:
          - Path=/leaders
    globalcors:
      cors-configurations:
        '[/**]':
          allowedOrigins: "http://localhost:3000"
          allowedHeaders:
            - "*"
          allowedMethods:
            - "GET"
            - "POST"
            - "OPTIONS"
```

该文件中的路由将使网关按如下方式运行:

● 针对 http://localhost:8000/attempts 的任何请求都将被代理到部署在本地 http://localhost:8080/的 Multiplication 微服务。位于同一微服务中的其他 API 上下文也会遇到同样的情况,例如 challenges 和 users。

● 对 http://localhost:8000/leaders 的请求将转换为对 Gamification 微服务的请求,该微服务使用相同的主机(localhost),但端口为 8081。

或者,可以编写一个更简单的配置,不需要路由到每个微服务的显式端点列表。我们可通过使用网关的另一个功能来完成此操作,该功能允许捕获路径段。如果获得了诸如 http://localhost:8000/multiplication/attempts 的 API 调用,就可以将 Multiplication 作为一个值提取出来,并使用它映射到相应服务的主机和端口。但是,仅当每个微服务只包含一个 API 域时,此方法才有效。在任何其他情况下,我们都会将内部架构公开给客户端。在该案例中,我们请求客户端调用 http://localhost:8000/ multiplication/users,而我们更希望客户端指向 http://localhost:8000/users 并隐藏 User 域仍位于 Multiplication 微服务可部署单元中这一事实。

8.1.3 其他项目的变更

通过引入 Gateway 微服务,可将用于外部请求的所有配置保留在同一服务内。这意味着不再需要向 Multiplication 和 Gamification 微服务添加 CORS 配置。可在网关中保留该配置，因为其他两个服务位于此新的代理服务之后。因此，可从现有项目文件夹中删除这两个 WebConfiguration 类。代码清单 8-4 显示了 Gamification 微服务中文件的内容。请记住，不仅要删除这个类，还要删除 Multiplication 微服务中的等价类。

代码清单 8-4　可以删除的 WebConfiguration 类

```java
package microservices.book.gamification.configuration;

import org.springframework.context.annotation.Configuration;
import org.springframework.web.servlet.config.annotation.CorsRegistry;
import org.springframework.web.servlet.config.annotation.WebMvcConfigurer;

@Configuration
public class WebConfiguration implements WebMvcConfigurer {
    /**
     * Enables Cross-Origin Resource Sharing (CORS)
     * More info: http://docs.spring.io/spring/docs/current/spring-framework-
       reference/html/cors.html
     */
    @Override
    public void addCorsMappings(final CorsRegistry registry) {
        registry.addMapping("/**").allowedOrigins("http://localhost:3000");
    }
}
```

还需要更改 React 应用程序使其指向两个服务的相同主机/端口。参见代码清单 8-5 和代码清单 8-6。还可根据对 UI 结构的偏好来重构 GameApiClient 和 ChallengesApiClient 类：单个服务调用所有端点或每个 API 上下文(挑战、用户等)调用一个服务。不再需要两个不同的服务器 URL，因为 UI 现在将后端视为具有多个 API 的单个主机。

代码清单 8-5　更改 Multiplication API URL 使其指向网关

```javascript
class ChallengesApiClient {
    static SERVER_URL = 'http://localhost:8000';
    static GET_CHALLENGE = '/challenges/random';
    static POST_RESULT = '/attempts';
    // ...
}
```

代码清单 8-6　将 Gamification API URL 更改为指向网关

```javascript
class GameApiClient {
    static SERVER_URL = 'http://localhost:8000';
    static GET_LEADERBOARD = '/leaders';
```

```
    // ...
  }
```

8.1.4   运行 Gateway 微服务

要运行整个应用程序，我们必须在列表中添加一个额外的步骤。请记住，可以使用 Maven 包装器从 IDE 或命令行执行所有 Spring Boot 应用程序。

(1) 运行 RabbitMQ 服务器。

(2) 启动 Multiplication 微服务。

(3) 启动 Gamification 微服务。

(4) 启动新的 Gateway 微服务。

(5) 在 challenges-frontend 文件夹中使用 npm start 运行前端应用程序。

在本章中，此列表将不断增长。需要强调的是，你不需要遵循前面步骤的顺序，甚至可以同时运行所有这些进程。在启动过程中，系统可能不稳定，但最终会准备就绪。Spring Boot 将重试连接到 RabbitMQ，直到它有效。

当你访问 UI 时，不会注意到任何更改。排行榜已加载，你可以照常发送尝试。验证请求是否已被代理的一种方法是查看浏览器开发人员工具中的 Network 选项卡，然后选择对后端的任何请求，以查看 URL 现在如何以 http://localhost:8000 开头。第二种选择是向网关添加一些跟踪日志记录配置，这样我们就可以看到正在执行的操作。有关可以添加到 Gateway 项目中的 application.yml 文件以启用这些日志的配置，请参见代码清单 8-7。

代码清单 8-7   将跟踪级别的日志添加到 Gateway

```
# ... route config
logging:
  level:
    org.springframework.cloud.gateway.handler.predicate: trace
```

如果使用此新配置重新启动网关，你将看到网关处理的每个请求的日志。这些日志遍历了所有定义的路由，以查看是否存在任何匹配请求模式的路由。参见代码清单 8-8。

代码清单 8-8   带有模式匹配消息的网关日志

```
TRACE 48573 --- [ctor-http-nio-2] RoutePredicateFactory: Pattern "[/challenges/**,
/attempts, /attempts/**, /users/**]" does not match against value "/leaders"
TRACE 48573 --- [ctor-http-nio-2] RoutePredicateFactory: Pattern "/leaders"
matches against value "/leaders"
TRACE 48573 --- [ctor-http-nio-2] RoutePredicateFactory: Pattern "/users/**"
matches against value "/users/72,49,60,101,96,107,1,45"
```

现在，让我们再次删除此日志记录配置，以避免输出过于冗长。

8.1.5　下一步

通过这种新设置，我们已经获得了一些优势。

- 前端不了解后端的结构。
- 外部请求的通用配置保留在同一位置。在我们的案例中，这就是 CORS 设置，但也可能是其他常见关注点，如用户身份验证、指标等。

接下来，将在网关中引入负载均衡，以便可在每个服务的所有可用实例之间分配流量。通过这种模式，可增加系统的可扩展性和冗余性。但是，为使负载均衡有效，需要一些先决条件。

- 网关需要知道给定服务的可用实例。由于前面假设只有一个实例，因此初始配置直接指向特定端口。如果有多个副本，该如何做？不应该在路由配置中包含硬编码列表，因为实例数量是动态的：我们希望透明地更新实例。
- 我们需要实现后端组件的健康度概念。只有这样，才能知道实例何时未准备好处理流量，并切换到其他任何运行正常的实例。

为满足第一个先决条件，我们需要引入服务发现模式，并使用一个公共注册表，不同的分布式组件可以访问该注册表以了解可用服务以及在何处找到它们。

对于第二个先决条件，将使用 Spring Boot Actuator。微服务将公开一个端点，指示它们是否正常，以便其他组件知道。这是下一步要做的，因为这也是服务发现的要求。

8.2　运行状况

在生产环境中运行的系统永远无法避免出错。由于代码错误导致的内存不足问题，网络连接可能失败，或者微服务实例可能崩溃。我们决定构建一个弹性系统，因此我们希望通过冗余等机制(同一微服务的多个副本)来防范这些错误，以将这些事件的影响降至最低。

那么，如何知道微服务何时无法工作？如果要公开一个接口(例如 REST API 或 RabbitMQ)，可与样本探针进行交互，看看它是否对此作出反应。但是，在选择探针时应该小心，因为我们想涵盖所有可能使微服务过渡到不健康状态(不正常)的场景。与其通过泄露逻辑来确定服务是否正常工作，还不如提供一个标准的、简单的探测接口来告诉调用者服务是否正常。由服务逻辑来决定何时转换到不正常状态，具体取决于服务使用的接口的可用性、服务自身的可用性以及错误的严重性。如果该服务甚至无法提供响应，则调用者还可认为它不正常。有关此运行状况接口的高级概念视图，请参见图 8-4。

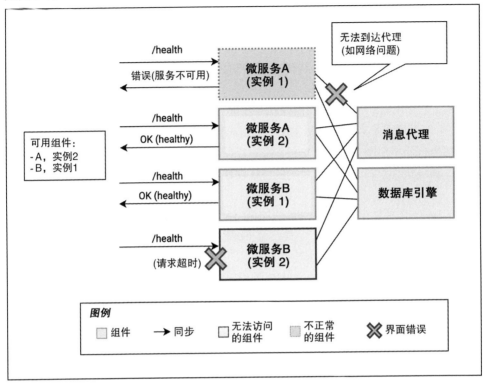

图 8-4　运行状况：高级概述

　　许多工具和框架都需要这种简单的接口约定来确定服务的运行状况(不仅对于微服务而言)。例如，负载均衡器可暂时停止将流量转移到不响应运行状况探测或响应为未就绪状态的实例。如果实例不正常，则服务发现工具可能将其从注册表中删除。如果服务在配置的时间段内运行不正常，则 Kubernetes 等容器平台可决定重新启动该服务(稍后将解释容器平台的功能)。

8.2.1　Spring Boot Actuator

　　与应用程序的其他方面一样，Spring Boot 提供了一种开箱即用的解决方案，以使微服务报告其运行状况：Spring Boot Actuator。实际上，这不是 Actuator 的唯一功能；它还可以公开其他端点，以访问有关应用程序的不同数据，例如配置的记录器、HTTP跟踪、审核事件等。它甚至可以打开一个管理端点，来关闭应用程序。

　　Actuator 端点可以独立启用或禁用，它们不仅可以通过 Web 接口使用，还可以通过 Java 管理扩展名(JMX)使用。我们重点介绍将用作 REST API 端点的 Web 接口。默认配置仅公开两个端点：info 和 health。第一个端点旨在提供应用程序的常规信息，可以使用贡献者来丰富这些信息(https://tpd.io/infocb)。health 端点是我们目前感兴趣的端点。它输出应用程序的状态，并使用运行状况指示器(https://tpd.io/acthealth)来解决该问题。

有多个内置的运行状况指示器，它们可以影响应用程序的总体运行状况。这些指示器中有许多是特定于某些工具的，因此只有在应用程序中使用这些工具时，它们才可用。这是由 Spring Boot 的自动配置控制的，可以检测到我们是否正在使用某些类并注入一些额外的逻辑。

让我们列举一个实际例子来看看它是如何工作的：Spring Boot Actuator 工件中包含的 RabbitHealthIndicator 类。有关其源代码的概述，请参见代码清单 8-9(也可从 http://tpd.io/rhi-source 在线获得)。运行状况检查的实现使用了 RabbitTemplate 对象，这是 Spring 与 RabbitMQ 服务器进行交互的方式。如果此代码可以访问 RabbitMQ 服务器的版本，那么运行状况检查通过(它不会引发异常)。

代码清单 8-9　Spring Boot Actuator 中包含的 RabbitHealthIndicator

```
public class RabbitHealthIndicator extends AbstractHealthIndicator {

    private final RabbitTemplate rabbitTemplate;

    public RabbitHealthIndicator(RabbitTemplate rabbitTemplate) {
        super("Rabbit health check failed");
        Assert.notNull(rabbitTemplate, "RabbitTemplate must not be null");
        this.rabbitTemplate = rabbitTemplate;
    }

    @Override
    protected void doHealthCheck(Health.Builder builder) throws Exception {
        builder.up().withDetail("version", getVersion());
    }
    private String getVersion() {
        return this.rabbitTemplate
                .execute((channel) -> channel.getConnection()
                    .getServerProperties().get("version").toString());
    }
}
```

如果使用 RabbitMQ，则会在上下文中自动插入该指示器。

这有助于改善整体运行状况。包含在工件 spring-boot-actuator-autoconfigure(Spring Boot Actuator 依赖项的一部分)中的 RabbitHealthContributorAutoConfiguration 类负责解决此问题。请参见代码清单 8-10(也可从 http://tpd.io/rhc-autoconfig 获取)。此配置取决于是否存在 RabbitTemplate Bean，若存在则意味着我们正在使用 RabbitMQ 模块。这将创建一个 HealthContributor Bean，在本例中是 rabbitHealthIndicator，由整体运行状况自

动配置进行检测和汇总。

代码清单 8-10　Spring Boot 如何自动配置 rabbitHealthContributor

```
@Configuration(proxyBeanMethods = false)
@ConditionalOnClass(RabbitTemplate.class)
@ConditionalOnBean(RabbitTemplate.class)
@ConditionalOnEnabledHealthIndicator("rabbit")
@AutoConfigureAfter(RabbitAutoConfiguration.class)
public class RabbitHealthContributorAutoConfiguration
        extends CompositeHealthContributorConfiguration<RabbitHealthIndicator,
        RabbitTemplate> {
@Bean
@ConditionalOnMissingBean(name = { "rabbitHealthIndicator",
"rabbitHealthContributor" })
    public HealthContributor rabbitHealthContributor(Map<String, RabbitTemplate>
    rabbitTemplates) {
        return createContributor(rabbitTemplates);
    }
}
```

我们将很快看到它在实践中的用法，在下一节中将向微服务添加 Spring Boot Actuator。

请记住，可配置 Actuator 端点的多种设置，也可以创建自己的运行状况指示器。有关功能的完整列表，请查看官方的 Spring Boot Actuator 文档(https://tpd.io/sbactuator)。

8.2.2　在微服务中包含 Actuator

代码源

介绍运行状况端点、服务发现和负载均衡的代码源位于存储库 Chapter08b 中。

将运行状况端点添加到应用程序就像在 pom.xml 文件中将依赖项添加到项目一样容易，只需要使用 spring-boot-starter-actuator。参见代码清单 8-11。我们将新工件添加到所有 Spring Boot 应用程序中：Multiplication、Gamification 和 Gateway 微服务。

代码清单 8-11　将 Spring Boot Actuator 添加到微服务

```
<dependency>
    <groupId>org.springframework.boot</groupId>
    <artifactId>spring-boot-starter-actuator</artifactId>
</dependency>
```

默认配置在/actuator 上下文中公开 health 和 info 这两个 Web 端点。这对我们来说已经足够了，但是如果需要，可通过属性进行调整。重建并重新启动后端应用程序以验证此新功能。可使用命令行或浏览器，通过切换端口号来轮询每个服务的运行状况。请注意，不是通过网关公开/health 端点，因为它不是我们要对外公开的功能，只是系统内部的功能。有关 Multiplication 微服务的请求和响应，请参见代码清单 8-12。

代码清单 8-12 首次测试/health 端点

```
$ http :8080/actuator/health
HTTP/1.1 200
Content-Type: application/vnd.spring-boot.actuator.v3+json

{
    "status": "UP"
}
```

如果系统运行正常，将获得 UP 值和 HTTP 状态代码 200。下一步，将停止 RabbitMQ 服务器，然后再次尝试相同的请求。我们已经看到，Actuator 项目包含一个运行状况指示器来检查 RabbitMQ 服务器，因此该指示器应该会失败，从而导致聚合的运行状况切换为 DOWN。如果在 RabbitMQ 服务器停止的情况下发出请求，结果确实是这样。参见代码清单 8-13。

代码清单 8-13 当 RabbitMQ 无法访问时，应用程序状态将切换为 DOWN

```
$ http :8080/actuator/health
HTTP/1.1 503
Content-Type: application/vnd.spring-boot.actuator.v3+json

{
    "status": "DOWN"
}
```

请注意，返回的 HTTP 状态代码也更改为 503，即服务不可用。因此，调用者甚至不需要解析响应主体；只需要检查响应代码是否为 200 即可确定该应用程序是否正常。还可在 Multiplication 应用程序的输出中查看 RabbitHealthIndicator 尝试检索服务器版本却未能成功的日志。参见代码清单 8-14。

代码清单 8-14 Multiplication 微服务中的 Rabbit 未能成功地检查运行状况

```
2020-08-30 10:20:04.019 INFO 59277 --- [io-8080-exec-10] o.s.a.r.c.CachingConnect
ionFactory    : Attempting to connect to: [localhost:5672]
2020-08-30 10:20:04.021 WARN 59277 --- [io-8080-exec-10] o.s.b.a.amqp.
RabbitHealthIndicator    : Rabbit health check failed
org.springframework.amqp.AmqpConnectException: java.net.ConnectException:
```

```
Connection refused
    at org.springframework.amqp.rabbit.support.RabbitExceptionTranslator.convertRa
    bbitAccessException(RabbitExceptionTranslator.java:61) ~[spring-rabbit-2.2.10.
    RELEASE.jar:2.2.10.RELEASE]
[...]
Caused by: java.net.ConnectException: Connection refused
    at java.base/sun.nio.ch.Net.pollConnect(Native Method) ~[na:na]
[...]
```

Spring Boot 应用程序仍然有效，并且可从该错误中恢复。如果启动 RabbitMQ 服务器并再次检查运行状况，它将切换到 UP 状态。应用程序将继续尝试建立与服务器的连接，直到成功为止。这正是健壮系统需要的行为：如果微服务有问题，则应将其标记，以便让其他组件知道；同时，应尝试从错误中恢复并在可能的情况下再次切换到正常状态。

8.3 服务发现和负载均衡

既然知道服务是否可用，就可在系统中集成服务发现和负载均衡。

服务发现模式包含两个主要概念。

- 服务注册表：位于中心位置，列出了可用服务、服务所在的地址以及其他一些元数据(如名称)。它可能包含不同服务的条目，但也可能包含同一服务的多个实例。在后一种情况下，访问注册表的客户端可以通过查询服务别名来获取可用实例的列表。例如，Multiplication 微服务的各种实例可以使用相同的别名 multiplication 进行注册。然后，在查询该值时，将返回所有实例。图 8-5 中的示例就属于这种情况。

- 注册服务商：负责在注册服务商处注册服务实例的逻辑。可以是观察微服务状态的外部运行过程，也可以作为库嵌入服务本身，就像在本案例中一样。

在图 8-5 中，可看到一个包含三个服务的服务注册示例。host1，即服务器的 DNS 地址，在端口 8080 处具有一个 Multiplication 实例，在端口 8081 处具有一个 Gamification 实例。在另一台计算机上，host2 在端口 9080 处具有第二个 Multiplication 实例。所有这些实例都知道它们所在的位置，然后使用注册服务者将相应的 URI 发送到服务注册中心。注册中心客户端可以使用其名称(如 multiplication)简单地请求服务的位置，接着注册中心返回实例及其位置的列表(例如，host1:8080、host2:9080)。我们将很快在实践中看到这一点。

负载均衡模式与服务发现紧密相关。如果有多个服务在注册时使用相同的名称，则意味着有多个副本可用。我们希望平衡它们之间的流量，这样就可增加系统的容量并通过增加的冗余使其在出现错误时更具弹性。

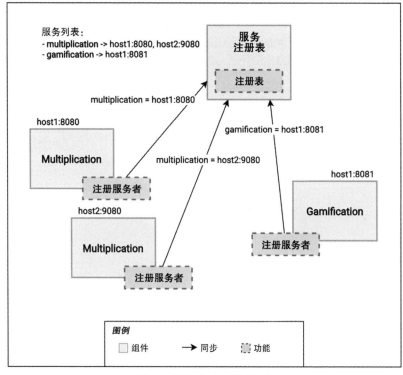

图 8-5　服务发现：模式概述

　　其他服务可从注册表中查询给定的服务名称，检索列表，然后确定要调用的实例。此技术称为客户端发现，表示客户端知道服务注册表并自行执行负载均衡。注意，在此定义中，客户端指的是想要对另一个服务执行 HTTP 调用的应用程序、微服务、浏览器等。参见图 8-6。

　　另一方面，服务器端发现通过提供一个预先已知的唯一地址，来从客户端抽象所有这些逻辑，调用者可在该地址中找到给定的服务。当发出请求时，负载均衡器会拦截请求(该均衡器知道注册表)，然后将请求代理到其中一个副本。参见图 8-7。

　　通常，在微服务架构中，会看到两种方法结合在一起使用，或者仅使用服务器端发现。当 API 客户端位于系统之外时，客户端发现机制无法正常工作，因为我们不应该要求外部客户端与服务注册表进行交互并自行进行负载均衡。通常，网关承担此责任。因此，API 网关将连接到服务注册表，并包含一个负载均衡器，用于在实例之间分配负载。

　　对于后端内部的其他任何服务到服务通信，可将它们全部都连接到注册表进行客户端发现，也可使用负载均衡器将每个服务集群(所有实例)抽象为唯一地址。后者是在诸如 Kubernetes 的某些平台中选择的技术；在该平台中，每个服务都被分配一个唯一的地址，而不管有多少副本，也不管它们位于哪个节点(稍后再讨论这个问题)。

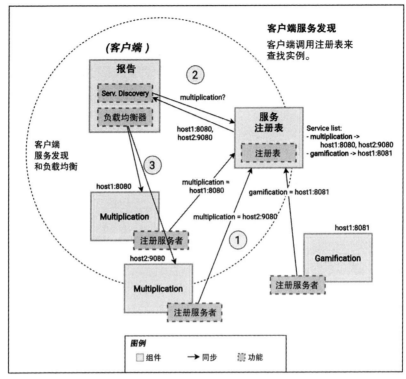

图 8-6 客户端服务发现

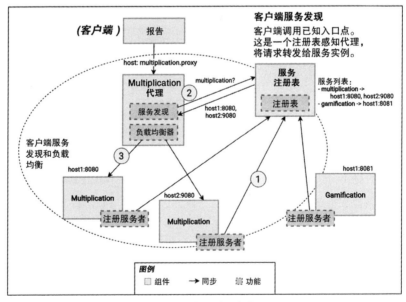

图 8-7 服务器端服务发现

微服务不再相互调用,但是如果需要这样做,则可以简单实现客户端发现。Spring

Boot 具有连接到服务注册表并实现负载均衡器的集成(类似于我们将在网关中执行的操作)。

正如我们已经提到的，到后端的任何非内部 HTTP 通信都将使用服务器端发现方法。这意味着网关不仅会路由流量，还会负责负载均衡。请参阅图 8-8，其中还包括需要进行服务间通信时我们会选择的解决方案。此图还介绍了我们将选择用于实现服务发现的工具的名称 Consul，以及将添加至依赖项以集成此工具并包含简单负载均衡器的 Spring Cloud 项目。稍后将介绍它们。

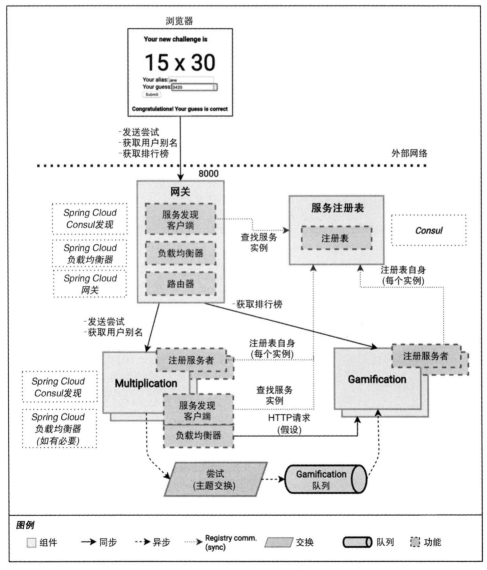

图 8-8　网关和服务发现集成

8.3.1　Consul

Consul、Eureka、Zookeeper 等许多工具实现了服务发现模式。还有一些完整的平台将这种模式作为其一种功能，我们将在后面介绍。

在 Spring 生态系统中，Netflix 的 Eureka 长期以来一直是最受欢迎的选择。但是，由于前面所述的原因(维护模式下的组件，由 Spring 开发人员开发的新工具)，这种偏好不再是一个明智的选择。我们将使用 Consul，该工具可提供服务发现和其他功能，并通过 Spring Cloud 模块进行了很好的集成。此外，稍后将利用 Consul 的另一个特性来实现微服务架构中的另一种模式，即集中式配置。

首先安装 Consul 工具，该工具可在"下载"页面(https://tpd.io/dlconsul)上用于多个平台。安装后，可以使用代码清单 8-15 中所示的命令在开发模式下运行 Consul Agent。

代码清单 8-15　在开发模式下启动 Consul Agent

```
$ consul agent -node=learnmicro -dev
==> Starting Consul agent...
        Version: 'v1.7.3'
        Node ID: '0a31db1f-edee-5b09-3fd2-bcc973867b65'
      Node name: 'learnmicro'
     Datacenter: 'dc1' (Segment: '<all>')
         Server: true (Bootstrap: false)
    Client Addr: [127.0.0.1] (HTTP: 8500, HTTPS: -1, gRPC: 8502, DNS: 8600)
   Cluster Addr: 127.0.0.1 (LAN: 8301, WAN: 8302)
 Encrypt: Gossip: false, TLS-Outgoing: false, TLS-Incoming: false,
Auto-Encrypt-TLS: false
...
```

日志应显示一些有关服务器的信息以及一些启动操作。因为我们在本地使用代理，所以在开发模式下运行该代理，但是 Consul 正确的生产设置将由具有多个数据中心的集群组成。这些数据中心可运行一个或多个代理，其中每个服务器中只有一个代理可以充当服务器代理。代理之间使用协议进行通信以同步信息并通过共识选举领导者。所有这些设置确保了高可用性。如果数据中心无法访问，代理会注意到它并选出新的领导者。如果你想了解有关在生产环境中部署 Consul 的更多信息，请查看 Deployment Guide(https://tpd.io/consulprod)。在本书中，我们使用独立的代理程序来坚持使用开发模式。

正如我们在输出中看到的，Consul 在端口 8500 上运行 HTTP 服务器。它提供了 RESTful API，可用于服务注册和发现以及其他功能。此外，它提供了一个 UI，如果我们从浏览器导航到 http://localhost:8500，则可以访问该 UI。请参见图 8-9。

Service 部分显示已注册服务的列表。由于我们尚未执行任何操作，因此唯一可用的服务是 Consul 服务器。其他选项卡展示了可用的 Consul 节点、本章后面将要使用的键/值功能以及其他一些 Consul 功能，例如 ACL 和本书中不会使用的 Intention。

还可通过 REST API 来访问可用服务列表。例如，使用 HTTPie，我们可以请求一个可用服务的列表，它将输出一个空的响应体。参见代码清单 8-16。

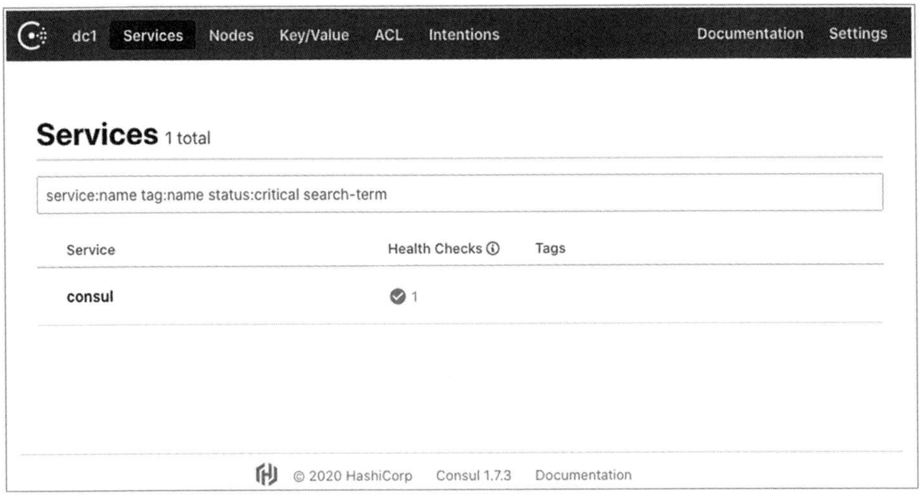

图 8-9　Consul 用户界面

代码清单 8-16　从 Consul 请求服务列表

```
$ http -b :8500/v1/agent/services
{}
```

通过 Service API，可列出服务，查询服务信息，了解服务是否运行正常，对服务进行注册以及注销。我们不会直接使用此 API，因为 Spring Cloud Consul 模块会自动完成此操作，我们将在稍后介绍。

Consul 包括用于验证所有服务状态的功能：运行状况检查功能。它提供了多种可用于确定运行状况的选项：HTTP、TCP、脚本等。可以想象，我们的计划是让 Consul 通过 HTTP 接口(更具体地说是在/actuator/health 端点上)联系微服务。运行状况检查位置是在服务注册时配置的，Consul 会定期触发一次(也可进行自定义)。如果服务无法响应或状态为非正常(2XX 除外)，则 Consul 会将其标记为不正常。我们很快会看到一个实例。如果你想了解有关如何配置它们的更多信息，请阅读 Consul 文档上的"检查"页面(https://tpd.io/consul-checks)。

8.3.2　Spring Cloud Consul

我们不需要使用 Consul API 来注册服务、定义运行状况检查或访问注册表来查找服务地址。所有这些功能都是由 Spring Cloud Consul 项目抽象的，因此，我们需要的是在 Spring Boot 应用程序中包含相应的启动器，并在不使用默认值的情况下配置一些设置。

我们将使用的 Spring Cloud Consul 版本仍与 Netflix 的 Ribbon 一起提供，用作实现负载均衡器模式的附带依赖项。如前所述，该工具处于维护模式，Spring 文档不鼓励使用它(请参阅 https://tpd.io/no-ribbon)。下一节将详细介绍所使用的替代方法。现在，为保持项目整洁，将使用 Maven 来排除对 Ribbon 启动器的传递依赖。参见代码清单 8-17。

代码清单 8-17　在 Maven 中添加 Spring Cloud Consul 发现依赖项

```
<dependency>
    <groupId>org.springframework.cloud</groupId>
    <artifactId>spring-cloud-starter-consul-discovery</artifactId>
    <exclusions>
        <exclusion>
            <groupId>org.springframework.cloud</groupId>
            <artifactId>spring-cloud-starter-netflix-ribbon</artifactId>
        </exclusion>
    </exclusions>
</dependency>
```

稍后将把这种依赖项添加到 Gateway 项目中。对于其他两个微服务，我们是第一次添加 Spring Cloud 依赖项，因此需要将 dependencyManagement 节点添加到 pom.xml 文件和 Spring Cloud 版本中。请参见代码清单 8-18 了解所需的补充内容。

代码清单 8-18　将 Consul 发现添加到 Multiplication 和 Gamification 微服务

```
<project>
    <!-- ... -->
    <properties>
        <!-- ... -->
        <spring-cloud.version>Hoxton.SR7</spring-cloud.version>
    </properties>

    <dependencies>
        <!-- ... -->
        <dependency>
            <groupId>org.springframework.cloud</groupId>
            <artifactId>spring-cloud-starter-consul-discovery</artifactId>
            <exclusions>
                <exclusion>
                    <groupId>org.springframework.cloud</groupId>
                    <artifactId>spring-cloud-starter-netflix-ribbon</artifactId>
                </exclusion>
            </exclusions>
        </dependency>
```

```
    </dependencies>
    <dependencyManagement>
        <dependencies>
            <dependency>
                <groupId>org.springframework.cloud</groupId>
                <artifactId>spring-cloud-dependencies</artifactId>
                <version>${spring-cloud.version}</version>
                <type>pom</type>
                <scope>import</scope>
            </dependency>
        </dependencies>
    </dependencyManagement>
    <!-- ... -->
</project>
```

Consul 附带的 Spring Boot 的默认自动配置对我们来说很合适：服务器位于 http://localhost:8500。如果要检查这些默认值，请参见 ConsulProperties 的源代码 (https://tpd.io/consulprops)。如果需要更改它们，可使用 spring.cloud.consul 前缀下的这些属性和其他属性。有关可以覆盖的设置的完整列表，请查看 Spring Cloud Consul 的参考文档(https://tpd.io/consulconfig)。

但是，我们的应用程序中需要一个新的配置属性：由 spring.application.name 属性指定的应用程序名称。到目前为止，我们并不需要它，但是 Spring Cloud Consul 使用它来注册该值对应的服务。这是我们必须在 Multiplication 项目内的 application.properties 文件中添加的行：

```
spring.application.name=multiplication
```

确保也将此行添加到 Gamification 微服务的配置中，这一次使用 gamification 值。在 Gateway 项目中，我们使用 YAML 属性，但更改是类似的。

```
spring:
  application:
    name: gateway
```

现在启动 Multiplication 和 Gamification 微服务，看看它们如何通过相应的运行状况检查进行注册。请记住，还要启动 RabbitMQ 服务器和 Consul 代理。我们仍然需要在 Gateway 服务中进行一些更改，因此不需要启动它。在应用程序日志中，你应该会看到一个新行，如代码清单 8-19 所示(请注意，它只是一行，但是非常长)。

代码清单 8-19　Gamification 微服务的日志行，显示 Consul 注册详细信息

```
INFO 53587 --- [main] o.s.c.c.s.ConsulServiceRegistry: Registering service
with consul: NewService{id='gamification-8081', name='gamification',
```

```
tags=[secure=false], address='192.168.1.133', meta={}, port=8081,
enableTagOverride=null, check=Check{script='null', dockerContainerID='null',
shell='null', interval='10s', ttl='null', http='http://192.168.1.133:8081/
actuator/health', method='null', header={}, tcp='null', timeout='null', deregis
terCriticalServiceAfter='null', tlsSkipVerify=null, status='null', grpc='null',
grpcUseTLS=null}, checks=null}
```

该行代码显示了当应用程序启动时通过 Spring Cloud Consul 进行的服务注册。我们可以看到请求的内容：由服务名称和端口组成的唯一 ID、可以对多个实例进行分组的服务名称、本地地址，以及通过 HTTP 对 Spring Boot Actuator 公开的服务运行状况端点地址进行配置的状态检查。Consul 验证此检查的时间间隔默认设置为 10 秒。

在 Consul 服务器端(请参见代码清单 8-20)，开发模式下默认将日志设置为 DEBUG 级别，因此我们可以看到 Consul 如何处理这些请求并触发检查。

代码清单 8-20　Consul Agent 日志

```
[DEBUG] agent.http: Request finished: method=PUT url=/v1/agent/service/
register?token=<hidden> from=127.0.0.1:54172 latency=2.424765ms
[DEBUG] agent: Node info in sync
[DEBUG] agent: Service in sync: service=gamification-8081
[DEBUG] agent: Check in sync: check=service:gamification-8081
```

使用此新配置启动两个微服务后，就可以访问 Consul 的 UI 来查看更新后的状态。请参见图 8-10。

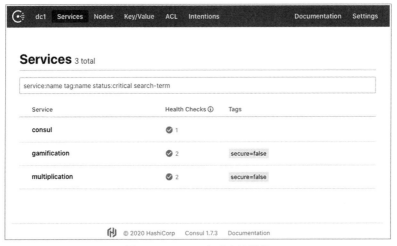

图 8-10　Consul 中列出的服务

现在，导航至 Service，单击 multiplication，然后单击此处显示的唯一 multiplication 行。你会看到该服务的运行状况检查。可验证 Consul 如何从 Spring Boot 应用程序中获得 OK 状态(200)。请参阅图 8-11。

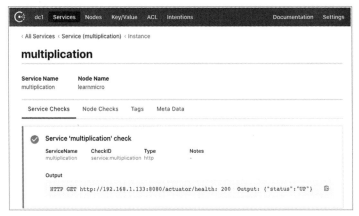

图 8-11　服务运行状况检查

　　还可启动其中一个微服务的第二个实例，以查看注册表如何对其进行管理。如果你覆盖了端口，则可从 IDE 中执行操作，也可直接从命令行中执行操作。有关如何启动 Multiplication 微服务的第二个实例的示例，请参见代码清单 8-21。如你所见，可使用 Spring Boot 的 Maven 插件覆盖服务器端口(有关详细信息，请参见 https://tpd.io/mvn-sb-props)。

代码清单 8-21　从命令行运行 Multiplication 微服务的第二个实例

```
multiplication $ ./mvnw spring-boot:run -Dspring-boot.run.arguments="--server.
port=9080"
[... logs ...]
```

　　在 Consul 注册表中，仍将有一个 multiplication 服务。如果单击此服务，将导航到 Instances 选项卡。请参见图 8-12。在这里，我们可以看到两个实例，每个实例都具有相应的运行状况检查。请注意，默认值为 8080 时，Spring Boot 不会在 ID 中使用该端口。

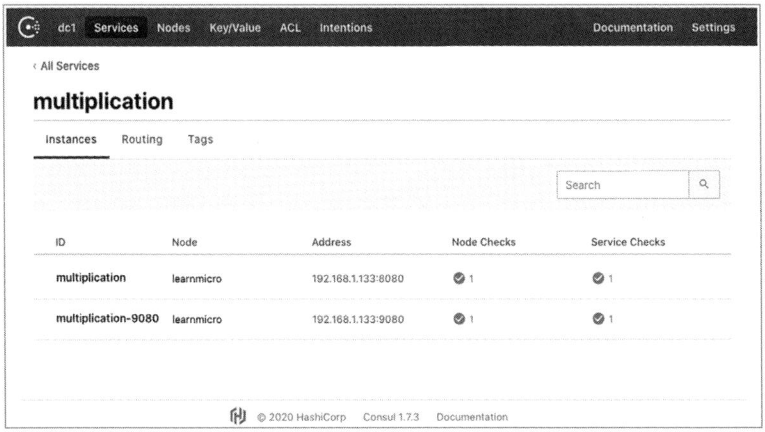

图 8-12　Consul 注册表中的多个实例

从 Consul 获取服务列表的 API 请求现在检索这两个服务，包括有关 Multiplication 应用程序的两个实例的信息。请参见代码清单 8-22，以获取响应的简化版本。

代码清单 8-22 使用 Consul API 检索注册的服务

```
$ http -b :8500/v1/agent/services
{
    "gamification-8081": {
        "Address": "192.168.1.133",
        "EnableTagOverride": false,
        "ID": "gamification-8081",
        "Meta": {},
        "Port": 8081,
        "Service": "gamification",
        ...
        "Weights": {
            "Passing": 1,
            "Warning": 1
        }
    },
    "multiplication": {
        "Address": "192.168.1.133",
        "EnableTagOverride": false,
        "ID": "multiplication",
        "Meta": {},
        "Port": 8080,
        "Service": "multiplication",
        ...
        "Weights": {
            "Passing": 1,
            "Warning": 1
        }
    },
    "multiplication-9080": {
        "Address": "192.168.1.133",
        "EnableTagOverride": false,
        "ID": "multiplication-9080",
        "Meta": {},
        "Port": 9080,
        "Service": "multiplication",
        ...
        "Weights": {
            "Passing": 1,
            "Warning": 1
        }
    }
}
```

如果没有 Spring 抽象，我们将如何使用 Consul 作为客户端服务？首先，所有服务都只有知道 HTTP 主机和端口才能到达注册表。然后，如果服务要与 Gamification API 进行交互，将使用 Consul 的 Service API 来获取可用实例的列表。API 还具有一个端点，用于检索有关给定服务标识符当前运行状况的信息。遵循客户端发现方法，该服务将应用负载均衡(如轮询)并从列表中选择一个正常的实例。然后，客户端服务知道了地址和请求的目标端口后，便可以执行请求。我们不需要实现此逻辑，因为 Spring Cloud Consul 已经自动完成了，包括下一节中将要介绍的负载均衡。

鉴于网关是系统中唯一正在调用其他服务的服务，我们将在其中实践 Consul 的服务发现逻辑。但在此之前，需要引入仍然缺少的模式：负载均衡器。

8.3.3　Spring Cloud 负载均衡器

我们将实现一种客户端发现方法，其中后端服务查询注册表并确定如果有多个可用实例的话，应该调用哪个实例。最后一部分是我们可以自己构建的逻辑，但是使用工具会更容易构建。Spring Cloud 负载均衡器项目是 Spring Cloud Commons 的组件，与 Consul 和 Eureka 集成在一起，来提供简单的负载均衡器实现。默认情况下，它会自动配置能够迭代遍历所有实例的循环负载均衡器。

如前所述，Netflix 的 Ribbon 曾是实现负载均衡器模式的首选。因为它处于维护模式，所以我们放弃该选项，而选择 Spring 的负载均衡器实现。Ribbon 和 Spring Cloud 负载均衡器都作为依赖项包含在 Spring Cloud Consul 启动程序中，但我们可使用配置标志或明确排除其中一个依赖项从而在两者之间进行切换(就像添加 Consul 启动器时所做的那样)。

要在两个应用程序之间进行负载均衡的调用，可在创建 RestTemplate 对象时只使用@LoadBalanced 注解。然后，在执行对该服务的请求时，将服务名称用作 URL 中的主机名。Spring Cloud Consul 和负载均衡器组件将完成其余工作，查询注册表并按顺序选择下一个实例。

在介绍事件驱动的方法之前，我们曾经从 Multiplication 服务调用 Gamification 服务，所以以它为例进行说明。代码清单 8-23 显示了如何在客户端 Multiplication 微服务中集成服务发现和负载均衡。图 8-8 也对此进行了说明。如你所见，只需要声明配置有@LoadBalanced 批注的 RestTemplate Bean，并使用 URL http://gamification/attempts。请注意，不需要指定端口号，因为联系注册表后，它将被包含在解析的实例 URL 中。

代码清单 8-23　如何使用具有负载均衡功能的 RestTemplate 示例

```
@Configuration
public class RestConfiguration {

    @LoadBalanced
    @Bean
    RestTemplate restTemplate() {
        return new RestTemplate();
    }
}

@Slf4j
@Service
public class GamificationServiceClient {
    private final RestTemplate restTemplate;

    public GamificationServiceClient(final RestTemplate restTemplate) {
        this.restTemplate = restTemplate;
    }

    public boolean sendAttempt(final ChallengeAttempt attempt) {
        try {
            ChallengeSolvedDTO dto = new ChallengeSolvedDTO(attempt.getId(),
                    attempt.isCorrect(), attempt.getFactorA(),
                    attempt.getFactorB(), attempt.getUser().getId(),
                    attempt.getUser().getAlias());
            ResponseEntity<String> r = restTemplate.postForEntity(
                    "http://gamification/attempts", dto,
                    String.class);
            log.info("Gamification service response: {}", r.getStatusCode());
            return r.getStatusCode().is2xxSuccessful();
        } catch (Exception e) {
            log.error("There was a problem sending the attempt.", e);
            return false;
        }
    }
}
```

因为已经去除了微服务之间的 HTTP 调用，所以我们不会采用这种方法，但是对于需要进行服务间 HTTP 交互的情况，这是一个很好的方法。使用服务发现和负载均衡，可减少失败的风险，因为这样增加了至少有一个实例用于处理同步请求的机会。

我们的计划是在网关中集成服务发现和负载均衡。请参阅图 8-13。

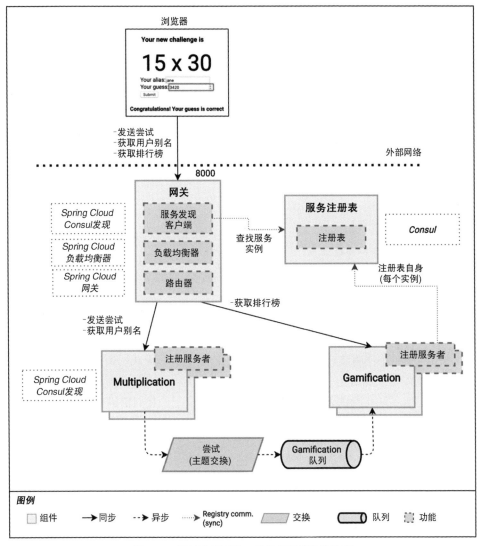

图 8-13 系统中的网关、服务发现和负载均衡

8.3.4 网关中的服务发现和负载均衡

在应用程序中包含 Spring Cloud Consul 启动程序后，它们会联系注册表用于发布信息。但是，我们仍然具有使用显式地址/端口组合来代理请求的网关。现在是时候在其中集成服务发现和负载均衡了。

首先将 Spring Cloud Consul 依赖项添加到 Gateway 项目。参见代码清单 8-24。同样不考虑 Ribbon，因为我们将使用 Spring Cloud 负载均衡器。

代码清单 8-24　将 Spring Cloud Consul 发现添加到网关

```
<dependencies>
    <!-- ... -->
    <dependency>
        <groupId>org.springframework.cloud</groupId>
        <artifactId>spring-cloud-starter-consul-discovery</artifactId>
        <exclusions>
            <exclusion>
                <groupId>org.springframework.cloud</groupId>
                <artifactId>spring-cloud-starter-netflix-ribbon</artifactId>
            </exclusion>
        </exclusions>
    </dependency>

</dependencies>
```

为利用这些新模式，我们要做的更改就是向 application.yml 文件添加一些配置。可以将更改分为三组。

全局设置： 为应用程序命名，并确保使用 Spring Cloud 负载均衡器实现。此外，将添加一个配置参数，用来指示服务发现客户端仅检索运行正常的服务。

路由配置： 不使用显式的主机和端口，而是使用 URL 模式切换到服务名称，该模式还可以实现负载均衡。

弹性： 为了防止网关无法将请求代理到服务的情况，我们希望它重试几次。我们将详细介绍这个主题。

有关新网关配置(application.yml)的完整源代码，包括这些更改，参见代码清单 8-25。

代码清单 8-25 包含了负载均衡的网关配置

```
server:
  port: 8000

spring:
  application:
    name: gateway
  cloud:
    loadbalancer:
      ribbon:
        # Not needed since we excluded the dependency, but
        # still good to add it here for better readability
        enabled: false
    consul:
      enabled: true
      discovery:
        # Get only services that are passing the health check
```

```
          query-passing: true
      gateway:
        routes:
          - id: multiplication
            uri: lb://multiplication/
            predicates:
              - Path=/challenges/**,/attempts,/attempts/**,/users/**
          - id: gamification
            uri: lb://gamification/
            predicates:
              - Path=/leaders
      globalcors:
        cors-configurations:
          '[/**]':
            allowedOrigins: "http://localhost:3000"
            allowedHeaders:
              - "*"
            allowedMethods:
              - "GET"
              - "POST"
              - "OPTIONS"
      default-filters:
        - name: Retry
          args:
            retries: 3
            methods: GET,POST
```

将 query-passing 参数设置为 true 时, Spring 实现将使用带有过滤器的 Consul API, 仅检索那些通过了运行状况检查的服务。我们只想将请求代理到正常实例。在服务不经常轮询更新的服务列表的情况下, 值 false 才可能有意义。这种情况下, 最好获得完整的列表, 因为我们不知道它们的最新状态, 而且有处理不正常实例的机制(如稍后介绍的重试)。

最相关的更改是应用于 URL 的更改。如你所见, 现在使用诸如 lb:// multiplication / 的 URL。由于添加了 Consul 客户端, 因此应用程序将使用 Service API 将服务名称 (multiplication)解析为可用实例。特殊方案 lb 告诉 Spring 应该使用负载均衡器。

除了基本配置之外, 我们还添加了适用于所有请求的网关过滤器: 重试 GatewayFilter, 因为它位于 default-filters 节点下(有关详细信息, 请参阅 https://tpd.io/gwretry)。该过滤器拦截错误响应, 并透明地重试该请求。与负载均衡器结合使用时, 这意味着该请求将被代理到下一个实例, 因此我们可轻松地获得一个不错的弹性模式(重试)。我们配置此过滤器以使所用的 HTTP 方法最多重试 3 次, 这足以覆盖大多数失败情况。如果所有重试均失败, 网关会向客户端返回错误响应(服务不可用), 因为它无法代理请求。

你可能想知道为什么在服务发现客户端中必须包含重试(尽管我们将其配置为仅获取正常实例)。从理论上讲，如果它们都正常，那么所有调用都应该成功。为了理解这一点，我们必须回顾 Consul(通常是任何其他服务发现工具)的工作方式。每个服务都会使用配置好的运行状况检查进行注册，以每 10 秒钟轮询一次(默认值，但我们也可以对其进行更改)。当服务还没有准备好处理流量时，注册表不会实时知道。可能出现的情况是，Consul 成功检查了给定实例的运行状况，然后该实例立即停止运行。注册表会将此实例保持正常运行状态数秒钟，直到下一次检查时发现该实例不可用。由于我们也希望在该时间间隔内将请求错误减至最少，因此可以利用重试模式来处理这些情况。更新注册表后，网关将不会在服务列表中获取不正常的实例，因此不再需要重试。请注意，减少两次检查的间隔时间可以减少错误数量，但是会增加网络流量。

断路器

某些情况下，当知道给定服务失败后，你不希望继续尝试对该服务进一步请求。这样，就可以节省响应超时所浪费的时间，并减轻目标服务的潜在拥塞。当没有其他弹性机制(如带有运行状况检查的服务注册表)时，这对于外部服务调用特别有用。

对于这些情况，可以使用断路器。当一切正常时，电路闭合。在可配置数量的请求失败之后，电路断开。然后，甚至不会尝试处理请求，并且断路器实现会返回预定义的响应。电路可能会不时地切换到半开状态，以再次检查目标服务是否正常工作。这种情况下，电路将过渡到闭合状态。如果仍然失败，它将返回到打开状态。访问 https://tpd.io/cbreak 以获取有关此模式的更多信息。

应用新配置后，Gateway 微服务会连接到 Consul，以查找其他微服务的可用实例及其网络位置。然后，它基于 Spring Cloud 负载均衡器中包含的简单循环算法来均衡负载。再次查看图 8-8 以获得完整概述。

假设添加了 Consul 启动器，则网关服务也在 Consul 中注册自己。由于其他服务不会调用该网关，因此这不是绝对必要的，但对于我们检查其状态仍然有用。或者，可将配置参数 spring.cloud.consul.discovery.register 设置为 false，以继续使用服务发现客户端功能，但禁用网关服务的注册。

在我们的设置中，所有外部 HTTP 通信(不在微服务之间)通过 localhost:8000 使用网关微服务。在生产环境中，通常会在端口 80(如果使用 HTTPS，则为 443)上公开此 HTTP 接口，并使用 DNS 地址(如 bookgame.tpd.io)指向服务器所在的 IP。但是，公共访问将只有一个入口点，这使得该服务成为系统的关键部分。它必须具有尽可能高的可用性。如果网关服务宕机，整个系统就会宕机。

为降低风险，可引入 DNS 负载均衡(指向多个 IP 地址的主机名)向网关添加冗余。但是，当其中一台主机没有响应时，它依靠客户端(如浏览器)来管理 IP 地址列表并处理故障转移(相关说明请参见 https://tpd.io/dnslbq)。可将其视为网关顶部的一个额外层，以增加客户端发现(DNS 解析到 IP 地址列表中)、负载均衡(从列表中选择一个 IP 地址)和容错能力(超时或错误后尝试使用另一个 IP)。这不是典型的方法。

诸如 Amazon、Microsoft 或 Google 的云提供商将路由和负载均衡模式作为具有高可用性保证的托管服务来提供，因此这也是确保网关始终保持运行状态的替代方法。另一方面，Kubernetes 允许你在自己的网关上创建负载均衡器，因此也可在该层添加冗余。你将在本章末尾看到有关平台实现的更多信息。

8.3.5　使用服务发现和负载均衡

下面将服务发现和负载均衡功能付诸实践。

在运行应用程序前，将在 UserController(Multiplication 微服务)和 LeaderBoardController (Gamification 微服务)中添加一条日志行，用于在日志中快速查看与 API 的交互。参见代码清单 8-26 和代码清单 8-27。

代码清单 8-26　向 UserController 添加一行日志

```
@Slf4j
@RequiredArgsConstructor
@RestController
@RequestMapping("/users")
public class UserController {
    private final UserRepository userRepository;

    @GetMapping("/{idList}")
    public List<User> getUsersByIdList(@PathVariable final List<Long> idList) {
        log.info("Resolving aliases for users {}", idList);
        return userRepository.findAllByIdIn(idList);
    }
}
```

代码清单 8-27　将日志行添加到 LeaderBoardController

```
@Slf4j
@RestController
@RequestMapping("/leaders")
@RequiredArgsConstructor
class LeaderBoardController {

    private final LeaderBoardService leaderBoardService;

    @GetMapping
```

```
public List<LeaderBoardRow> getLeaderBoard() {
    log.info("Retrieving leaderboard");
    return leaderBoardService.getCurrentLeaderBoard();
}
}
```

现在运行完整的系统。所需步骤与之前的步骤相同,外加用于运行服务注册表的新命令:

(1) 运行 RabbitMQ 服务器。

(2) 在开发模式下运行 Consul 代理。

(3) 启动 Multiplication 微服务。

(4) 启动 Gamification 微服务。

(5) 启动新的 Gateway 微服务。

(6) 运行前端应用程序。

一旦运行了最小设置,就会为运行业务逻辑的每个服务添加了一个额外的实例:Multiplication 和 Gamification。请记住,需要覆盖 server.port 属性。在终端上,你可以在两个单独的选项卡或窗口中使用代码清单 8-28 中所示的命令(请注意,运行每个命令的文件夹是不同的)。

代码清单 8-28　运行另外两个 Multiplication 和 Gamification 实例

```
multiplication $ ./mvnw spring-boot:run -Dspring-boot.run.arguments="--server.
port=9080"
[... logs ...]
gamification $ ./mvnw spring-boot:run -Dspring-boot.run.arguments="--server.
port=9081"
[... logs ...]
```

所有实例将在注册表(Consul)中发布详细信息。此外,都可以充当注册表客户端,用来检索给定服务名称的不同实例及其位置的详细信息。在我们的系统中,这只能通过网关完成。启动图 8-14 中的两个额外实例后,请在 Consul UI 中查看服务概述(位于 Services 区域)。

验证网关的负载均衡器是否正常很简单:检查两个 Gamification 服务实例的日志。使用新添加的日志行,你可以快速查看两者如何从 UI 中获取与排行榜更新相关的交替请求。如果多次刷新浏览器页面以强制提出新的质询请求,你将看到类似的行为。代码清单 8-29、代码清单 8-30、代码清单 8-31 和代码清单 8-32 显示了 Multiplication 实例和 Gamification 实例在同一时间窗口的日志提取。如你所见,请求每 5 秒钟在可用实例之间切换一次。

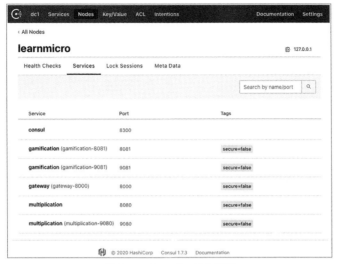

图 8-14　Consul：多个实例

代码清单 8-29　Multiplication 日志，第一个实例(端口 8080)

```
2020-08-29 09:05:06.957 INFO 9999 --- [nio-8080-exec-6] m.b.multiplication.user.
UserController : Resolving aliases for users [125, 49, 72, 60, 101, 1, 96, 107,
                3, 45, 6, 9, 14, 123]
2020-08-29 09:05:09.090 INFO 9999 --- [nio-8080-exec-7] m.b.multiplication.user.
UserController : Resolving aliases for users [125, 49, 72, 60, 101, 1, 96, 107,
                3, 45, 6, 9, 14, 123]
2020-08-29 09:05:19.033 INFO 9999 --- [nio-8080-exec-9] m.b.multiplication.user.
UserController : Resolving aliases for users [125, 49, 72, 60, 101, 1, 96, 107,
                3, 45, 6, 9, 14, 123]
```

代码清单 8-30　Multiplication 日志，第二个实例(端口 9080)

```
2020-08-29 09:05:09.009 INFO 10138 --- [nio-9080-exec-7] m.b.m.challenge.
ChallengeController : Generating a random challenge: Challenge(factorA=58,
factorB=96)
2020-08-29 09:05:14.040 INFO 10138 --- [nio-9080-exec-8] m.b.multiplication.user.
UserController : Resolving aliases for users [125, 49, 72, 60, 101, 1, 96, 107,
                3, 45, 6, 9, 14, 123]
2020-08-29 09:05:24.042 INFO 10138 --- [io-9080-exec-10] m.b.multiplication.user.
UserController : Resolving aliases for users [125, 49, 72, 60, 101, 1, 96, 107,
                3, 45, 6, 9, 14, 123]
```

代码清单 8-31　Gamification 日志，第一个实例(端口 8081)

```
2020-08-29 09:05:03.208 INFO 9928 --- [nio-8081-exec-6] m.b.g.game.
LeaderBoardController        : Retrieving leaderboard
2020-08-29 09:05:09.006 INFO 9928 --- [nio-8081-exec-8] m.b.g.game.
```

```
LeaderBoardController        : Retrieving leaderboard
2020-08-29 09:05:19.014 INFO 9928 --- [io-8081-exec-10] m.b.g.game.
LeaderBoardController        : Retrieving leaderboard
```

代码清单 8-32　Gamification 日志，第二个实例(端口 9081)

```
2020-08-29 09:04:58.107 INFO 10222 --- [nio-9081-exec-4] m.b.g.game.
LeaderBoardController        : Retrieving leaderboard
2020-08-29 09:05:06.927 INFO 10222 --- [nio-9081-exec-6] m.b.g.game.
LeaderBoardController        : Retrieving leaderboard
2020-08-29 09:05:14.010 INFO 10222 --- [nio-9081-exec-8] m.b.g.game.
LeaderBoardController        : Retrieving leaderboard
```

这是一项巨大成就：扩展了系统，一切都按预期进行。现在，与 RabbitMQ 设置在消费者之间分发消息的方式类似，HTTP 流量在所有实例之间均衡分配。将系统的容量平稳地增加了一倍。

实际上，可启动任意数量的微服务实例，并且负载将透明地分布在所有微服务中。此外，通过网关，使 API 客户端不了解内部服务，并可轻松地实现这些交叉关注点，例如用户身份验证或监视。

还应该检查是否实现了我们所期望的其他非功能性需求：弹性、高可用性和容错性。让我们开始制造一些混乱。

为检查当服务意外不可用时会发生什么情况，可通过 IDE 或终端中的 Ctrl+C 信号将其停止。然而，这并没有涵盖我们在现实生活中可能遇到的所有潜在事件。这样做时，Spring Boot 应用程序会正常停止，因此有机会从 Consul 中注销自己。我们希望模拟重大事件，例如网络问题或服务突然终止。必须模仿的最佳选择是杀死给定实例的 Java 进程。要知道杀死哪个进程，我们可以检查日志。默认的 Spring Boot 的 Logback 配置在每个日志行中的日志级别(例如 INFO)之后输出进程 ID。例如，下面的行表明了我们正在运行进程 ID 为 97817 的 Gamification 微服务：

```
2020-07-19 09:10:27.279 INFO 97817 --- [main] m.b.m.GamificationApplication :
Started GamificationApplication in 5.371 seconds (JVM running for 11.054)
```

在 Linux 或 macOS 系统中，可使用 kill 命令杀死该进程，并传递参数-9 强制立即终止。

```
$ kill -9 97817
```

如果你正在 Windows 上运行服务，则可以使用带有/F 标志的 taskkill 命令强制终止它。

```
> taskkill /PID 97817 /F
```

既然你已经知道如何创建中断，请终止 Gamification 微服务的一个实例进程。确保在浏览器中打开了用户界面，以便不断向后端发出请求。你将看到，在终止其中一个实例后，另一个实例如何接收所有请求并成功响应它们。用户甚至没有注意到这一点。在 Gamification 服务中调用 API 的排行榜仍在运行。用户还可以发送新的挑战；所有尝试都将在唯一可用的实例中结束。此处发生的情况是，网关中的重试过滤器透明地执行了第二个请求，由于存在负载均衡器，该请求将被路由到正常实例。参见图 8-15。

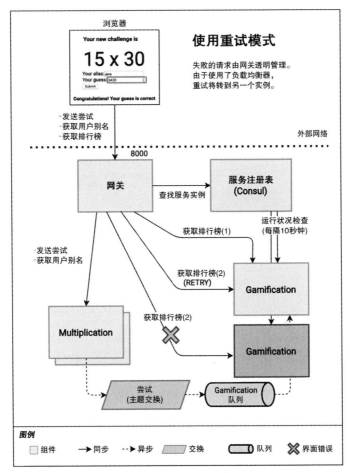

图 8-15　弹性：重试模式

我们还想验证引入的模式如何协作才能获得成功。为此，暂时删除网关中的重试过滤器配置。参见代码清单 8-33。

代码清单 8-33　在网关中注解配置块

```
# We can comment this block of the configuration
```

```
#    default-filters:
#      - name: Retry
#      args:
#        retries: 3
#        methods: GET,POST
```

然后，重建并重新启动 Gateway 服务(以应用新配置)，并重复类似的场景。确保再次启动 Gamification 服务的第二个实例，并留出一些时间让 Gateway 服务开始向其路由流量。然后，在查看 UI 时终止其中一个实例。这次你将看到的是，其他所有请求均无法完成，导致在显示排行榜时出现交替错误。发生这种情况是因为 Consul 需要一些时间(已配置的运行状况检查间隔)来检测服务已关闭。同时，网关仍然使这两个实例保持正常，并将一些请求代理到死服务器。请参阅图 8-16。我们刚删除的重试机制透明地处理了此错误，并向列表中的下一个实例发出了第二个请求，该实例仍在运行。

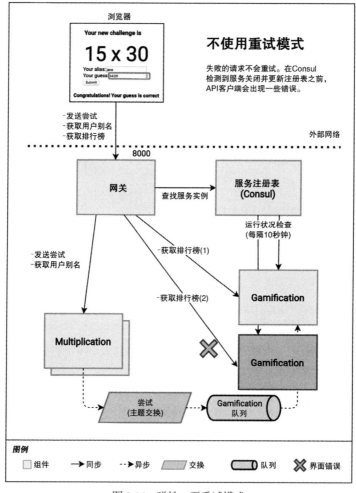

图 8-16　弹性：无重试模式

它可以在我的机器上运行

请注意，如果在运行状况检查之前你无意中终止了进程，Consul 会立即发现问题。这种情况下，你可能能在 UI 中看不到错误。可以再次尝试相同的场景，也可在 Spring Cloud Consul 中配置更长的运行状况检查间隔(通过应用程序属性)，这样你就有更大的机会重现此错误场景。

如果导航到 Services，则 Consul 注册表用户界面也会反映出运行状况检查失败。参见图 8-17。

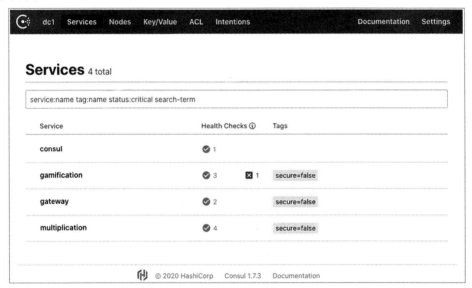

图 8-17 Consul 用户界面：终止服务后运行状况检查失败

我们完成了学习道路上的一个重要里程碑：在微服务架构中实现了可扩展性。此外，通过使用服务发现注册表的负载均衡器实现了适当的容错性，该注册表了解系统中不同组件的运行状况。我希望这个实用的方法可以帮助你理解所有这些关键概念。

8.4 每种环境的配置

如第 2 章所述，Spring Boot 的主要优点之一是可以对配置文件进行配置。配置文件是可以根据需要启用的一组配置属性。例如，在本地测试期间，你可进行配置连接到本地 RabbitMQ 服务器；将其部署到生产环境中时，可以切换到实际的 RabbitMQ 服务器。

为引入新的 Rabbitprod 配置文件，可创建一个名为 application-rabbitprod. properties 的文件。Spring Boot 使用 application-{profile}命名约定(对于 properties 和 YAML 格式)，

从而允许我们在单独的文件中定义配置文件。有关可以包含的一些示例属性，请参见代码清单 8-34。如果在生产环境中使用此配置文件，则可能需要使用不同的凭据、要连接的节点集群和安全接口等。

代码清单 8-34　替代生产环境中默认值的单独 Properties 文件示例

```
spring.rabbitmq.addresses=rabbitserver1.tpd.network:5672,rabbitserver2.tpd.
network:5672
spring.rabbitmq.connection-timeout=20s
spring.rabbitmq.ssl.enabled=true
spring.rabbitmq.username=produser1
```

在目标环境中启动应用程序时，必须确保启用此配置文件。为此，我们使用属性 spring.profiles.active。Spring Boot 使用此文件中的值聚合基本配置(在 application.properties 中)。在我们的案例中，其他所有属性都将被添加到结果配置中。可使用 Spring Boot 的 Maven 插件命令为 multiplication 微服务启用此新配置文件：

```
multiplication $ ./mvnw spring-boot:run -Dspring-boot.run.arguments="--spring.
profiles.active=rabbitprod"
```

可以想象，所有微服务在每种环境中都可能具有许多通用的配置值。不仅 RabbitMQ 的连接详细信息可能是相同的，而且我们添加了一些额外的值，例如 exchange 名称(amqp.exchange.attempts)。这同样适用于数据库的通用配置，或者通常适用于我们希望应用于所有微服务的其他任何 Spring Boot 配置。

可将这些值保存在每个微服务、每种环境和每个工具的单独文件中。例如，这四个文件可能包含 RabbitMQ 和 H2 数据库在分段和生产环境中的不同配置。

- application-rabbitprod.properties
- application-databaseprod.properties
- application-rabbitstaging.properties
- application-databasestaging.properties

然后，可在任何需要它们的微服务中进行复制。通过将配置分组到单独的配置文件中，可以轻松地重用这些值。

但是，保留所有这些副本仍然需要大量的维护工作。如果要更改这些公共配置块中的某个值，则必须替换每个项目文件夹中的相应文件。

更好的方法是将此配置放在系统中的通用位置，并使应用程序在启动之前对其内容进行同步。然后对每种环境进行集中配置，因此只需要调整一次值。请参见图 8-18。好消息是，这是一个众所周知的模式，称为外部化(或集中式)配置，因此，有一些现成的解决方案可构建集中式配置服务器。

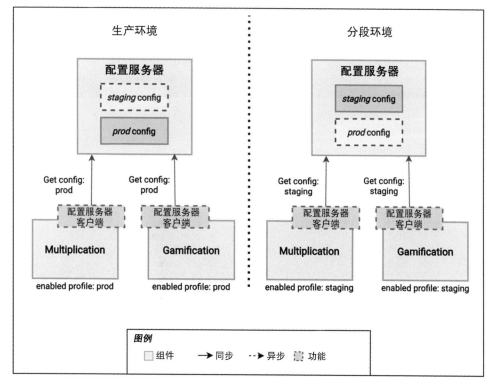

图 8-18 集中式配置：概述

在寻找 Spring 的配置服务器模式时，通过简单的 Web 搜索得出的第一个解决方案是 Spring Cloud Config Server 项目。这是 Spring Cloud 系列中包含的本机实现，它可以保留一组配置文件，这些配置文件分布在文件夹中并通过 REST API 公开。在客户端，使用此依赖项的项目根据其活动配置文件来访问配置服务器并请求相应的配置资源。对我们的系统来说，此解决方案唯一的缺点是，我们需要创建另一个微服务以充当配置服务器并公开集中式文件。

一种替代方法是使用 Consul KV，这是我们尚未研究的默认 Consul 软件包中包含的功能。Spring Cloud 也与此工具集成在一起，以实现集中式配置服务器。我们将选择使用这种方法来重用组件，并通过 Consul 结合服务发现、运行状况检查和集中式配置使系统尽可能简单。

8.4.1 Consul 中的配置

Consul KV 是随 Consul 代理安装的键/值存储。与服务发现功能一样，可通过 REST API 和用户界面访问此功能。将 Consul 设置为集群时，此功能还可从复制中受益，因此，由于服务无法获得其配置而导致数据丢失或停机的风险较小。

由于 Consul KV 已经包含在我们已经安装的 Consul 代理中，因此也可从浏览器访问此简单功能。在代理运行的情况下，导航至 http://localhost:8500/ui/dc1/kv(Key/Value 选项卡)。现在，单击 Create。你将看到编辑器创建一个新的键/值对，如图8-19所示。

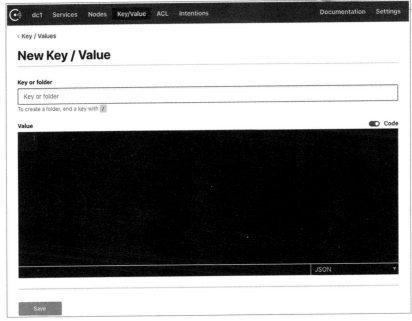

图8-19   Consul：创建键/值对

可使用切换按钮在代码和普通编辑器之间切换。代码编辑器支持几种符号的语法着色，包括 YAML。注意，如图8-19所示，如果在键名的末尾添加了正斜杠字符，那么也可以创建文件夹。

Consul KV REST API 还允许我们通过 HTTP 调用创建键/值对和文件夹，并使用键名进行检索。如果你想深入了解它的工作原理，请访问 http://tpd.io/kv-api。与服务发现功能一样，不需要直接与此 API 进行交互，因为我们将使用与 Consul KV：Spring Cloud Consul Config 通信的 Spring 抽象。

8.4.2 Spring Cloud Consul Config

使用 Consul KV 实现集中配置的 Spring Cloud 项目是 Spring Cloud Consul Config。要使用此模块，我们需要向项目添加新的 Spring Cloud 依赖项：spring-cloud-starter-consul-config。该工件包括自动配置类，这些类将在应用程序启动的早期阶段(即特殊的"引导"阶段)尝试查找 Consul 代理并读取相应的 KV 值。之所以使用此阶段，是因为我们希望 Spring Boot 在其余的初始化过程中应用集中式配置值(例如，连接到 RabbitMQ)。

Spring Cloud Consul 配置希望每个配置文件都映射到 KV 存储中的给定键。它的值应该是一组 Spring Boot 配置值，格式为 YAML 或纯格式(.properties)。

我们可以配置一些设置，以帮助应用程序在服务器中找到相应的键。下面这些是最相关的设置。

- 前缀：这是 Consul KV 中存储所有配置文件的根文件夹。默认值为 config。
- 格式：它指定值(Spring Boot 配置)采用 YAML 还是属性语法。
- 默认上下文：这是所有应用程序用作公用属性的文件夹名称。
- 配置文件分隔符：键可以组合多个配置文件。这种情况下，你可指定要用作分隔符的字符(例如，用逗号分隔的 prod,extra-logging)。
- 数据键：这是保存属性或 YAML 内容的键名。

对于每个应用程序，必须将与配置服务器相关的所有配置值都放在一个单独文件中，文件名为 bootstrap.yml 或 bootstrap.properties(具体取决于选择的格式)。请参见图 8-20。

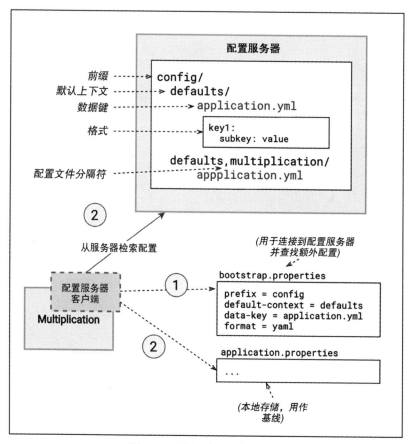

图 8-20 配置服务器属性：说明

请记住，如图 8-20 所示，连接到配置服务器的应用程序配置(在引导文件中)和将本地属性(如 application.properties)与那些从配置服务器下载的属性合并所产生的应用程序配置之间存在差异。由于第一种配置是元配置，因此无法从服务器下载它，我们必须将这些值复制到项目中相应的引导程序配置文件中。

鉴于没有示例将很难理解所有这些概念，所以使用我们的系统来解释 Consul Config 的工作方式。

8.4.3　实现集中配置

代码源

Consul 提供的集成了集中式配置解决方案的代码源位于存储库 Chapter08c 中。

首先，我们需要将新的启动程序添加到 Multiplication、Gamification 和 Gateway 微服务中。参见代码清单 8-35。

代码清单 8-35　将 Spring Cloud Consul 配置依赖项添加到微服务中

```xml
<dependencies>
    <!-- ... -->
    <dependency>
        <groupId>org.springframework.cloud</groupId>
        <artifactId>spring-cloud-starter-consul-config</artifactId>
    </dependency>

</dependencies>
```

这样，应用程序将尝试在引导阶段连接到 Consul，并使用 Consul KV 自动配置中提供的默认值从 KV 存储中获取配置文件属性。但是，我们将覆盖其中的某些设置，而不是使用默认设置，因为这样便于解释。

在 Multiplication 和 Gamification 项目中，我们使用 properties 格式，因此保持一致，并在同一级别创建一个单独的文件，名为 bootstrap.properties。在这两个应用程序中，将使用相同的设置。参见代码清单 8-36。

代码清单 8-36　Multiplication 和 Gamification 中的新 bootstrap.properties 文件

```properties
spring.cloud.consul.config.prefix=config
spring.cloud.consul.config.format=yaml
spring.cloud.consul.config.default-context=defaults
spring.cloud.consul.config.data-key=application.yml
```

请注意，选择 YAML 作为远程配置的格式，但本地文件为.properties 格式。这完全不是问题。Spring Cloud Consul Config 可合并远程 application.yml 键中包含的值和以不同格式本地存储的值。

此后在 Gateway 项目的 bootstrap.yml 文件中创建等效的设置，使用 YAML 进行应用程序配置。参见代码清单 8-37。

代码清单 8-37 Gateway 项目中的新 bootstrap.yml 文件

```yaml
spring:
  cloud:
    consul:
      config:
        data-key: application.yml
        prefix: config
        format: yaml
        default-context: defaults
```

使用这些设置，我们的目标是将所有配置存储在 Consul KV 中名为 config 的根文件夹中。在内部，有一个 defaults 文件夹，其中可能包含名为 application.yml 的键，其配置适用于所有微服务。可为每个应用程序或要使用的应用程序和配置文件组合设置额外的文件夹，并且每个文件夹都可能包含 application.yml 键以及应添加或覆盖的属性。为避免在配置服务器中混淆格式，将坚持使用 YAML 语法。再次查看图 8-20，以更好地了解配置的整体结构。到目前为止，我们要做的是将 bootstrap 文件添加到 Multiplication、Gamification 和 Gateway 项目中，以便它们可以连接到配置服务器并查找外部化的配置(如果有)。为达此目的，还向所有这些项目添加了 Spring Cloud Consul Config 启动程序依赖项。

为使用更具代表性的示例，可创建代码清单 8-38 所示的层次结构作为 Consul KV 中的文件夹和键。

代码清单 8-38 配置服务器中的示例配置结构

```
+- config
| +- defaults
|    \- application.yml
| +- defaults,production
|    \- application.yml
| +- defaults,rabbitmq-production
|    \- application.yml
| +- defaults,database-production
|    \- application.yml
| +- multiplication,production
|    \- application.yml
| +- gamification,production
|    \- application.yml
```

然后，如果运行 Multiplication 应用程序时使用的活动配置文件列表等于 production、rabbitmq-production、database-production，那么处理顺序如下(按优先级从低到高排列)：

(1) 基线值是访问配置服务器的项目的本地 application.properties 中包含的值，在此示例中为 Multiplication。

(2) 然后，Spring Boot 合并和覆盖 defaults 文件夹内 application.yml 键中包含的远程值，因为它适用于所有服务。

(3) 下一步是合并所有活动配置文件的默认值。活动配置文件指所有与 defaults, {profile} 模式匹配的文件：defaults,production、defaults,rabbitmq-production、defaults, database-production。注意，如果指定了多个配置文件，则优先处理最后一个配置文件的值。

(4) 之后，会按模式{application},{profile}为相应的应用程序名称和活动配置文件查找更具体的设置。在本例中，multiplication,production 键匹配该模式，因此将合并其配置值。优先顺序与之前相同：优先处理枚举中的最后一个配置文件。

请参见图 8-21 的直观表示形式，它肯定会帮助你了解如何应用所有配置文件。

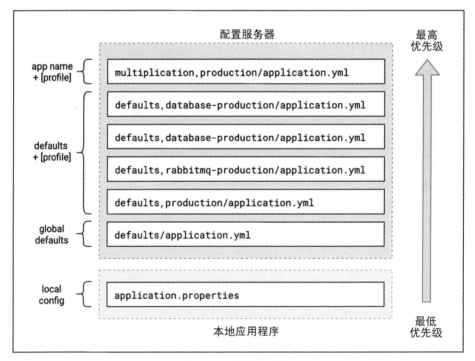

图 8-21　配置堆栈示例

因此，结构化配置值的实用方法如下所示：

- 当你想要为所有环境的全部应用程序添加全局配置时(例如，自定义 JSON 序列化时)，请使用 defaults。
- 使用 defaults, {profile}，其配置文件名称代表{tool}-{environment}对，用来为每种环境设置给定工具的通用值。例如，在该示例中，RabbitMQ 连接值可以包含在 rabbitmq-production 中。
- 使用配置文件名称为{environment}的{application},{profile}为给定环境中的应用程序设置特定设置。例如，可使用 multiplication, production 内部的属性来减少生产环境中 Multiplication 微服务的日志记录。

8.4.4 集中配置实践

在上一节中，我们在项目中添加了新的启动程序依赖项以及其他 bootstrap 配置属性，用于覆盖某些 Consul Config 默认值。如果启动一项服务，它将连接到 Consul 并尝试使用 Consul 的键/值 API 来检索配置。例如，在 Multiplication 应用程序的日志中，我们将看到一个新行，其中列出 Spring 尝试在远程配置服务器(Consul)中发现的属性源。参见代码清单 8-39。

代码清单 8-39 Multiplication 日志，指示默认配置源

```
INFO 54256 --- [main] b.c.PropertySourceBootstrapConfiguration : Located
property source: [BootstrapPropertySource {name='bootstrapProperties-config/
multiplication/'}, BootstrapPropertySource {name='bootstrapProperties-config/
defaults/'}]
```

此日志行可能引起误解，因为在输出此行时，这些属性源实际上并不存在。这只是候选属性源的列表。它们的名称与之前描述的模式匹配。鉴于在启动 Multiplication 应用程序时尚未启用任何配置文件，它只会尝试在 config/defaults 和 config/multiplication 下查找配置。正如本练习所证明的，不需要在 Consul 中创建与所有可能的候选属性源都匹配的键。不存在的键将被忽略。

让我们开始在 Consul 中创建一些配置。在 UI 的 Key/Value 选项卡上，单击 Create，然后输入 config/以创建与设置中的名称相同的根文件夹。由于在末尾添加了/字符，因此 Consul 知道它必须创建一个文件夹。请参见图 8-22。

图 8-22　Consul：创建配置根文件夹

现在，通过单击新创建的项目导航到 config 文件夹，并创建一个名为 defaults 的子文件夹。请参见图 8-23。

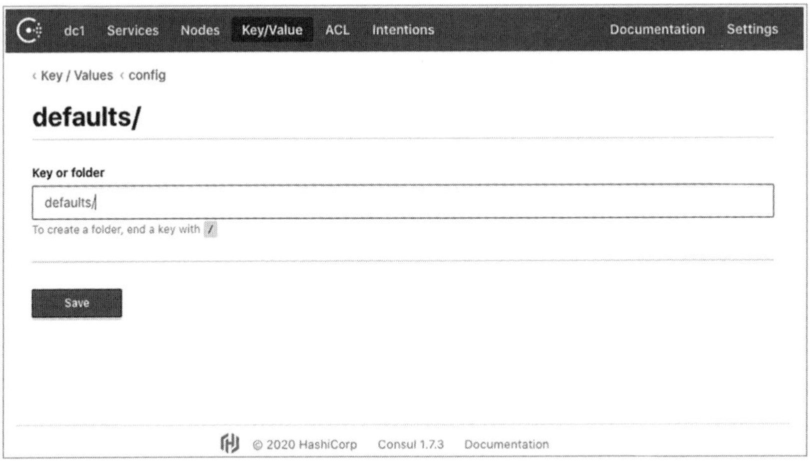

图 8-23　Consul：创建默认文件夹

再单击一次，导航到新创建的文件夹。你将看到 config/defaults 的内容，该内容目前为空。在此文件夹中，必须创建一个名为 application.yml 的键；默认情况下，将要应用于所有应用程序的值放在此处。注意，我们决定使用看起来像文件名的键名，以更好地区分文件夹和配置内容。让我们添加一些日志记录配置为 Spring 包启用 DEBUG 级别，该包的类输出一些有用的环境信息。请参见图 8-24。

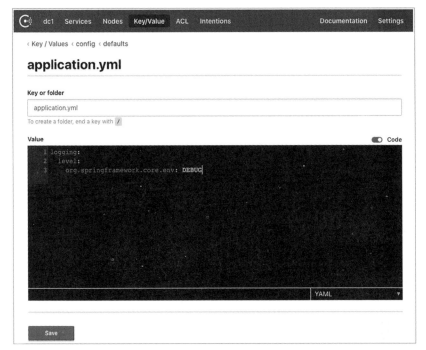

图 8-24 Consul：将配置添加到默认设置

现在，Multiplication 应用程序应选择此新属性。为进行验证，可重新启动它并检查日志，现在将在其中看到 org.springframework.core.env 包的额外日志，尤其是来自 PropertySourcesPropertyResolver 类的日志：

```
DEBUG 61279 --- [main] o.s.c.e.PropertySourcesPropertyResolver : Found key
'spring.h2.console.enabled' in PropertySource 'configurationProperties' with
value of type String
```

这证明服务已到达集中式配置服务器(Consul)，并应用了现有预期键(在本例中为 config/defaults)中包含的设置。

为了使它更加有趣，让我们为 Multiplication 应用程序启用一些配置文件。在命令行中，你可执行以下操作：

```
multiplication $ ./mvnw spring-boot:run -Dspring-boot.run.arguments="--spring.
profiles.active=production,rabbitmq-production"
```

通过该命令，我们将使用 production 和 rabbitmq-production 配置文件运行该应用程序。日志显示了要查找的结果候选键。参见代码清单 8-40。

代码清单 8-40 启用额外的配置文件后指示所有候选属性源的 Multiplication 日志

```
INFO 52274 --- [main] b.c.PropertySourceBootstrapConfiguration : Located
property source: [BootstrapPropertySource {name='bootstrapProperties-config/
multiplication,rabbitmq-production/'}, BootstrapPropertySource
{name='bootstrapProperties-config/multiplication,production/'},
BootstrapPropertySource {
name='bootstrapProperties-config/multiplication/'},
BootstrapPropertySource {name='bootstrapProperties-config/
defaults,rabbitmqproduction/'},
BootstrapPropertySource {name='bootstrapProperties-config/
defaults,production/'}, BootstrapPropertySource
{name='bootstrapProperties-config/
defaults/'}]
```

让我们将属性源名称提取为列表，以实现更好的可视化。该列表按照与日志中相同的顺序(即从最高优先级到最低优先级)排列。

(1) config/multiplication, rabbitmq-production/

(2) config/multiplication, production/

(3) config/multiplication/

(4) config/defaults, rabbitmq-production/

(5) config/defaults, production/

(6) config/defaults/

如上节所述，Spring 寻找将 defaults 与每个配置文件组合而产生的键，然后寻找应用程序名称与每个配置文件的组合。到目前为止，仅添加了一个 config/defaults 键，因此这是该服务选择的唯一键。

在现实中，可能不希望拥有能添加到生产环境中所有应用程序的日志。为此，可以配置 production 配置文件以还原之前所做的工作。由于此配置具有更高的优先级，因此将覆盖先前的值。转到 Consul UI 并在 config 文件夹中创建一个名为 default, production 的键。在文件夹内部，还必须创建一个 application.yml 键，其值应为 YAML 配置，用于将包的日志级别设置回 INFO。请参阅图 8-25。

当使用相同的最后一个命令(启用 production 配置文件)重新启动应用程序时，将看到该包的调试日志记录如何消失。

请记住，就像在此简单的日志记录示例中所做的一样，可添加 YAML 值来调整 Spring Boot 应用程序中的其他任何配置参数，使其适应生产环境。另外，请注意我们如何使用前面列出的六种可能的组合中的任何一种来处理配置范围，这是通过添加两个活动配置文件获得的。例如，可在名为 defaults,rabbitmq-production 的键中添加仅适用于生产环境中 RabbitMQ 的值。最具体的组合是 multiplication,rabbitmq-production 和 multiplication, production。如有必要，请再次查看图 8-21 以获得可视化帮助。

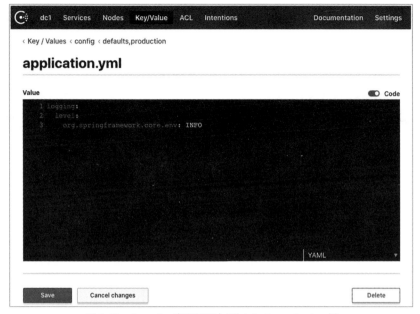

图 8-25　Consul：将配置添加到 default, production 键

为演示配置不仅仅限于日志记录，想象一下，当部署到生产环境时，我们希望在另一个端口(如 10080)上运行 Multiplication 微服务。要使此工作正常进行，只需要在 Consul 中的 multiplication, production 键内添加 application.yml 键，并更改 server.port 属性。参见图 8-26。

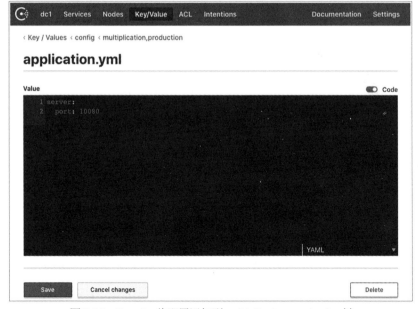

图 8-26　Consul：将配置添加到 multiplication, production 键

下次在激活生产配置文件的情况下启动 Multiplication 应用程序时，我们将看到它如何在此新指定的端口上运行：

```
INFO 29019 --- [main] o.s.b.w.embedded.tomcat.TomcatWebServer : Tomcat started on
port(s): 10080 (http) with context path ''
```

通过本练习，我们完成了对集中式配置模式的概述。现在，我们知道如何最大限度地减少对通用配置的维护，以及如何使应用程序适应其运行环境。有关包括新配置服务器在内的系统更新的架构视图，请参见图 8-27。

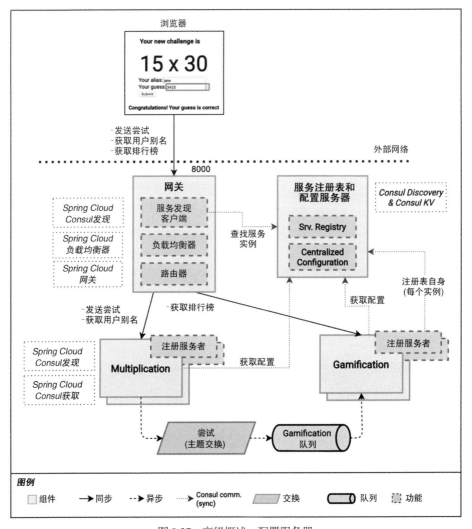

图 8-27　高级概述：配置服务器

请注意，应用程序在启动时就与配置服务器存在依赖关系。幸运的是，可将 Consul 配置为在生产环境中高度可用，正如我们在介绍服务发现模式时所提到的(请参阅

https://tpd.io/consulprod)。此外，默认情况下，Spring Cloud Consul 会使用重试机制进行计数，因此应用程序将在 Consul 不可用时不断重试与 Consul 的连接。这种依赖关系仅在开始时存在；如果 Consul 在应用程序运行时出现故障，它们将继续使用最初加载的配置。

Consul 配置和测试

默认情况下，项目中的集成测试将使用相同的应用程序配置。这意味着如果 Consul 没有运行，控制器测试和由 Initializr 创建的默认@SpringBootTest 将失败，因为它们一直在等待配置服务器可用。也可禁用 Consul Config 用于测试；如果你对此感兴趣，请访问 https://github.com/Book-Microservices-v2/chapter08c。

8.5　集中式日志

系统中已经有多个组件可以生成日志(Multiplication、Gamification、Gateway、Consul 和 RabbitMQ)，其中某些组件可能正在运行多个实例。有很多日志输出是独立运行的，这样很难获得系统活动的整体视图。如果用户报告错误，将很难找出哪个组件或实例出现故障。在单个屏幕上安排多个日志窗口会有所帮助，但是当微服务实例数量增加时，这不是可行的解决方案。

为了正确维护像微服务架构这样的分布式系统，我们需要一个中心位置，在那里可以访问所有聚合日志并对它们进行搜索。

8.5.1　日志聚合模式

基本上，我们的想法是将所有日志输出从应用程序发送到系统中的另一个组件，该组件将使用它们并将它们放在一起。此外，我们希望将这些日志保留一段时间，因此该组件应该具有数据存储功能。理想情况下，我们应该能够浏览这些日志，搜索并过滤每个微服务、实例、类等的消息。为此，许多工具提供了一个用户界面，用于连接到聚合日志存储。参见图 8-28。

实现集中式日志记录方法时，常见的最佳做法是使应用程序逻辑不了解此模式。服务应该只使用公共接口(例如，Java 中的 Logger)来输出消息。将这些日志传送到中央聚合器的日志记录代理独立工作，捕获应用程序产生的输出。

市场上有这种模式的多种实现方式，包括免费和付费解决方案。其中最受欢迎的是 ELK 堆栈，ELK 是 Elastic(https://tpd.io/elastic)系列产品组合的别名：Elasticsearch(具有强大文本搜索功能的存储系统)、Logstash(用于将日志从多个源引导到 Elasticsearch 的代理)和 Kibana(用于管理和查询日志的 UI 工具)。

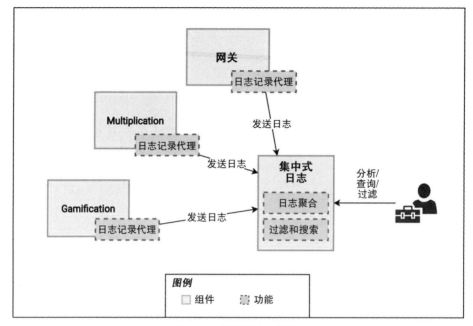

图8-28　日志聚合：概述

尽管随着时间的推移，建立 ELK 堆栈变得越来越容易，但这仍然不是一项容易的任务，因此本书中将不使用 ELK 实现。无论如何，我建议你在阅读本书后查看 ELK 文档(https://tpd.io/elk)，以便学习如何设置可用于生产环境的日志记录系统。

8.5.2　日志集中化的简单解决方案

源代码

本章的其余源代码在存储库 Chapter08d 中。其中包括用于添加集中式日志、分布式跟踪和容器化的更改。

我们要做的是建立一个新的微服务，以汇总来自所有 Spring Boot 应用程序的日志。为简单起见，没有数据层来保存日志；只会接收来自其他服务的日志行，并将它们一起输出到标准输出中。这种基本解决方案有助于我们演示此模式以及下一个模式，即分布式跟踪。

要引导日志输出，将使用系统中已经存在的工具 RabbitMQ。要捕获应用程序中的每个日志记录行并以 RabbitMQ 消息的形式发送它们，我们将受益于 Logback，Logback 是我们在 Spring Boot 中一直使用的记录器实现。鉴于此工具由外部配置文件驱动，因此我们不需要修改应用程序中的代码。

在 Logback 中，将日志行写入特定目标的逻辑部分称为附加程序。此日志记录库包括一些内置的附加程序，用于将消息输出到控制台(ConsoleAppender)或文件(FileAppender 和 RollingFileAppender)。我们不需要配置它们，因为 Spring Boot 在其依赖项中包含了一些默认的 Logback 配置，还设置了输出的消息模式。

好消息是 Spring AMQP 提供了一个 Logback AMQP 日志记录附加程序，可以完全满足我们的需要：该附加程序接收每一行日志并为 RabbitMQ 中的给定交换生成一条消息，其中包含格式和其他一些可自定义的选项。

首先准备需要添加到应用程序中的 Logback 配置。Spring Boot 允许通过在应用程序资源文件夹(src/main/resources)中创建一个名为 logback-spring.xml 的文件来扩展默认值，该文件将在应用程序初始化时自动获取。参见代码清单 8-41。在此文件中，我们导入现有的默认值，并为所有具有 INFO 或更高级别的消息创建并设置新的附加程序。AMQP 附加程序文档(https://tpd.io/amqp-appender)列出了所有参数及其含义；下面详细说明需要的参数。

- applicationId：将其设置为应用程序名称，以便在汇总日志时可以区分源。
- host：这是 RabbitMQ 运行的主机。由于每种环境的不同，将该值连接到 Spring 属性 spring.rabbitmq.host。Spring 允许通过标签 springProperty 执行此操作。我们给该 Logback 属性起一个名字 RabbitMQHost，并使用语法 ${rabbitMQHost:-localhost} 来使用该属性值(如果已设置)或使用默认的 localhost(默认用:-分隔符设置)。
- routingKeyPattern：这是每条消息的路由键，如果要在消费者端进行过滤，需要将其设置为 applicationId 和 level(用%p 表示)的串联，以提供更大的灵活性。
- exchangeName：在 RabbitMQ 中指定要发布消息的交换的名称。默认情况下，它将是一个主题交换，因此可将它称为 logs.topic。
- declareExchange：如果尚未创建交换，则将其设置为 true。
- durable：将其设置为 true，以便交换在服务器重新启动后继续存在。
- deliveryMode：将其设置为 PERSISTENT，以便存储日志消息，直到聚合器使用它们为止。
- generateId：将其设置为 true，因此每条消息将具有唯一的标识符。
- charset：最好将其设置为 UTF-8，以确保各方使用相同的编码。

代码清单 8-41 显示了 Gamification 项目中 logback-spring.xml 文件的全部内容，从中可看到如何将带有自定义模式的布局添加到新的附加程序中。这样，我们可以对消息进行编码，不仅包括消息(%msg)，还包括一些额外的信息，例如时间(%d{HH:mm:ss.SSS})、线程名([%t])和记录器类(%logger {36})。如果你对模式符号感兴趣，请查看 Logback 的参考文档(https://tpd.io/logback-layout)。文件的最后一部分将配置根记录器(默认记录器)，使用在某个包含的文件中定义的 CONSOLE 附加程序和新定义的 AMQP 附加程序。

代码清单 8-41　Gamification 项目中的新 logback-spring.xml 文件

```
<configuration>

    <include resource="org/springframework/boot/logging/logback/defaults.xml" />
    <include resource="org/springframework/boot/logging/logback/console-appender.
    xml" />

    <springProperty scope="context" name="rabbitMQHost" source="spring.rabbitmq.
    host"/>

    <appender name="AMQP"
            class="org.springframework.amqp.rabbit.logback.AmqpAppender">
        <layout>
            <pattern>%d{HH:mm:ss.SSS} [%t] %logger{36} - %msg</pattern>
        </layout>

        <applicationId>gamification</applicationId>
        <host>${rabbitMQHost:-localhost}</host>
        <routingKeyPattern>%property{applicationId}.%p</routingKeyPattern>
        <exchangeName>logs.topic</exchangeName>
        <declareExchange>true</declareExchange>
        <durable>true</durable>
        <deliveryMode>PERSISTENT</deliveryMode>
        <generateId>true</generateId>
        <charset>UTF-8</charset>
    </appender>

    <root level="INFO">
        <appender-ref ref="CONSOLE" />
        <appender-ref ref="AMQP" />
    </root>
</configuration>
```

现在, 必须确保将文件添加到三个 Spring Boot 项目中: Multiplication、Gamification 和 Gateway。在每个应用程序中, 都必须相应地更改 applicationId 值。

除了日志生成器的基本设置之外, 还可将附加程序用于连接到 RabbitMQ 的类的日志级别调整为 WARN。这是一个可选步骤, 可避免当 RabbitMQ 服务器不可用时(例如, 在启动系统时)生成数百条日志。由于附加程序是在引导阶段进行配置的, 因此将根据项目将此配置代码清单添加到相应的 bootstrap.properties 和 boostrap.yml 文件中。参见代码清单 8-42 和代码清单 8-43。

代码清单 8-42 降低 Multiplication 和 Gamification 中的 RabbitMQ 日志记录级别

```
llogging.level.org.springframework.amqp.rabbit.connection.CachingConnectionFactory
= WARN
```

代码清单 8-43 降低网关中的 RabbitMQ 日志记录级别

```
logging:
  level:
    org.springframework.amqp.rabbit.connection.CachingConnectionFactory: WARN
```

下次启动应用程序时，所有日志不仅将输出到控制台，还将输出为在 RabbitMQ 中的 logs.topic 交换中生成的消息。可通过访问 localhost:15672 上的 RabbitMQ Web UI 进行验证。参见图 8-29。

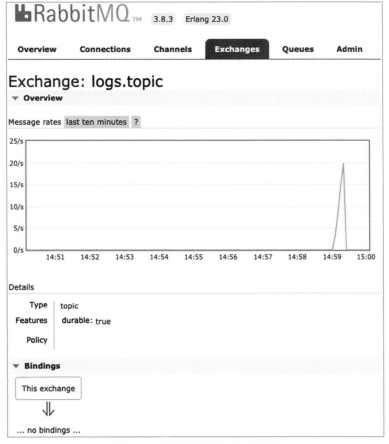

图 8-29 RabbitMQ UI：日志交换

8.5.3 使用日志并输出

现在已将所有日志一起发布到交换中。我们将构建用户端：一个新的微服务，它将使用所有这些消息并将它们一起输出。

首先导航到 Spring Initializr 站点 start.spring.io(https://start.spring.io/)并使用与其他应用程序相同的设置来创建 logs 项目：Maven 和 JDK 14。在依赖项列表中，为其添加 RabbitMQ、Spring Web、Validation、Spring Boot Actuator、Lombok 和 Consul Configuration。注意，不需要使该服务可发现，因此没有添加 Consul Discovery。请参见图 8-30。

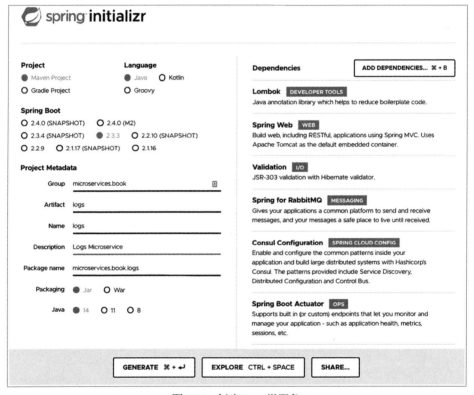

图 8-30 创建 Logs 微服务

将项目导入工作区后，将添加一些配置使其可连接到配置服务器。我们暂时不会添加任何特定的配置，但这样做可使其更好地与其他微服务保持一致。在 main/src/resources 文件夹中，复制其他项目中包含的 bootstrap.properties 文件的内容。此外，在 application.properties 文件中设置应用程序名称和专用端口。参见代码清单 8-44。

代码清单 8-44 将内容添加到新的 Logs 应用程序的 application.properties 文件中

```
spring.application.name=logs
server.port=8580
```

我们需要一个 Spring Boot 配置类来声明交换、想要使用消息的队列，以及将队列附加到主题交换的绑定对象，并使用绑定键模式来使用所有这些对象(#)。参见代码清单 8-45。请记住，由于我们将日志记录级别添加到路由键，因此还可调整该值只用来获取错误。无论如何，在该案例中，我们订阅了所有消息(#)。

代码清单 8-45 Logs 应用程序中的 AMQPConfiguration 类

```java
package microservices.book.logs;

import org.springframework.amqp.core.*;
import org.springframework.context.annotation.Bean;
import org.springframework.context.annotation.Configuration;

@Configuration
public class AMQPConfiguration {

    @Bean
    public TopicExchange logsExchange() {
        return ExchangeBuilder.topicExchange("logs.topic")
                .durable(true)
                .build();
    }

    @Bean
    public Queue logsQueue() {
        return QueueBuilder.durable("logs.queue").build();
    }

    @Bean
    public Binding logsBinding(final Queue logsQueue,
                               final TopicExchange logsExchange) {
        return BindingBuilder.bind(logsQueue)
                .to(logsExchange).with("#");
    }
}
```

下一步是使用@RabbitListener 创建一个简单服务，该服务使用相应的 log.info()、log.error()或 log.warn()将作为 RabbitMQ 消息头传递的接收消息的日志记录级别映射到 Logs 微服务中的日志记录级别。请注意，这里使用@Header 注解将 AMQP 消息头提取为方法参数。还使用日志记录 Marker 将应用程序名称(appId)添加到日志行，而不必将其作为消息的一部分进行串联。这是 SLF4J 标准中的一种灵活方式，可将上下文值添加到日志中。参见代码清单 8-46。

代码清单 8-46　通过 RabbitMQ 接收所有日志消息的 Consumer 类

```
package microservices.book.logs;

import org.springframework.amqp.rabbit.annotation.RabbitListener;
import org.springframework.messaging.handler.annotation.Header;
import org.springframework.stereotype.Service;

import org.slf4j.Marker;
import org.slf4j.MarkerFactory;

import lombok.extern.slf4j.Slf4j;

@Slf4j
@Service
public class LogsConsumer {

    @RabbitListener(queues = "logs.queue")
    public void log(final String msg,
                    @Header("level") String level,
                    @Header("amqp_appId") String appId) {
        Marker marker = MarkerFactory.getMarker(appId);
        switch (level) {
            case "INFO" -> log.info(marker, msg);
            case "ERROR" -> log.error(marker, msg);
            case "WARN" -> log.warn(marker, msg);
        }
    }
}
```

最后，我们自定义该新微服务生成的日志输出。由于它将聚合来自不同服务的多个日志，因此最相关的属性是应用程序名称。这次覆盖了 Spring Boot 的默认值，并在 logback-spring.xml 文件中为 CONSOLE 附加程序定义了一种简单格式，该附加程序输出标记、级别和消息。参见代码清单 8-47。

代码清单 8-47　Logs 应用程序的 LogBack 配置

```
<configuration>

    <appender name="CONSOLE" class="ch.qos.logback.core.ConsoleAppender">
        <layout class="ch.qos.logback.classic.PatternLayout">
            <Pattern>
                [%-15marker] %highlight(%-5level) %msg%n
            </Pattern>
        </layout>
    </appender>
```

```
<root level="INFO">
    <appender-ref ref="CONSOLE" />
</root>
</configuration>
```

这就是该新项目中需要的全部代码。现在，我们可以构建源，并使用系统中的其余组件启动此新的微服务。

(1) 运行 RabbitMQ 服务器。

(2) 在开发模式下运行 Consul 代理。

(3) 启动 Multiplication 微服务。

(4) 启动 Gamification 微服务。

(5) 启动 Gateway 微服务。

(6) 启动 Logs 微服务。

(7) 运行前端应用程序。

一旦启动这个新的微服务，它将使用其他应用程序生成的所有日志消息。要付诸实践，你可以尝试挑战。你会在 Logs 微服务的控制台中看到代码清单 8-48 中所示的日志行。

代码清单 8-48　New Logs 应用程序中的集中式日志

```
[multiplication ] INFO 15:14:20.203 [http-nio-8080-exec-1] m.b.m.c.ChallengeAttem
ptController - Received new attempt from test1
[gamification   ] INFO 15:14:20.357 [org.springframework.amqp.rabbit.
RabbitListenerEndpointContainer#0-1] m.b.g.game.GameEventHandler - Challenge
Solved Event received: 122
[gamification   ] INFO 15:14:20.390 [org.springframework.amqp.rabbit.
RabbitListenerEndpointContainer#0-1] m.b.g.game.GameServiceImpl - User test1
scored 10 points for attempt id 122
```

这个简单的日志聚合器并没有花费很多时间，现在可在同一源中搜索日志，并看到所有服务中近乎实时的输出流。有关包含此新组件的高级架构图的更新版本，请参见图 8-31。

如果选择现有的日志聚合解决方案，则总体步骤将是相似的。这些工具中的许多工具(例如 ELK 堆栈)都可与 Logback 集成，以通过自定义附加程序获取日志。然后，对于非基于云的日志聚合器，我们还需要在系统中部署日志服务器，这与创建基本微服务所执行的操作是类似的。

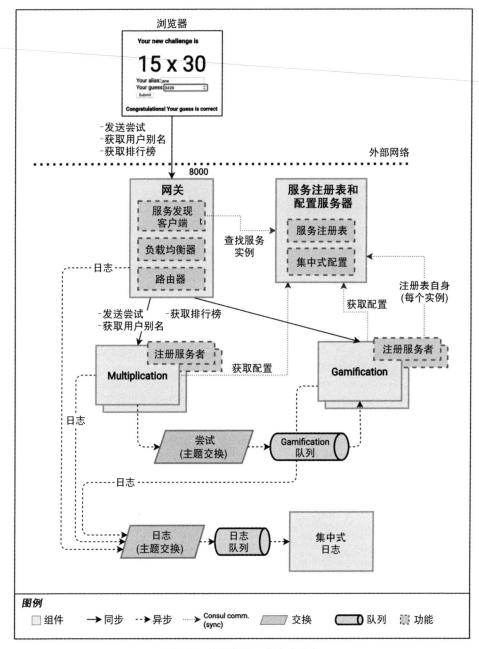

图 8-31　高级概述：集中式日志

8.6　分布式跟踪

　　将所有日志放在一个位置能提高可观察性，但不具备可追溯性。在上一章中，我们描述了成熟的事件驱动系统如何在不同微服务之间创建进程。了解多个并发用户和多个事件链的情况可能成为难题，尤其当这些链具有触发了相同操作的多个事件类型的分支时。

为解决这个问题，我们需要关联同一进程链中的所有操作和事件。一种简单方法是在用于处理不同操作的所有 HTTP 调用、RabbitMQ 消息和 Java 线程中注入相同的标识符。然后，可在所有相关日志中输出此标识符。

在我们的系统中使用用户标识符。如果认为将来所有功能都将围绕用户操作而构建，则可在每个事件和调用中传播一个 userId 字段。然后，可将其记录在不同的服务中，以便将日志与特定用户相关联。这将最终改善可追溯性。但是，也可能在短时间内收到来自同一用户的多个操作，例如，两次尝试在一秒钟内解决乘法问题，这些操作分散在多个实例中。这种情况下，将很难区分微服务中的各个流。理想情况下，每种操作都应该有一个唯一的标识符，该标识符是在链的起点生成的。此外，最好是透明地传播它，而不必在所有服务中显式地对此可追溯性问题进行建模。

由于这种情况在软件开发中多次出现，因此我们不是第一批应对这一挑战的人。这又是个好消息，因为这意味着我们可以毫不费力地使用各种解决方案。这种情况下，Spring 中实现分布式跟踪的工具称为 Sleuth。

8.6.1　Spring Cloud Sleuth

Sleuth 是 Spring Cloud 系列的一部分，使用 Brave 库(https://tpd.io/brave)来实现分布式跟踪。它通过关联称为 span 的工作单元在不同组件之间构建跟踪。例如，在我们的系统中，一个 span 正在检查 Multiplication 微服务中的尝试，而另一个 span 正在基于 RabbitMQ 事件添加分数和徽章。每个 span 都有一个不同的唯一标识符，但是它们都属于同一个跟踪，因此具有相同的跟踪标识符。此外，每个 span 都链接到其父级，而根级除外，因为根级是原始操作。请参见图 8-32。

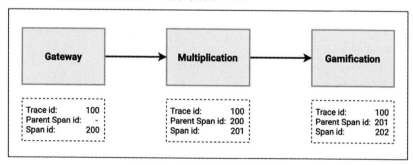

图 8-32　分布式跟踪：简单示例

在更高级的系统中，可能会有复杂的跟踪结构，其中多个 span 具有相同的父级。参见图 8-33。

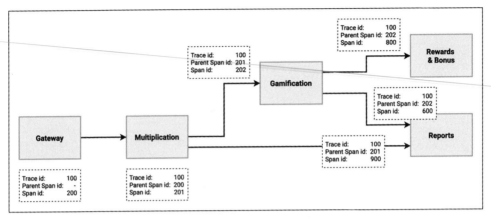

图 8-33　分布式跟踪：树示例

为了透明地注入这些值，Sleuth 使用 SLF4J 的映射诊断上下文(MDC)对象，该对象是一个日志记录上下文，其生命周期仅限于当前线程。该项目还允许我们在此上下文中注入自己的字段，因此可传播并在日志中使用这些值。

Spring Boot 在 Sleuth 中自动配置了一些内置的拦截器，用于自动检查和修改 HTTP 调用和 RabbitMQ 消息。它还集成了 Kafka、gRPC 和其他通信接口。这些拦截器的工作方式都相似：对于传入的通信，它们检查是否在调用或消息中添加了跟踪标头，并将其放入 MDC 中；当作为客户端进行调用或发布数据时，这些拦截器会从 MDC 中获取这些字段并将标头添加到请求或消息中。

Sleuth 有时与 Zipkin 结合使用，该工具使用跟踪采样来测量每个 span 中以及整个链中所花费的时间。这些示例可以发送到 Zipkin 服务器，该服务器提供一个 UI，可供查看跟踪层次结构以及每个服务完成其工作所需的时间。我们不会在本书中使用 Zipkin，因为它不适用于具有 trace 和 span 标识符的集中式日志记录系统。如果你检查日志记录的时间戳，还可在其中了解每项服务所花费的时间。不管怎样，你都可按参考文档(http://tpd.io/spans-zipkin)中的说明轻松地将 Zipkin 集成到我们的示例项目中。

8.6.2　实现分布式跟踪

如前所述，Spring Cloud Sleuth 为 REST API 和 RabbitMQ 消息提供了拦截器，而 Spring Boot 自动配置了它们。在我们的系统中进行分布式跟踪并不难。

首先将相应的 Spring Cloud 启动程序添加到 Gateway、Multiplication、Gamification 和 Logs 微服务中。有关需要添加到 pom.xml 文件中的依赖项，请参见代码清单 8-49。

代码清单 8-49　将 Spring Cloud Sleuth 添加到所有 Spring Boot 项目中

```
<dependency>
    <groupId>org.springframework.cloud</groupId>
```

```
<artifactId>spring-cloud-starter-sleuth</artifactId>
</dependency>
```

只有通过添加此依赖项，Sleuth 才会将 trace 和 span 标识符注入每个受支持的通信通道和 MDC 对象中。默认的 Spring Boot 日志记录模式也将自动调整，用于在日志中输出 trace 和 span 值。

为使日志更详细并查看有效的 trace 标识符，让我们在 ChallengeAttemptController 中添加一条日志行，以便每次用户发送尝试时输出一条消息。请参见代码清单 8-50 中的更改。

代码清单 8-50 向 ChallengeAttemptController 添加日志行

```
@PostMapping
ResponseEntity<ChallengeAttempt> postResult(
        @RequestBody @Valid ChallengeAttemptDTO challengeAttemptDTO) {
    log.info("Received new attempt from {}", challengeAttemptDTO.getUserAlias());
    return ResponseEntity.ok(challengeService.verifyAttempt(challengeAttemptDTO));
}
```

此外，我们还希望在集中式日志中包含 trace 和 parent 标识符。为此，将来自 MDC 上下文(由 Sleuth 使用 Brave 注入)中的属性 X-B3-TraceId 和 X-B3-SpanId 手动添加到 Logs 项目的 logback-spring.xml 文件中。这些标头是 OpenZipkin 的 B3 Propagation 规范的一部分(有关详细信息，请参见 http://tpd.io/b3-header)，并且它们由 Sleuth 的拦截器包含在 MDC 中。我们需要为 Logs 微服务手动执行此操作，因为在该日志记录配置文件中未使用 Spring Boot 默认值。参见代码清单 8-51。

代码清单 8-51 将 Trace 字段添加到 Logs 应用程序输出的每个日志行中

```
<configuration>

    <appender name="CONSOLE" class="ch.qos.logback.core.ConsoleAppender">
        <layout class="ch.qos.logback.classic.PatternLayout">
          <Pattern>
             [%-15marker] [%X{X-B3-TraceId:-},%X{X-B3-SpanId:-}] %highlight
             (%-5level) %msg%n
          </Pattern>
        </layout>
    </appender>

    <root level="INFO">
        <appender-ref ref="CONSOLE" />
    </root>
</configuration>
```

一旦重新启动所有后端服务，Sleuth 就会发挥作用。使用终端将正确的尝试直接发送到后端。

```
$ http POST :8000/attempts factorA=15 factorB=20 userAlias=test-user-tracing
guess=300
```

然后检查 Logs 服务的输出。我们将看到两个字段，它们显示了 Multiplication 和 Gamification 微服务中的通用 trace 标识符，即 fa114ad129920dc7。每行还具有各自的 span ID。参见代码清单 8-52。

代码清单 8-52　带有 Trace 标识符的集中式日志

```
[multiplication ] [fa114ad129920dc7,4cdc6ab33116ce2d] INFO 10:16:01.813 [httpnio-
8080-exec-8] m.b.m.c.ChallengeAttemptController - Received new attempt from
test-user-tracing
[multiplication ] [fa114ad129920dc7,f70ea1f6a1ff6cac] INFO 10:16:01.814 [httpnio-
8080-exec-8] m.b.m.challenge.ChallengeServiceImpl - Creating new user with
alias test-user-tracing
[gamification ] [fa114ad129920dc7,861cbac20a1f3b2c] INFO 10:16:01.818 [org.
springframework.amqp.rabbit.RabbitListenerEndpointContainer#0-1] m.b.g.game.
GameEventHandler - Challenge Solved Event received: 126
[gamification ] [fa114ad129920dc7,78ae53a82e49b770] INFO 10:16:01.819 [org.
springframework.amqp.rabbit.RabbitListenerEndpointContainer#0-1] m.b.g.game.
GameServiceImpl - User test-user-tracing scored 10 points for attempt id 126
```

如你所见，我们不费吹灰之力就获得了一项强大功能，该功能使我们能够辨别分布式系统中的各个进程。可以想象，将所有日志连同 trace 和 spans 输出到更复杂的集中式日志工具(如 ELK)时，这种方法效果更好，我们可使用这些标识符来执行过滤后的文本搜索。

8.7　容器化

到目前为止，我们一直在本地执行所有的 Java 微服务、React 前端、RabbitMQ 和 Consul。为此，我们需要安装 JDK 来编译源代码并运行 JAR 包，使用 Node.js 来构建和运行 UI、RabbitMQ 服务器(包括 Erlang)、Consul 的代理。随着架构的发展，可能需要引入其他工具和服务，并且它们都有自己的安装过程，具体取决于操作系统及其版本。

总体而言，我们希望能在多种环境中运行后端系统，无论它们运行的是哪个 OS 版本。理想情况下，我们希望受益于"一次构建，随处部署"策略，并避免在所部署系统的每种环境中重复执行所有配置和安装步骤。此外，部署过程应尽可能简单。

过去，打包完整系统以在任何地方运行它们的一种通用方法是创建虚拟机(VM)。有几种创建和运行 VM 的解决方案，它们称为虚拟机监控程序。该程序的优点是一台物理机可以同时运行多个 VM，并且它们都共享硬件资源。每个 VM 都需要自己的操作系统，然后通过该监控程序将其连接到主机的 CPU、RAM 和硬盘等。

在该案例中，可从 Linux 发行版开始创建一个 VM，并在其中设置和安装运行系统需要的所有工具和服务：Consul、RabbitMQ、Java 运行时、JAR 应用程序等。一旦我们知道虚拟机正常工作，就可以将其转移到运行了虚拟机监控程序的其他任何计算机上。由于该软件包包含了需要的全部功能，因此可以兼容不同的主机。参见图 8-34。

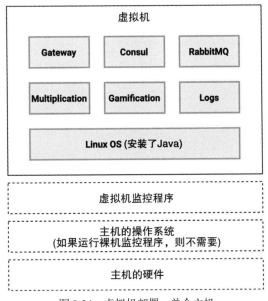

图 8-34　虚拟机部署：单个主机

但是，将所有程序放到同一个虚拟机中并不是很灵活。如果要扩展系统，则必须进入虚拟机，添加新实例，并确保分配更多 CPU、内存等。我们需要了解所有部件的工作原理，因此部署过程不再那么容易。

一种更动态的方法是为每个服务和工具配备独立的虚拟机。然后，我们添加一些网络配置，以确保它们可以相互连接。由于使用服务发现和动态扩展，因此可以添加更多运行了微服务的虚拟机实例(如 Multiplication-VM)，并且透明地使用它们。这些新实例只需要使用其地址(在 VM 网络内)在 Consul 中进行注册即可。请参见图 8-35。这比使用单个 VM 要更好，但考虑到每个虚拟机都需要自己的操作系统，会浪费大量资源。而且，这将在虚拟机编排方面带来很多挑战：监视它们、创建新实例、配置网络、存储等。

随着容器化技术在 21 世纪之初的发展，虚拟机已被废弃，容器成为最流行的应用程序虚拟化方式。由于容器不需要安装操作系统，因此它们的体积要小得多。它们在主机的 Linux 操作系统上运行。

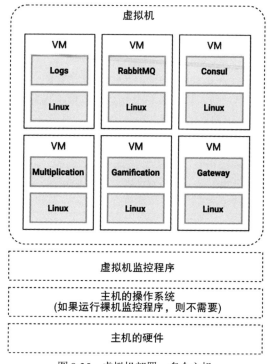

图 8-35 虚拟机部署：多个主机

另一方面，像 Docker 这样的容器化平台的引入大大简化了云和本地部署，并提供了易于使用的工具来打包应用程序，将它们作为容器运行并在公共注册表中共享。让我们更详细地探讨该平台的功能。

8.7.1 Docker

本书不可能涵盖 Docker 平台的所有概念，但让我们尝试给出一个足以理解它如何促进分布式系统部署的概述。官方网站上的"入门"页面(https://tpd.io/docker-start)将开启我们的探索之旅。

在 Docker 中，可将应用程序及其可能需要的任何支持组件打包为映像(image)。这些映像可以基于从 Docker 注册表中提取的其他现有映像，因此我们可以重复使用它们并节省大量时间。映像的官方公共注册表是 Docker Hub(https://tpd.io/docker-hub)。

例如，用于 Multiplication 微服务的 Docker 映像可以基于现有的 JDK 14 映像。然后，可在其上添加 Spring Boot 打包的 JAR 文件。要创建映像，我们需要一个 Dockerfile，其中包含 Docker CLI 工具的一组说明。代码清单 8-53 显示了 Multiplication 微服务的 Dockerfile 示例。该文件应放置在项目的根文件夹中。

代码清单 8-53　用于为 Multiplication 微服务创建 Docker 映像的基本 Dockerfile

```
FROM openjdk:14
COPY ./target/multiplication-0.0.1-SNAPSHOT.jar /usr/src/multiplication/
WORKDIR /usr/src/multiplication
EXPOSE 8080
CMD ["java", "-jar", "multiplication-0.0.1-SNAPSHOT.jar"]
```

这些指令告诉 Docker 在公共注册表(Docker Hub，https://tpd.io/docker-jdk)中使用官方 openjdk 映像的第 14 版作为基础(FROM)。然后，将可分发的.jar 文件从当前项目复制到映像中的/usr/src/multiplication/文件夹(COPY)。第三条指令，WORKDIR，将映像的工作目录更改为这个新创建的文件夹。命令 EXPOSE 通知 Docker 该映像公开了一个端口 8080，我们在其中提供 REST API。最后定义了使用 CMD 运行该映像时要执行的命令。这只是运行.jar 文件的经典 Java 命令，它分为三部分以符合预期的语法。你可在 Dockerfile 中使用其他许多指令，如参考文档(https://tpd.io/dockerfile-ref)中所述。

要构建映像，必须下载并安装 Docker CLI 工具，该工具随标准 Docker 安装包一起提供。按照 Docker 网站(https://tpd.io/getdocker)上的说明获取操作系统适用的软件包。下载并启动后，Docker 守护进程应作为后台服务运行。然后，可从终端使用 Docker 命令来构建和部署映像。例如，代码清单 8-54 中显示的命令基于我们之前创建的 Dockerfile 来构建 Multiplication 映像。注意，作为先决条件，必须确保将应用程序生成并打包为.jar 文件，例如，通过从项目的根文件夹运行./mvnw clean package 来实现。

代码清单 8-54　手动构建 Docker 映像

```
multiplication$ docker build -t multiplication:1.0.0 .

Sending build context to Docker daemon 59.31MB
Step 1/5 : FROM openjdk:14
 ---> 4fba8120f640
Step 2/5 : COPY ./target/multiplication-0.0.1-SNAPSHOT.jar /usr/src/
multiplication/
 ---> 2e48612d3e40
Step 3/5 : WORKDIR /usr/src/multiplication
 ---> Running in c58cde6bda82
Removing intermediate container c58cde6bda82
 ---> 8d5457683f2c
Step 4/5 : EXPOSE 8080
 ---> Running in 7696319884c7
Removing intermediate container 7696319884c7
 ---> abc3a60b73b2
Step 5/5 : CMD ["java", "-jar", "multiplication-0.0.1-SNAPSHOT.jar"]
 ---> Running in 176cd53fe750
Removing intermediate container 176cd53fe750
```

```
    ---> a42cc81bab51
Successfully built a42cc81bab51
Successfully tagged multiplication:1.0.0
```

从输出中可以看到，Docker 处理文件中的每一行并创建一个名为 multiplication:1.0.0 的映像。该映像仅在本地可用，但是如果我们希望其他人使用它，则可以将它推送到远程位置，我们将在后面解释。

构建 Docker 映像后，可以将其作为容器运行，该容器是映像的运行实例。例如，此命令将在我们的机器上运行一个 Docker 容器：

```
$ docker run -it -p 18080:8080 multiplication:1.0.0
```

如果映像在本地不可用，则 Docker 中的 run 命令会提取该映像，并将其作为容器在 Docker 平台上运行。-it 标志用于附加到容器的终端，因此我们可以在命令行中看到输出，还可以通过 Ctrl+C 信号停止容器。-p 选项用于公开内部端口 8080，以便可从主机端口 18080 对其进行访问。这些只是我们在运行容器时可以使用的几个选项；你可以通过在命令行中使用 docker run --help 来查看所有这些选项。

当启动该容器时，它将在 Docker 平台上运行。如果你正在运行 Linux 操作系统，那么容器将使用主机的本机虚拟化功能。在 Windows 或 macOS 上运行时，Docker 平台在两者之间设置了 Linux 虚拟化层，如果这些操作系统可用，则可以使用它们提供的本机支持。

遗憾的是，我们的容器无法正常工作。即使在 Docker 的主机(我们的计算机)中启动并运行它们，也无法连接到 RabbitMQ 或 Consul。代码清单 8-55 显示了从容器日志中提取的这些错误。请记住，默认情况下，Spring Boot 会与 Consul 一样尝试在 localhost 上找到 RabbitMQ 主机。在容器中，localhost 是指自己的容器，除 Spring Boot 应用外，别无其他。此外，容器是在 Docker 平台网络上运行的隔离单元，因此无论如何它们都不应连接到主机上运行的服务。

代码清单 8-55　Multiplication 容器无法在 Localhost 上连接 Consul

```
2020-08-29 10:03:44.565 ERROR [,,,] 1 --- [        main] o.s.c.c.c.ConsulProper
tySourceLocator : Fail fast is set and there was an error reading configuration
from consul.
2020-08-29 10:03:45.572 ERROR [,,,] 1 --- [        main] o.s.c.c.c.ConsulProper
tySourceLocator : Fail fast is set and there was an error reading configuration
from consul.
2020-08-29 10:03:46.675 ERROR [,,,] 1 --- [        main] o.s.c.c.c.ConsulProper
tySourceLocator : Fail fast is set and there was an error reading configuration
from consul.
[...]
```

为了正确设置后端系统以在 Docker 中运行，必须将 RabbitMQ 和 Consul 部署为容器，并使用 Docker 网络将它们之间的所有这些不同实例连接起来。请参见图 8-36。

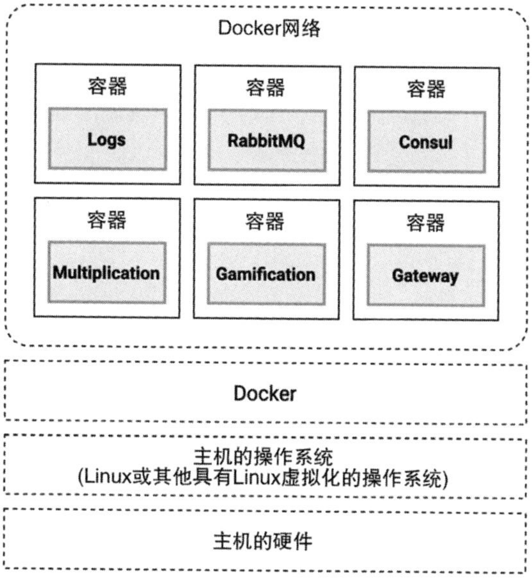

图 8-36 Docker 容器中的后端

在学习如何完成该操作之前，让我们探索 Spring Boot 如何构建 Docker 映像，这样就不需要自己准备 Dockerfile 了。

8.7.2 Spring Boot 和 Buildpacks

从版本 2.3.0 开始，Spring Boot 的 Maven 和 Gradle 插件可以选择使用 Cloud Native Buildpacks(https://tpd.io/buildpacks)来构建 Open Container Initiative(OCI)映像，这是一个旨在帮助打包应用程序以将其部署到任何云提供商的项目。你可以在 Docker 和其他容器平台中运行生成的映像。

Buildpacks 插件一个有用的功能是，它基于项目的 Maven 配置准备一个计划，然后打包一个准备部署的 Docker 映像。此外，它以某种方式将映像分层组织，以便未来的应用程序版本甚至使用该工具构建的其他微服务映像(例如，包含所有 Spring Boot 核心库的层)都可以重用它们。这有助于更快地进行测试和部署。

如果从命令行(例如，从 Gamification 的项目文件夹)运行 build-image 目标，则可以看到 Buildpacks 正在运行：

```
gamification $ ./mvnw spring-boot:build-image
```

你应该可从 Maven 插件中看到一些额外的日志，该插件现在正在下载一些必需的映像并构建应用程序映像。如果一切顺利，你应该在最后看到以下行：

```
[INFO] Successfully built image 'docker.io/library/gamification:0.0.1-SNAPSHOT'
```

Docker 标记设置为我们在 pom.xml 文件 gamification:0.0.1-SNAPSHOT 中指定的 Maven 工件的名称和版本。前缀 docker.io/library/是所有公共 Docker 映像的默认值。我们可以为此插件自定义多个选项,你可以查看参考文档(https://tpd.io/buildpack-doc)以获取所有详细信息。

就像之前自行构建映像来运行容器一样,现在可以对 Spring Boot 的 Maven 插件生成的新映像执行此操作:

```
$ docker run -it -p 18081:8081 gamification:0.0.1-SNAPSHOT
```

毫不奇怪,容器将输出相同的错误。请记住,该应用程序无法连接到 RabbitMQ 和 Consul,它需要两种服务才能正常启动。我们会尽快解决这一问题。

对于你自己的项目,应该考虑使用 Cloud Native Buildpacks 来维护自己的 Docker 文件的利弊。如果计划使用这些标准的 OCI 映像来部署到支持它们的公共云中, 则可能是一个好主意,因为可节省大量时间。Buildpacks 还负责在可重用的层中组织映像,这样你就不必执行此操作。此外,你还可自定义插件所使用的基本构建器映像,因此可灵活地自定义进程。但是,如果希望完全控制要构建的内容以及要包含在映像中的工具和文件,那么最好自己定义 Dockerfile 指令。正如我们之前看到的,基本设置并不难。

8.7.3 在 Docker 中运行系统

让我们为系统中的每个组件构建或找到一个 Docker 映像,以便将其作为一组容器进行部署。

- Multiplication、Gamification、Gateway 和 Logs 微服务:我们将使用 Spring Boot Maven 插件和 Buildpacks 来生成这些 Docker 映像。
- RabbitMQ:可以使用包含了管理插件(UI)的正式 RabbitMQ 映像版本来运行容器,该版本名为 rabbitmq:3-management(请参阅 Docker Hub)。
- Consul:也有一个官方的 Docker 映像。我们将使用来自 Docker Hub(https://tpd.io/consul-docker)的标签 consul:1.7.2。此外,将运行第二个容器将某些配置作为键/值对加载从而进行集中配置。更多细节将在具体章节中给出。
- 前端:如果想在 Docker 中部署整个系统,还需要一个 Web 服务器来托管从 React 构建生成的 HTML/JavaScript 文件。可以使用像 Nginx 这样的轻量级静态服务器,使用其官方 Docker 映像 nginx:1.19(请参阅 Docker Hub,https://tpd.io/nginx-docker)。这种情况下,我们将以 nginx 为基础构建自己的映像,因为也需要复制生成的文件。

因此，我们计划构建六个不同的 Docker 映像并使用两个公共的 Docker 映像。参见图 8-37。

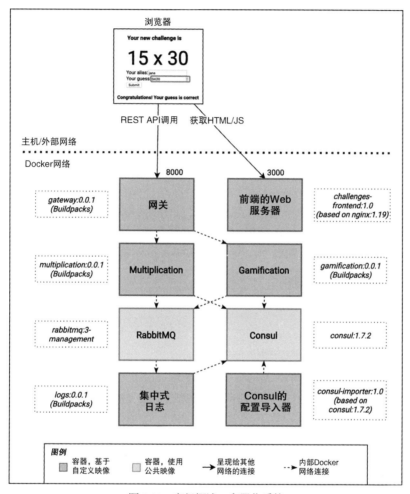

图 8-37　高级概述：容器化系统

8.7.4　Docker 化微服务

首先为 Spring Boot 应用程序构建所有映像。在每个项目文件夹中，需要运行以下命令：

```
$ ./mvnw spring-boot:build-image
```

注意，为通过测试，Docker 必须在本地运行，与 Consul 和 RabbitMQ 相同。生成所有映像后，你可通过运行 docker images 命令来验证它们在 Docker 中是否可用。参见代码清单 8-56。

代码清单 8-56　列出使用 Cloud Native Buildpacks 生成的 Docker 映像

```
$ docker images
REPOSITORY        TAG              IMAGE         ID  CREATED    SIZE
logs              0.0.1-SNAPSHOT   2fae1d82cd5d  40  years ago  311MB
gamification      0.0.1-SNAPSHOT   5552940b9bfd  40  years ago  333MB
multiplication    0.0.1-SNAPSHOT   05a4d852fa2d  40  years ago  333MB
gateway           0.0.1-SNAPSHOT   d50be5ba137a  40  years ago  313MB
```

如你所见，映像是使用旧日期生成的。这是 Buildpacks 的一项功能，可以使构建具有可复制性：每次构建该映像时，它们的创建日期相同，且位于列表的末尾。

8.7.5　Docker 化 UI

下一步是在 challenges-frontend 文件夹(我们的 React 应用程序的根目录)中创建一个 Dockerfile。我们仅需要两条指令，即基本映像(Nginx)和 COPY 命令，用于将所有 HTML/JavaScript 文件放入映像中。将它们复制到 Nginx Web 服务器默认用于提供内容的文件夹中。参见代码清单 8-57。

代码清单 8-57　一个为前端 Web 服务器创建映像的简单 Dockerfile

```
FROM nginx:1.19
COPY build /usr/share/nginx/html/
```

在创建 Docker 映像之前，请确保为前端生成了最新工件。要编译 React 项目，我们必须执行以下命令：

```
challenges-frontend $ npm run build
```

生成 build 文件夹后，可创建 Docker 映像。我们将使用-t 标志分配名称和标记，然后使用.来表示 Dockerfile 位于当前文件夹中。

```
challenges-frontend $ docker build -t challenges-frontend:1.0 .
```

8.7.6　Docker 化配置导入器

现在，让我们准备一个 Docker 映像以加载一些预定义的集中式配置。我们有一个运行服务器的 Consul 容器，它可以直接使用官方映像。我们的计划是运行一个额外的容器以执行 Consul CLI 来加载一些 KV 数据：一个 Docker 配置文件。这样，可在 Docker 中运行微服务时使用此预加载的配置文件配置，因为它们需要一个不同的 RabbitMQ 主机参数。

为获取想要在文件格式中加载的配置，可在本地 Consul 服务器中创建该配置，然后通过 CLI 命令将其导出。使用 UI 创建 config 根目录，并创建一个名为 defaults, docker 的子文件夹。在内部，创建一个名为 application.yml 的键，其配置如代码清单 8-58 所示。此配置执行以下操作：

- 将 RabbitMQ 的主机设置为 rabbitmq，它将覆盖默认的 localhost。稍后，将确保消息代理的容器在该地址可用。
- 覆盖分配给正在运行的服务的实例标识符，以在服务注册表中使用。默认的 Spring Consul 配置将应用程序名称与端口号连接在一起，但是该方法将不再对容器有效。在 Docker 中(作为容器)运行同一服务的多个实例时，它们都使用相同的内部端口，因此最终将具有相同的标识符。为解决这个问题，可使用随机整数作为后缀。Spring Boot 通过特殊的 random 属性表示法对此提供了支持(要了解更多信息，请参见 https://tpd.io/random-properties 上的文档)。

代码清单 8-58　将 Docker 容器中的应用程序连接到 RabbitMQ 的 YAML 配置

```
spring:
  rabbitmq:
    host: rabbitmq
  cloud:
    consul:
      discovery:
        instance-id: ${spring.application.name}-${random.int(1000)}
```

图 8-38 显示了 Consul UI 中添加的内容。

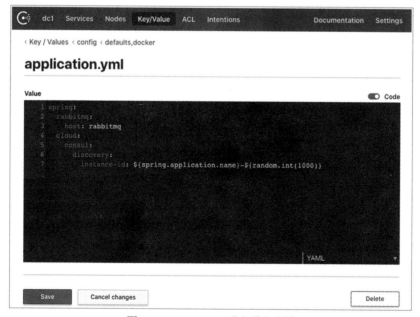

图 8-38　Consul UI：准备导出配置

下一步是使用其他终端将配置导出到文件。为此，请执行以下操作：

```
$ consul kv export config/ > consul-kv-docker.json
```

现在,在工作区的根目录中创建一个名为 docker 的新文件夹,用来放置所有 Docker 配置。在内部，我们创建一个名为 consul 的子文件夹。使用上一条命令生成的 JSON 文件应复制到此处。然后，使用代码清单 8-59 中的说明添加一个新的 Dockerfile。

代码清单 8-59　Consul 配置加载程序的 Dockerfile 内容

```
FROM consul:1.7.2
COPY ./consul-kv-docker.json /usr/src/consul/
WORKDIR /usr/src/consul
ENV CONSUL_HTTP_ADDR=consul:8500
ENTRYPOINT until consul kv import @consul-kv-docker.json; do echo "Waiting for
Consul"; sleep 2; done
```

请参见代码清单 8-60，其中包含 docker 文件夹的文件结构。

代码清单 8-60　在单独的文件夹中创建 Consul Docker 配置

```
+- docker
| +- consul
|    \- consul-kv-docker.json
|    \- Dockerfile
```

代码清单 8-59 中的 Dockerfile 步骤使用 Consul 作为基本映像，因此可使用 CLI 工具。将 JSON 文件复制到映像内部，并将工作目录位置设置为与文件相同。然后，ENV 指令为 Consul CLI 设置新的环境变量，以使用远程主机访问服务器，在本例中为 consul:8500。那将是 Consul 服务器容器(我们将很快看到主机如何获得 consul 名称)。最后，此容器的 ENTRYPOINT(启动时运行的命令)是一个内联 shell 脚本，遵循模式 until [command];do ...; sleep 2; done。此脚本将运行命令直到成功为止，两次重试之间的时间间隔为 2 秒。主命令是 consul kv import @consul-kv-docker.json，它将文件内容导入 KV 存储器。我们需要循环执行此操作，因为运行此 Consul 配置导入程序时，Consul 服务器可能尚未启动。

为使导入器映像在注册表中可用，必须对其进行构建并命名。

```
docker/consul$ docker build -t consul-importer:1.0 .
```

稍后将详细介绍如何在 Docker 中运行此导入程序以便将配置加载到 Consul 中。

8.7.7　Docker Compose

构建完所有映像后，我们需要将系统作为一组容器运行，因此接下来学习如何一并启动所有这些容器并进行通信。

可使用单个 Docker 命令来启动所有必需的容器，并设置网络以使它们彼此连接。但是，如果我们想告诉其他人如何启动系统，则需要向他们传递包含所有这些命令和说明的脚本或文档。幸运的是，Docker 中有一种更好的方式可以对容器配置和部署指令进行分组：Docker Compose。

通过 Compose，我们使用 YAML 文件来定义基于多个容器的应用程序。然后，使用命令 docker-compose 运行所有服务。Windows 和 macOS 版本的 Docker Desktop 默认安装 Docker Compose。如果你正在运行 Linux，或者在 Docker 发行版中找不到它，请按照 Docker 网站(https://tpd.io/compose-install)上的说明进行安装。

作为第一个示例，请参见代码清单 8-61，了解需要在系统中作为容器运行的 RabbitMQ 和 Consul 服务的 YAML 定义。必须将此 YAML 定义添加到我们可以在现有 docker 文件夹中创建的新文件 docker-compose.yml 中。我们将使用 Compose 语法的第 3 版；有关完整参考，请访问 https://tpd.io/compose3。请继续阅读有关该语法的细节。

代码清单 8-61　RabbitMQ 和 Consul 中 docker-compose.yml 文件的第一个版本

```yaml
version: "3"

services:
  consul-dev:
    image: consul:1.7.2
    container_name: consul
    # The UDP port 8600 is used by Consul nodes to talk to each other, so
    # it's good to add it here even though we're using a single-node setup.
    ports:
      - '8500:8500'
      - '8600:8600/udp'
    command: 'agent -dev -node=learnmicro -client=0.0.0.0 -log-level=INFO'
    networks:
      - microservices
  rabbitmq-dev:
    image: rabbitmq:3-management
    container_name: rabbitmq
    ports:
      - '5672:5672'
      - '15672:15672'
    networks:
      - microservices
networks:
  microservices:
    driver: bridge
```

在 services 部分中，定义了其中两个服务：consul-dev 和 rabbitmq-dev。可以为服务使用任何名称，因此将-dev 后缀添加到这两个服务中，以表明都在开发模式下运行它们(没有集群的独立节点)。这两个服务使用的是我们尚未创建的 Docker 映像，但它们在 Docker Hub 中可以作为公共映像使用。第一次运行容器时，它们将被提取。如果不指定启动容器的命令，则将使用映像中的默认容器。可在用于构建映像的 Dockerfile 中指定默认命令。这就是 RabbitMQ 服务，默认情况下它会启动服务器。对于 Consul 映像，我们定义了自己的命令，该命令与目前为止我们使用的命令相似。不同之处在于，它还包括一个用于降低日志级别的标志和一个 client 参数，客户端只有使用该参数才能使代理在 Docker 网络中有效。这些说明可在 Docker 映像的文档(https://tpd.io/consul-docker)上找到。

两种服务都定义了一个 container_name 参数。这很有用，因为它设置了容器的 DNS 名称，因此其他容器可以通过这一别名找到它。在本例中，这意味着应用程序可使用地址 rabbitmq:5672 而不是默认的 localhost:5672(该地址现在指向上一节中描述的容器)连接到 RabbitMQ 服务器。每个服务中的 ports 参数都支持以 host-port:container-port 格式向主机系统公开端口。此处包括两台服务器都可以使用的标准服务器，因此仍可从桌面访问它们(例如，分别在端口 8500 和 15672 上使用其 UI 工具)。注意，我们正在映射到主机中的相同端口，这意味着无法同时在本地运行 RabbitMQ 和 Consul 服务器进程(直到现在为止)，因为那样会导致端口冲突。

在此文件中，还定义了一个类型为 bridge 的网络，其名称为 microservices。该驱动程序类型是默认类型，用于连接独立的容器。然后，在每个服务定义中使用参数 networks 将 microservices 网络设置为它们可以访问的网络。实际上，这意味着这些服务可以相互连接，因为它们属于同一网络。Docker 网络与主机网络是隔离的，因此除了使用 ports 参数显式公开的服务之外，我们无法访问任何服务。这很棒，因为这是我们引入网关模式时所需的一种良好实践。

现在，可使用这个新的 docker-compose.yml 文件来运行 Consul 和 RabbitMQ Docker 容器。只需要从终端执行 docker-compose 命令：

```
docker $ docker-compose up
```

Docker Compose 会自动获取 docker-compose.yml 而不指定名称，因为这是它所期望的默认文件名。所有容器的输出都将附加到当前终端和容器。如果想在后台将它们作为守护进程运行，只需要在命令中添加-d 标志即可。在本例中，将在终端输出中同时看到 consul 和 rabbitmq 容器的所有日志。有关示例，请参见代码清单 8-62。

代码清单 8-62　Docker Compose 日志显示了两个容器的初始化

```
Creating network "docker_microservices" with driver "bridge"
Creating consul ... done
```

```
Creating rabbitmq ... done
Attaching to consul, rabbitmq
consul          | ==> Starting Consul agent...
consul          |            Version: 'v1.7.2'
consul          |            Node ID: 'a69c4c04-d1e7-6bdc-5903-c63934f01f6e'
consul          |          Node name: 'learnmicro'
consul          |         Datacenter: 'dc1' (Segment: '<all>')
consul          |             Server: true (Bootstrap: false)
consul          |        Client Addr: [0.0.0.0] (HTTP: 8500, HTTPS: -1,
                   gRPC:8502, DNS: 8600)
consul          |       Cluster Addr: 127.0.0.1 (LAN: 8301, WAN: 8302)
consul          |            Encrypt: Gossip: false, TLS-Outgoing: false,
                   TLSIncoming:false, Auto-Encrypt-TLS: false
consul          |
consul          | ==> Log data will now stream in as it occurs:
[...]
rabbitmq        | 2020-07-30 05:36:28.785 [info] <0.8.0> Feature flags: list of
                   feature flags found:
rabbitmq        | 2020-07-30 05:36:28.785 [info] <0.8.0> Feature flags: [ ]
                   drop_unroutable_metric
rabbitmq        | 2020-07-30 05:36:28.785 [info] <0.8.0> Feature flags: [ ]
                   empty_basic_get_metric
rabbitmq        | 2020-07-30 05:36:28.785 [info] <0.8.0> Feature flags: [ ]
                   implicit_default_bindings
rabbitmq        | 2020-07-30 05:36:28.785 [info] <0.8.0> Feature flags: [ ]
                   quorum_queue
rabbitmq        | 2020-07-30 05:36:28.786 [info] <0.8.0> Feature flags: [ ]
                   virtual_host_metadata
rabbitmq        | 2020-07-30 05:36:28.786 [info] <0.8.0> Feature flags: feature
                   flag states written to disk: yes
rabbitmq        | 2020-07-30 05:36:28.830 [info] <0.268.0> ra: meta data store
                   initialised. 0 record(s) recovered
rabbitmq        | 2020-07-30 05:36:28.831 [info] <0.273.0> WAL: recovering []
rabbitmq        | 2020-07-30 05:36:28.833 [info] <0.277.0>
rabbitmq        |  Starting RabbitMQ 3.8.2 on Erlang 22.2.8
[...]
```

还可验证如何从位于 localhost:8500 的浏览器来访问 Consul UI。这次，该网站由容器来提供服务。它的工作原理完全相同，因为我们将端口公开给同一主机的端口，并且正在被 Docker 重定向。

要终止这些容器，可以按 Ctrl+C 组合键，但这样能使 Docker 在两次执行之间保持某些状态。为正确地关闭它们并删除它们在 Docker 卷(容器定义用于存储数据的单元)中创建的任何潜在数据，可从另一个终端运行代码清单 8-63 中的命令。

代码清单 8-63 使用 Docker Compose 停止 Docker 容器并删除卷

```
docker $ docker compose down -v
Stopping consul ... done
Stopping rabbitmq ... done
Removing consul ... done
Removing rabbitmq ... done
Removing network docker_default
WARNING: Network docker_default not found.
Removing network docker_microservices
```

下一步是将我们创建的用于将配置加载到 Consul KV(consul-importer)的映像添加到 Docker Compose 文件。参见代码清单 8-64。

代码清单 8-64 将 Consul 导入程序映像添加到 docker-compose.yml 文件

```
version: "3"

services:
  consul-importer:
    image: consul-importer:1.0
    depends_on:
      - consul-dev
    networks:
      - microservices
  consul-dev:
    # ... same as before
  rabbitmq-dev:
    # ... same as before

networks:
  microservices:
    driver: bridge
```

这次，consul-importer:1.0 映像不是公开的；它在 Docker Hub 中不可用。但是，它在我们较早构建的本地 Docker 注册表中可用，因此 Docker 可以通过我们先前定义的名称和标记找到它。

可使用参数 depends_on 在 compose 文件中建立依赖关系。这里，我们用它使此容器在运行 Consul 服务器的 consul-dev 容器之后启动。无论如何，这不能保证 consul-importer 运行时服务器已准备就绪。原因是 Docker 仅知道容器何时启动，却不知道 Consul 服务器何时启动并准备接受请求。这就是我们要在导入程序映像中添加脚本的原因，该脚本会重试导入，直到导入成功为止(可参见代码清单 8-59)。

当使用此新配置再次运行 docker-compose up 时，你还将看到该新容器的输出。最终，你应该看到加载了配置的行，然后 Docker 将通知此容器成功退出(使用代码 0)。

参见代码清单 8-65。

代码清单 8-65　第二次运行 docker-compose 以查看导入程序的日志

```
docker $ docker-compose up
[...]
consul-importer_1 | Imported: config/
consul-importer_1 | Imported: config/defaults,docker/
consul-importer_1 | Imported: config/defaults,docker/application.yml
docker_consul-importer_1 exited with code 0
[...]
```

新容器是作为函数不是作为连续运行的服务运行的。这是因为我们使用简单地加载了配置然后完成的命令(不是无限运行的进程)替换了 Consul 映像中的默认命令(该命令在其内部 Dockerfile 中定义，将服务器作为进程运行)。Docker 知道由于命令已退出，该容器无事可做，因此不必保持该容器处于活动状态。

我们还可以知道 docker-compose 配置中正在运行的容器是什么。要获得此列表，可从其他终端执行 docker-compose ps。参见代码清单 8-66。

代码清单 8-66　运行 docker-compose ps 以查看容器的状态

```
docker $ docker-compose ps
Name                          Command        State    Ports
-------------------------------------------------------------------
consul                        docker-e[...]  Up       8300/tcp, [...]
docker_consul-importer_1      /bin/sh [...]  Exit 0
rabbitmq                      docker-e[...]  Up       15671/tcp, [...]
```

输出(为便于阅读，进行了修改)还详细说明了容器使用的命令、所处的状态和公开的端口。

如果使用浏览器导航到位于 http://localhost:8500/ui 的 Consul UI，将看到如何正确地加载配置，并且有一个带有嵌套 defaults、docker 子文件夹和相应 application.yml 键的 config 条目。参见图 8-39。我们的导入程序完美运行。

让我们继续了解 Docker Compose 中的前端定义。这很容易；只需要添加基于 Nginx 构建的映像，并公开重定向到内部端口的端口 3000，默认情况下基本映像的端口为 80(详见 https://tpd.io/nginx-docker)。参见代码清单 8-67。你可更改公开的端口，但记住要相应地调整 Gateway 中的 CORS 配置(或进行重构，以便可通过外部属性对其进行配置)。

图 8-39   Consul 容器中的 Docker 配置

代码清单 8-67   将 Web 服务器添加到 docker-compose.yml 文件

```
version: "3"

services:
  frontend:
    image: challenges-frontend:1.0
    ports:
      - '3000:80'
  consul-importer:
    # ... same as before
  consul-dev:
    # ... same as before
  rabbitmq-dev:
    # ... same as before

networks:
  microservices:
    driver: bridge
```

为使整个系统正常运行，需要将 Spring Boot 微服务添加到 Docker Compose 文件中。将它们配置为使用之前创建的同一网络。这些容器都需要到达 consul 和 rabbitmq 容器才能正常工作。为此，将使用两种不同的策略。

- 对于 Consul 设置，Spring 中的集中式配置功能要求服务在引导阶段知道服务器 所 在 的 位 置。 需 要 覆 盖 本 地 bootstrap.yml 中 使 用 的 属 性 spring.cloud.consul.host，并将其指向 consul 容器。这将通过环境变量来实现。在 Spring Boot 中，如果设置的环境变量与现有属性匹配或遵循某种命名约定 (例如 SPRING_CLOUD_CONSUL_HOST)，那么其值将覆盖本地配置。要了解更多信息，请参阅 Spring Boot 文档中的 https://tpd.io/binding-vars。

- 对于 RabbitMQ 配置，将使用 docker 配置文件。假设微服务将连接到 Consul，并且配置服务器具有 defaults, docker 的一个预加载条目，那么它们都将使用其中的属性。请记住，我们已将该配置文件中的 RabbitMQ 主机更改为 rabbitmq(容器的 DNS 名称)。要激活每个微服务中的 docker 配置文件，使用 Spring Boot 属性来启用通过环境变量传递的配置文件：SPRING_PROFILES_ACTIVE=docker。

此外，下面列出在 Compose 中配置 Spring Boot 容器时的一些额外注意事项：

- 我们不想在 localhost:8000 上将后端服务直接公开给主机(Gateway 服务除外)。因此，不会将 ports 部分添加到 Multiplication、Gamification 和 Logs 服务中。
- 此外，对后端容器使用 depends_on 参数，以等待 consul-importer 运行，因此，在 Spring Boot 应用程序启动时，docker 配置文件的 Consul 配置将可用。
- 我们还将 rabbitmq 作为这些服务的依赖项包括在内，但请记住，这不能保证 RabbitMQ 服务器在应用程序启动前就已准备就绪。Docker 仅验证容器已启动。幸运的是，作为一种弹性技术，Spring Boot 默认情况下会重试连接到服务器，因此系统最终将变得稳定。

有关启动系统所需的完整 Docker Compose 配置，请参见代码清单 8-68。

代码清单 8-68　包含运行完整系统所需全部配置的 docker-compose.yml 文件

```
version: "3"

services:
  frontend:
    image: challenges-frontend:1.0
    ports:
      - '3000:80'
  multiplication:
    image: multiplication:0.0.1-SNAPSHOT
    environment:
      - SPRING_PROFILES_ACTIVE=docker
      - SPRING_CLOUD_CONSUL_HOST=consul
    depends_on:
      - rabbitmq-dev
      - consul-importer
    networks:
      - microservices
  gamification:
    image: gamification:0.0.1-SNAPSHOT
    environment:
      - SPRING_PROFILES_ACTIVE=docker
      - SPRING_CLOUD_CONSUL_HOST=consul
    depends_on:
      - rabbitmq-dev
      - consul-importer
```

```
    networks:
      - microservices
  gateway:
    image: gateway:0.0.1-SNAPSHOT
    ports:
      - '8000:8000'
    environment:
      - SPRING_PROFILES_ACTIVE=docker
      - SPRING_CLOUD_CONSUL_HOST=consul
    depends_on:
      - rabbitmq-dev
      - consul-importer
    networks:
      - microservices
  logs:
    image: logs:0.0.1-SNAPSHOT
    environment:
      - SPRING_PROFILES_ACTIVE=docker
      - SPRING_CLOUD_CONSUL_HOST=consul
    depends_on:
      - rabbitmq-dev
      - consul-importer
    networks:
      - microservices
  consul-importer:
    image: consul-importer:1.0
    depends_on:
      - consul-dev
    networks:
      - microservices
  consul-dev:
    image: consul:1.7.2
    container_name: consul
    ports:
      - '8500:8500'
      - '8600:8600/udp'
    command: 'agent -dev -node=learnmicro -client=0.0.0.0 -log-level=INFO'
    networks:
      - microservices
  rabbitmq-dev:
    image: rabbitmq:3-management
    container_name: rabbitmq
    ports:
      - '5672:5672'
      - '15672:15672'
    networks:
      - microservices
```

```
networks:
  microservices:
    driver: bridge
```

现在该测试作为 Docker 容器运行的完整系统了。和以前一样，运行 docker-compose up 命令。我们将在输出中看到许多日志，这些日志由同时启动的多个服务生成，或者在定义为依赖项的服务之后生成。

你可能注意到的第一件事是，某些后端服务在尝试连接到 RabbitMQ 时会抛出异常。这是预期的情况。如前所述，RabbitMQ 的启动时间可能比微服务应用程序更长。在 rabbitmq 容器准备就绪后，此问题应自行修复。

你可能还会遇到由于系统中没有足够的内存或 CPU 来同时运行所有容器而产生的错误。这不是例外，因为每个微服务容器最多可以占用 1GB 的 RAM。如果你无法运行所有这些容器，希望本书的解释仍可帮助你了解所有组件如何协同工作。

要了解系统状态，可使用 Docker 提供的聚合日志(附加输出)或 logs 容器的输出。要尝试第二个选项，可从另一个终端使用另一个 Docker 命令 docker-compose logs [container_name]。参见代码清单 8-69。请注意，服务名称是 logs，这是命令中重复出现 logs 的原因。

代码清单 8-69　检查 logs 容器的日志

```
docker $ docker-compose logs logs
[...]
logs_1              | [gamification    ] [aadd7c03a8b161da,34c00bc3e3197ff2]
INFO 07:24:52.386 [main] o.s.d.r.c.DeferredRepositoryInitializationListener -
Triggering deferred initialization of Spring Data repositories?
logs_1              | [multiplication  ] [33284735df2b2be1,bc998f237af7bebb]
INFO 07:24:52.396 [main] o.s.d.r.c.DeferredRepositoryInitializationListener -
Triggering deferred initialization of Spring Data repositories?
logs_1              | [multiplication  ] [b87fc916703f6b56,fd729db4060c1c74]
INFO 07:24:52.723 [main] o.s.d.r.c.DeferredRepositoryInitializationListener -
Spring Data repositories initialized!
logs_1              | [multiplication  ] [97f86da754679510,9fa61b768e26a
eb5] INFO 07:24:52.760 [main] m.b.m.MultiplicationApplication - Started
MultiplicationApplication in 44.974 seconds (JVM running for 47.993)
logs_1              | [gamification    ] [5ec42be452ce0e04,03dfa6fc3656b7fe]
INFO 07:24:53.017 [main] o.s.d.r.c.DeferredRepositoryInitializationListener -
Spring Data repositories initialized!
logs_1              | [gamification    ] [f90c5542963e7eea,a9f52df128ac5
c7d] INFO 07:24:53.053 [main] m.b.g.GamificationApplication - Started
GamificationApplication in 45.368 seconds (JVM running for 48.286)
logs_1              | [gateway         ] [59c9f14c24b84b32,36219539a1a0d01b]
WARN 07:24:53.762 [boundedElastic-1] o.s.c.l.core.RoundRobinLoadBalancer - No
servers available for service: gamification
```

此外，还可通过检查 Consul UI 的服务列表(位于 localhost:8500)来监视服务状态。在那里，你将看到运行状况检查是否通过，这意味着服务已经在运行并已连接到 RabbitMQ。参见图 8-40。

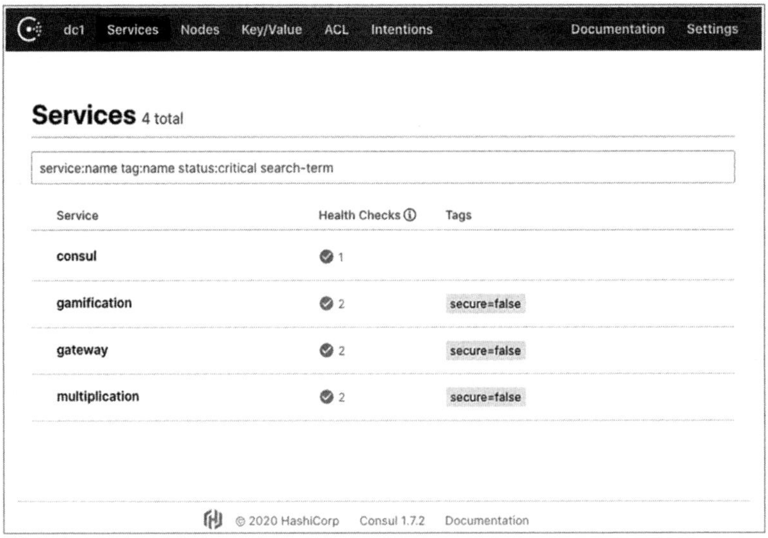

图 8-40　Consul UI：检查容器的运行状况

如果单击其中一项服务(如 gamification)，你将看到主机地址现在是 docker 网络中容器的地址。请参见图 8-41。这是用于服务之间相互连接的容器名称的替代方案。实际上，Consul 中的这种动态主机地址注册使我们能够拥有给定服务的多个实例。如果使用 container_name 参数，则不能启动多个实例，因为它们的地址可能发生冲突。

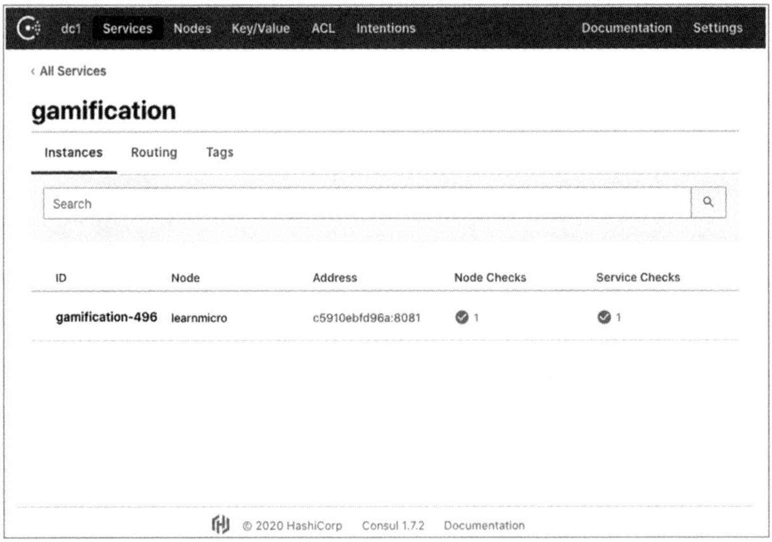

图 8-41　Consul UI：Docker 容器地址

这种情况下，应用程序使用 Docker 的主机地址，因为 Spring Cloud 检测到应用程序何时会在 Docker 容器上运行。然后，Consul 发现库在注册时使用该值。

容器颜色变成绿色后，就可以使用浏览器导航到 localhost:3000 并开始使用应用程序。它的工作方式和之前相同。解决挑战时，我们会在日志中看到 gamification 如何使用事件，并添加了得分和徽章。前端正在通过网关进行访问，这是唯一公开给主机的微服务。请参见图 8-42。

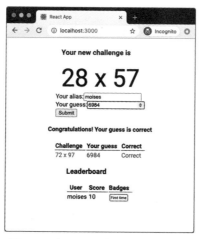

图 8-42　在 Docker 上运行的应用程序

我们没有添加任何持久性，因此当关闭容器时，所有数据都将消失。如果想要扩展对 Docker 和 Docker Compose 的了解，请考虑添加卷以存储数据库文件(请参阅 https://tpd.io/compose-volumes)。另外，在执行 docker-compose down 时不要忘记删除-v 标志，因此在执行之间保留卷。

8.7.8　使用 Docker 扩展系统

借助 Docker Compose，还可以使用单个命令来上下扩展服务。

首先，让我们像之前那样启动系统。如果已将其关闭，请执行以下操作：

```
docker$ docker-compose up
```

然后，从另一个终端再次运行带有 scale 参数的命令，指出服务名称和希望获取的实例数。可在单个命令中多次使用参数。

```
docker$ docker-compose up --scale multiplication=2 --scale gamification=2
```

现在，查看此新终端的日志，以了解 Docker Compose 如何为 multiplication 和 gamification 服务启动额外的实例。你也可在 Consul 中进行验证。请参见图 8-43。

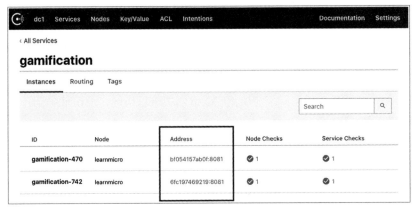

图 8-43　Consul UI：两个用于 Gamification 服务的容器

借助 Consul 发现、网关模式、Spring Cloud 负载均衡器和 RabbitMQ 使用者的负载均衡，系统会再次在多个实例之间适当地均衡负载。可通过解决来自 UI 的一些挑战或直接对 Gateway 服务执行一些 HTTP 调用进行验证。如果选择终端选项，则可多次运行此 HTTPie 命令：

```
$ http POST :8000/attempts factorA=15 factorB=20 userAlias=test-docker-containers
guess=300
```

在日志中，你将看到 multiplication_1 和 multiplication_2 如何处理来自 API 的请求。gamification_1 和 gamification_2 也会发生同样的情况，它们也会接收来自代理队列的不同消息。参见代码清单 8-70。

代码清单 8-70　Docker 容器的可扩展性

```
multiplication_1  | 2020-07-30 09:48:34.559 INFO [,85acf6d095516f55,956486d186
a612dd,true] 1 --- [nio-8080-exec-8] m.b.m.c.ChallengeAttemptController :
Received new attempt from test-docker-containers
logs_1           | [multiplication ] [85acf6d095516f55,31829523bbc1d6ea]
INFO 09:48:34.559 [http-nio-8080-exec-8] m.b.m.c.ChallengeAttemptController -
Received new attempt from test-docker-containers
gamification_1    | 2020-07-30 09:48:34.570 INFO [,85acf6d095516f55,44508dd6f0
9c83ba,true] 1 --- [ntContainer#0-1] m.b.gamification.game.GameEventHandler :
Challenge Solved Event received: 7
gamification_1    | 2020-07-30 09:48:34.572 INFO [,85acf6d095516f55,44508dd6f09c
83ba,true] 1 --- [ntContainer#0-1] m.b.gamification.game.GameServiceImpl : User
test-docker-containers scored 10 points for attempt id 7
logs_1           | [gamification ] [85acf6d095516f55,8bdd9b6
febc1eda8] INFO 09:48:34.570 [org.springframework.amqp.rabbit.
RabbitListenerEndpointContainer#0-1] m.b.g.game.GameEventHandler - Challenge
Solved Event received: 7
logs_1           | [gamification ] [85acf6d095516f55,247a930
```

```
d09b3b7e5] INFO 09:48:34.572 [org.springframework.amqp.rabbit.
RabbitListenerEndpointContainer#0-1] m.b.g.game.GameServiceImpl - User
test-docker-
containers scored 10 points for attempt id 7
multiplication_2  | 2020-07-30 09:48:35.332 INFO [,fa0177a130683114,f2c2809dd9
a6bc44,true] 1 --- [nio-8080-exec-1] m.b.m.c.ChallengeAttemptController :
Received new attempt from test-docker-containers
logs_1              | [multiplication ] [fa0177a130683114,f5b7991f5b1518a6]
INFO 09:48:35.332 [http-nio-8080-exec-1] m.b.m.c.ChallengeAttemptController -
Received new attempt from test-docker-containers
gamification_2   | 2020-07-30 09:48:35.344 INFO [,fa0177a130683114,298af219a0
741f96,true] 1 --- [ntContainer#0-1] m.b.gamification.game.GameEventHandler :
Challenge Solved Event received: 7
gamification_2   | 2020-07-30 09:48:35.358 INFO [,fa0177a130683114,298af219a074
1f96,true] 1 --- [ntContainer#0-1] m.b.gamification.game.GameServiceImpl : User
test-docker-containers scored 10 points for attempt id 7
logs_1              | [gamification ] [fa0177a130683114,2b9ce6c
ab6366dfb] INFO 09:48:35.344 [org.springframework.amqp.rabbit.
RabbitListenerEndpointContainer#0-1] m.b.g.game.GameEventHandler - Challenge
Solved Event received: 7
logs_1              | [gamification ] [fa0177a130683114,536fbc8
035a2e3a2] INFO 09:48:35.358 [org.springframework.amqp.rabbit.
RabbitListenerEndpointContainer#0-1] m.b.g.game.GameServiceImpl - User
testdocker-containers scored 10 points for attempt id 7
```

8.7.9 共享 Docker 映像

到目前为止，我们构建的所有映像都存储在本地计算机中。这并不能帮助我们完全实现所追求的"一次构建，随处部署"策略。但是，已经非常接近这一目标了。

我们已经知道 Docker Hub，它是一个公共注册表，从中下载 RabbitMQ 和 Consul 官方映像，以及微服务的基础映像。因此，如果在此处上传自己的映像，那么每个人都可以使用它们。如果可以的话，你可在 hub.docker.com 上创建一个免费账户，然后开始上传(Docker 术语叫做推送)自定义映像。如果需要限制对映像的访问，Docker Hab 还提供了设置私有存储库的计划，并托管在其云中。实际上，Docker Hub 并不是存储 Docker 映像的唯一选择。你还可以按照"部署注册表服务器"页面 (https://tpd.io/own-registry)上的说明来部署自己的注册表，或者选择其他云供应商提供的某种在线解决方案，例如 Amazon 的 ECR 或 Google Cloud 的 Container Registry。

在 Docker 注册表中，可使用标签保留映像的多个版本。例如，Spring Boot 映像从 pom.xml 文件中获取了版本号，因此它们获取了由初始化程序创建的默认版本(例如，multiplication:0.0.1-SNAPSHOT)。可将版本控制策略保留在 Maven 中，但也可使用 docker tag 命令手动设置标签。此外，可使用多个标签来引用相同的 Docker 映像。一种常见做法是将 latest 标签添加到 Docker 映像中，以指向注册表中映像的最新版本。请参阅 Consul 映像的可用标签(https://tpd.io/consul-tags)列表，作为 Docker 映像版本控制的示例。

要将 Docker 的命令行工具与注册表连接起来，使用 docker login 命令。如果要连接到专用主机，则必须添加主机地址。否则，如果要连接到 Hub，则可使用普通命令。参见代码清单 8-71。

代码清单 8-71 登录 Docker Hub

```
$ docker login
Login with your Docker ID to push and pull images from Docker Hub. If you don't
have a Docker ID, head over to https://hub.docker.com to create one.
Username: [your username]
Password: [your password]
Login Succeeded
```

登录后，可将映像推送到注册表。请记住，要使其有效，必须使用用户名作为前缀来标记它们，因为这是 Docker Hub 的命名约定。让我们按照预期的模式来更改其中一个映像的名称。此外，将版本标识符修改为 0.0.1。在此示例中，注册的用户名是 learnmicro。

```
$ docker tag multiplication:0.0.1-SNAPSHOT learnmicro/multiplication:0.0.1
```

现在，你可使用 docker push 命令将该映像推送到注册表。有关示例，请参见代码清单 8-72。

代码清单 8-72 将映像推送到 Docker Hub 的公共注册表

```
$ docker push learnmicro/multiplication:0.0.1

  The push refers to repository [docker.io/learnmicro/multiplication]
  abf6a2c86136: Pushed
  9474e9c2336c: Pushing
[==============================>                 ] 37.97MB/58.48MB
  9474e9c2336c: Pushing
[========> ] 10.44MB/58.48MB
  5cd38b221a5e: Pushed
  d12f80e4be7c: Pushed
  c789281314b6: Pushed
  2611af6e99a7: Pushing
[===========================================>] 7.23MB
  02a647e64beb: Pushed
  1ca774f177fc: Pushed
  9474e9c2336c: Pushing
[==============================>                 ] 39.05MB/58.48MB
```

```
  8713409436f4: Pushing
[===>                                              ] 10.55MB/154.9MB
  8713409436f4: Pushing
[===>                                              ] 11.67MB/154.9MB
  7fbc81c9d125: Waiting
  8713409436f4: Pushing
[====>                                             ] 12.78MB/154.9MB
  9474e9c2336c: Pushed
  6c918f7851dc: Pushed
  8682f9a74649: Pushed
  d3a6da143c91: Pushed
  83f4287e1f04: Pushed
  7ef368776582: Pushed
0.0.1: digest: sha256:ef9bbed14b5e349f1ab05cffff92e60a8a99e01c412341a3232fcd93ae
eccfdc size: 4716
```

从此刻起，任何有权访问注册表的人都将能提取映像并将其用作容器。如果像我们的示例一样使用 Hub 的公共注册表，则该映像将公开可用。如果对此感兴趣，可通过访问其 Docker Hub 的链接(https://hub.docker.com/r/learnmicro/multiplication)来验证该映像是否真正在线。参见图 8-44。

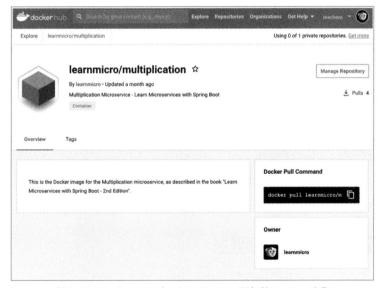

图 8-44　Docker Hub 中 Multiplication 服务的 Docker 映像

实际上，前面描述的所有Docker映像都已经可在用户账户下的公共注册表中使用，前缀为 learnmicro/。第一个版本都标记为 0.0.1。这样，任何 Docker 用户都可以在不构建组件的情况下启动并运行完整系统的版本。他们只需要使用代码清单 8-68 中所用的同一个 docker-compose.yml 文件版本，并使用映像名称替换来指向公共注册表中的现有映像。有关所需的更改，请参见代码清单 8-73。

代码清单 8-73　更改 docker-compose.yml 文件以使用公用映像

```
version: "3"

services:
  frontend:
    image: learnmicro/challenges-frontend:0.0.1
    # ...
  multiplication:
    image: learnmicro/multiplication:0.0.1
    # ...
  gamification:
    image: learnmicro/gamification:0.0.1
    # ...
  gateway:
    image: learnmicro/gateway:0.0.1
    # ...
  logs:
    image: learnmicro/logs:0.0.1
    # ...
  consul-importer:
    image: learnmicro/consul-importer:0.0.1
    # ...
  consul-dev:
    # same as before
  rabbitmq-dev:
    # same as before

networks:
  # ...
```

我们实现了本节的目标。鉴于唯一的条件是需要 Docker 支持，因此部署应用程序变得容易。由于大多数用于管理和协调分布式系统的平台都支持 Docker 容器部署，因此为我们提供了很多可能性。在下一节中，我们将学习一些有关平台的基础知识。

8.8　平台和云原生微服务

在本章中，已经讨论了一些模式，它们是构建微服务架构的基础：路由、服务发现、负载均衡、运行状况报告、集中式日志记录、集中式配置、分布式跟踪和容器化。

如果花点时间来分析系统中的组件，就会意识到对三个主要功能部分的支持(Web UI、Multiplication 和 Gamification 后端域)变得越来越复杂。即使我们为这些模式采用了流行的实现，但仍然必须配置它们，甚至部署一些额外的组件，使系统正常工作。

此外，尚未介绍集群策略。如果将所有应用程序部署在一台计算机上，则很可能出现问题。理想情况下，我们希望复制组件并将它们分布在多个物理服务器上。幸运的是，无论是在你自己的硬件中或是在云中，都有一些工具可以管理和协调服务器集群中的不同组件。最流行的替代方案处于容器级别或应用程序级别，我们将分别进行描述。

8.8.1　容器平台

首先，让我们关注诸如 Kubernetes、Apache Mesos 或 Docker Swarm 的容器平台。在这些平台中，可以直接部署容器，也可以通过使用为特定工具提供额外配置的包装结构来部署容器。例如，Kubernetes 中的部署单元是一个 Pod，其定义(为简单起见，是一个部署)可以指出要部署的 Docker 容器列表(通常只有一个)和一些额外的参数，用于设置分配的资源、将 pod 连接到网络或添加外部配置和存储。

此外，这些平台通常集成了为人熟知的模式。再次，让我们以 Kubernetes 为例进行说明，因为它是最受欢迎的一种方案。下面列出它的一部分功能：

- 跨越集群多个节点的容器编排：当我们在 Kubernetes(pod)中部署工作单元时，平台将决定在何处实例化它。如果整个节点都失效或将其正常关闭，Kubernetes 会根据我们对并发实例的配置来找到放置此工作单元的另一个位置。
- 路由：Kubernetes 使用入口控制器，使我们可将流量路由到已部署的服务。
- 负载均衡：通常将 Kubernetes 中的所有 pod 实例配置为使用相同的 DNS 地址。存在一个称为 kube-proxy 的组件，该组件负责平衡各个 Pod 上的负载。其他服务仅需要调用公共 DNS 别名，例如 multiplication.myk8scluster.io。这是一种服务器端发现和负载均衡策略，适用于每个服务器组件。
- 自我修复：Kubernetes 使用 HTTP 探针来确定服务是否处于活动状态且准备就绪。如果没有，可配置它以删除那些僵尸实例并启动新的实例来满足冗余配置。
- 网络：类似于 Docker Compose，Kubernetes 使用公开的端口并提供可以配置的不同网络拓扑。
- 集中配置：容器平台提供了诸如 ConfigMaps 的解决方案，因此我们可以将配置层与应用程序分开，从而根据环境进行更改。

最重要的是，Kubernetes 在安全性、集群管理和分布式存储管理等方面还具有其他内置功能。

因此，可在 Kubernetes 中部署系统，并从所有这些功能中受益。而且，可以去掉一些已建立的模式，留给 Kubernetes 来处理。

知道如何配置和管理 Kubernetes 集群的人可能永远不会建议你像使用 Docker Compose 那样来部署裸容器。相反，应当直接从 Kubernetes 设置开始。但是，永远不要低估容器协调平台引入的额外复杂性。如果你非常了解此类工具，那么肯定可使系统快速启动并运行；否则，你需要深入研究大量介绍自定义 YAML 语法的文档。

无论如何，我建议你学习某个容器平台的工作原理，并尝试在其中部署系统以了解实际情况。这些平台在许多组织中很流行，因为它们从应用程序中提取了所有基础架构层。开发人员可专注于从编码到构建容器的过程，基础架构团队可专注于管理不同环境中的 Kubernetes 集群。

8.8.2　应用程序平台

现在介绍另一种类型的平台：应用程序运行时平台。这些平台提供了更高的抽象级别。基本上，我们可编写代码、构建.jar 文件，然后将其直接推送到环境中，以使其可用。应用程序平台包含所有功能：容器化应用程序(如有必要)、在集群节点上运行它、提供负载均衡和路由、保护访问权限等。这些平台甚至可以聚合日志，并提供其他工具(例如消息代理和数据库即服务)。

在此级别上，可找到诸如 Heroku 或 CloudFoundry 的解决方案。我们可以通过其他方法在自己的服务器中管理这些平台，但是最受欢迎的选择是云提供的解决方案。原因是我们可以在短短几分钟内激活产品或服务，而不必考虑大量模式实现或基础架构方面的问题。

8.8.3　云提供商

为完成平台和工具的布局，我们不得不提到云解决方案，例如 AWS、Google、Azure、OpenShift 等。其中许多解决方案还提供了本章介绍的模式的实现：网关、服务发现、集中式日志、容器化等。

此外，这些解决方案通常也提供托管的 Kubernetes 服务。这意味着，如果我们更喜欢在容器平台级别上工作，则不必手动设置此平台就可以使用这项服务。当然，这意味着我们必须在所使用的云资源(机器实例、存储等)之上为这项服务付费。

有关如何在云提供商中部署类似系统的第一个示例，请参见图 8-45。在第一种情况下，我们选择只为某些低级服务付费，例如存储和虚拟机，但是我们设置了自己安装 Kubernetes、数据库和 Docker 注册表。这意味着我们避免了为额外的托管服务付费，但必须自己维护所有这些工具。

现在检查图 8-46 的替代设置。在第二种情况下，我们可以使用云提供商提供的其他一些托管服务：Kubernetes、网关、Docker 注册表等。例如，在 AWS 中，可使用称为 Amazon API Gateway 的"网关即服务"解决方案，将流量直接路由到自己的容器中，或者选择具有路由实现的 Amazon Elastic Kubernetes 服务。这种情况下，我们都不必实施这些模式和维护这些工具，而相应的代价是为这些云托管服务支付更多费用。不过，从长远看，使用这种方式可能更省钱。

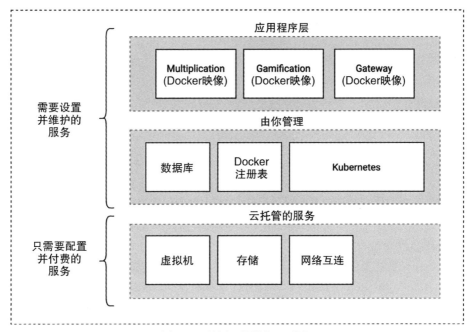

图 8-45　使用云提供商：示例 1

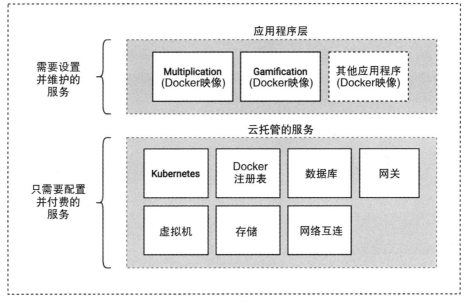

图 8-46　使用云提供商：示例 2

8.8.4　做出决定

鉴于有很多选择，我们应该针对具体情况分析每个抽象级别的利弊。可以想象，高级抽象比在较低级别上自己构建解决方案要昂贵得多。另一方面，如果我们选择最便宜的方案，我们可能会耗费更多的资金来设置、维护和改进它。此外，如果我们打算将系统部署到云中，则应该比较每个供应商的成本，因为可能会有实质性差异。

通常，最好使用高级解决方案来启动一个项目，该解决方案可以转换为托管服务和/或应用程序平台。它们的价格可能更高，并且难以自定义，但是你可以更快地试用产品或服务。然后，如果项目进展顺利，物有所值，你可以决定选择这些服务。

8.8.5　云原生微服务

无论选择哪种方式来部署微服务，我们都知道应该继承一些良好的做法，以确保微服务在云中正常运行：数据层隔离、无状态逻辑、可扩展性、弹性、简单的日志记录等。在学习本书中的新主题时，我们一直在关注所有这些方面。

我们遵循的许多模式通常都包含在云原生微服务的不同定义中。

但术语"云原生"过于专业化，有时会令人困惑。它包含了软件开发中各个方面使用的多种流行语和技术：微服务、事件驱动、连续部署、基础架构即代码、自动化、容器、云解决方案等。

云原生作为一种广泛的应用程序分类的问题在于，它可能让人们认为需要使用所有模式和方法来实现目标。微服务？当然，这是新标准。事件驱动？为什么不行。基础架构即代码？去实现吧。看起来只有选中了所有复选框，才可以说我们在进行云原生应用程序开发。所有这些模式和技术都可以带来好处，但是你是否需要将它们全部用于自己的服务或产品？也许不会。你可以构建结构合理的整体系统，生成一个容器，然后在几分钟内将其部署到云中。最重要的是，你可以自动化所有过程以构建整体系统并将其投入生产。

8.9　本章小结

本章主要介绍了微服务的模式和工具。在每一节中，我们分析了当前实施过程中面临的问题；然后讲述众所周知的模式，以解决这些挑战，同时使系统具有可扩展性、弹性，更易于分析和部署。

对于大多数模式，我们选择了可以轻松与 Spring Boot 集成的解决方案，因为这是实际案例的选择。例如，自动配置功能帮助我们快速建立与 Consul 的连接，将其作为服务发现注册表和集中式配置服务器。这些模式可用于许多不同的编程语言和框架来构建微服务，因此你可重用学习到的所有概念。

我们的微服务体系结构变得成熟，所有组件开始协同工作：网关将流量透明地路由到微服务的多个实例，这些实例可根据需要动态分配。所有日志输出都被引导到一个中央位置，我们还可在其中看到单个进程运行的完整轨迹。

我们还引入了 Docker 容器化技术，这有助于将服务轻松部署到多个环境中。此外，分析了诸如 Kubernetes 的容器平台和基于云的服务如何帮助实现我们期望的非功能性需求：可扩展性、弹性等。

此时，你可能会问自己，既然容器和应用程序平台或云中的托管服务有更简单的方法来达到相同的效果，为什么要占用一章的篇幅来介绍所有这些常见的微服务模式？原因很简单：你需要知道这些模式是如何工作的，以完全了解正在应用的解决方案。如果直接从完整的平台或云解决方案入手，则只能获得针对供应商的高级视图。

在本章中，我们最终实现了从第 6 章开始构建的微服务架构。那时，我们决定不再在小型单体应用程序中包括额外的逻辑，并为 Gamification 域创建新的微服务。这三章帮助我们了解了迁移到微服务的原因，微服务之间如何正确隔离和通信，以及如果希望项目成功应考虑使用的模式。

学习成果：

- 学习了如何使用网关将流量路由到微服务，并在它们的实例之间提供负载均衡。
- 使用服务发现、HTTP 负载均衡器和 RabbitMQ 队列扩展了微服务体系结构。
- 通过检查每个实例的运行状况来确定它们何时失效，从而使系统具有弹性。此外，还引入了重试以免丢失请求。
- 了解了如何使用外部配置服务器来覆盖每种环境的配置。
- 实现了跨微服务使用分布式跟踪的集中式日志，因此你可以轻松地从头到尾遵循流程。
- 将微服务体系结构中的所有这些模式与 Spring Cloud 系列的项目进行了集成：Spring Cloud 网关、Spring Cloud 负载均衡器、Spring Cloud Consul(发现和配置)和 Spring Cloud Sleuth。
- 学习了如何使用 Spring Boot 2.3 和 Cloud Native Buildpacks 为应用程序创建 Docker 映像。
- 了解了 Docker 和 Compose 如何将微服务架构部署到任何地方。此外，还知道了使用 Docker 启动新实例有多么容易。
- 将本书中采用的方法与其他替代方法(例如容器平台和应用程序平台)进行了比较，这些替代方法已经包含了分布式架构所需的一些模式。
- 了解了为什么在本章的每一步中都引入了新的模式和工具。

后　记

在本书中，主要介绍了与微服务架构有关的内容。我们在 Spring Boot 应用程序内部，从一个空项目开始，分层创建微服务。在处理应用程序的不同方面(如 REST 服务或 JPA 存储库)时，展示了 Spring Boot 的强大功能。此外，为了构建第一个应用程序，我们遵循了测试驱动的开发方法，以帮助你明确未来的功能需求。

本书首先解释了为什么要从一个小的单体应用程序开始学习。实际上，这一想法得到很多微服务专业人士的支持：从一个项目开始，确定边界，然后决定是否需要拆分功能。经常发生的事情是，如果你从不使用微服务，而仅使用单体应用程序，就很难理解为什么要从模块化单体应用程序开始学习。但在这时，可以肯定的是，你知道如果从头开始学习使用微服务可能会力不从心。在没有牢固的知识基础和良好计划的情况下建立生态系统至少会造成混乱。你需要了解服务发现、路由、负载均衡、服务之间的通信、错误处理、分布式跟踪、部署——重要的是，在开始学习使用微服务之前，你应该知道自己将面临的挑战。

下次当你做出学习使用微服务的艰难决定时，就应该能够充分认识到这种架构所带来的复杂性。本书的目的不是要把微服务作为一种新的架构设计进行推广，而是要对分布式系统随附的模式及其优缺点给出现实的看法，以便你可以做出明智的决策。你的项目完全可能无法从微服务中受益；开发团队规模可能很小，可以控制单个项目，或者你的系统没有划分为具有不同非功能性需求的域。

在学习过程中，你构建了一个 Web 应用程序，让用户在没有任何帮助的情况下每天练习其心算能力，用于训练他们的大脑。Multiplication 是我们构建的第一个微服务，但是真正的挑战始于我们引入的第二个微服务，即 Gamification：一种对现有逻辑中发生的事件做出反应并计算分数和徽章以使应用程序看起来游戏化的服务。我们在公开同步通信和异步通信之间的差异时应用了事件驱动的模式。

然后，我们深入了解了微服务的一些核心概念：如何通过支持动态扩展的服务发现机制来发现彼此，如何使用负载均衡来增加容量和弹性，如何使用 API 网关将流量从外部路由到相应的组件，如何通过检查应用程序的运行状况和重试请求来处理错误等。通过仔细研究这些概念，你就可以将其应用到使用了不同技术的其他任何系统中。

如今，你可以忽略这些模式实现，而使用容器或应用程序平台。它们将管理微服务生态系统的许多方面；你只需要将 Spring Boot 应用程序或 Docker 容器推送到云中，设置实例数以及路由路径，其他所有操作都由平台来处理。但是，你始终需要了解自己所做的操作。在不了解后果的情况下将应用程序推送到云端是有风险的。如果出现错误，你可能无法知道系统的哪一部分存在问题。理想情况下，本书有助于你了解平台提供的许多工具，因为我们在系统中实现多种模式时使用了它们。

建议你按照本书介绍的实践方法继续学习。例如，你可以选择一个类似 AWS 的云解决方案，然后尝试在其中部署系统。或者，你可以了解 Kubernetes 的工作原理，并创建应用程序所需的配置。在执行此操作的同时，还建议你专注于持续集成和部署的良好实践，例如，构建可以编译微服务、运行测试和部署微服务的自动化脚本。

不要忘记，实际的案例研究一直在不断发展。请访问 https://tpd.io/book-extra，以获取更多内容和源代码更新。例如，在线提供的第一本指南可帮助你使用 Cucumber 为分布式系统构建端到端测试。

通过阅读本书，我希望你会对主题内容有更全面的理解，并可在工作中或在个人项目中使用它们。我非常喜欢写这本书，而且最重要的是，我也从中学到和巩固了很多知识。谢谢。